准噶尔盆地油气实验技术与应用系列丛书

新疆大龙口地区二叠—三叠系地质特征与油气地质研究

蒋宜勤　周小虎　师天明　连丽霞　等著

石 油 工 业 出 版 社

内 容 提 要

本书以板块构造理论和大陆动力学新认识为指导，深入开展盆山结合、多学科综合的基础地质研究。在构建准噶尔盆地古生代以来区域地质特征及其形成演化的基础上，选择准噶尔盆地东部的大龙口剖面，开展基础地质解剖和油气地质综合研究，提高新技术、新方法的应用和推广，丰富油气地质理论和实践，使其成为有效指导油气勘探开发的基础。

本书适合从事石油地质研究和勘探开发的科研技术人员以及高等院校相关专业教师和学生参考。

图书在版编目（CIP）数据

新疆大龙口地区二叠—三叠系地质特征与油气地质研究／蒋宜勤等著．—北京：石油工业出版社，2019.6

（准噶尔盆地油气实验技术与应用系列丛书）

ISBN 978-7-5183-3273-1

Ⅰ.①新… Ⅱ.①蒋… Ⅲ.石油天然气地质-研究-吉木萨尔县 Ⅳ.①P618.130.2

中国版本图书馆 CIP 数据核字（2019）第 058076 号

出版发行：石油工业出版社
（北京安定门外安华里 2 区 1 号 100011）
网 址：www.petropub.com
编辑部：（010）64523543
图书营销中心：（010）64523633
经 销：全国新华书店
印 刷：北京中石油彩色印刷有限责任公司

2019 年 6 月第 1 版 2019 年 6 月第 1 次印刷
787×1092 毫米 开本：1/16 印张：14.25
字数：363 千字

定价：120.00 元
（如发现印装质量问题，我社图书营销中心负责调换）

《新疆大龙口地区二叠—三叠系地质特征与油气地质研究》

编写人员

蒋宜勤　周小虎　师天明　连丽霞　冯　乔

马　聪　刘　明　周鼎武　蒋　欢　谢礼科

雷海艳　刘洪福　李璐璐　刘　金　孟　颖

尚　玲　胡广军　鲁　锋　陈　俊　张　娟

魏　丽　徐子苏　段梦悦

前　　言

准噶尔盆地属大型叠合改造型含油气沉积盆地，是中国西北地区重要的油气勘探开发区之一。该盆地涉及油气相关的诸多基础地质问题存在较大争议，随着油气勘探开发研究的不断深入以及新技术、新方法的推广应用，进一步更新着油气勘探开发的认识和实践，这些均直接影响对该区油气勘探开发的深入探索。因此立足油田生产实际，深入开展油气地质的基础研究，构建符合油田自身客观实际的区域基础地质认识，建立盆山地质研究基地非常必要。

综合现有各学科研究成果，以板块构造理论和大陆动力学新认识为指导，深入开展盆山结合、多学科综合的基础地质研究。在构建准噶尔盆地古生代以来区域地质特征及其形成演化的基础上，选择准噶尔盆地东部北接克拉美丽山，南邻博格达山的“两山夹一盆”地区，建立野外和室内结合的盆山基础地质研究基地，开展深入基础地质解剖和油气地质综合研究，并进行持续性、探索性专题研究。不断积累研究成果，提高新技术、新方法的应用和推广，丰富油气地质理论和实践，使其成为有效指导油气勘探开发的基础和进行国内外科研交流的平台。

一、大龙口二叠—三叠系研究现状

大龙口剖面地处新疆维吾尔自治区吉木萨尔县三台镇南部，在构造上位于准噶尔盆地东南部和天山构造带西北缘，正好处于盆山构造带的结合部位。该区南靠博格达山，北接准东盆地，区内石炭—二叠—三叠—侏罗系海相、陆相地层系统出露良好，尤其是陆相二叠—三叠系发育连续完整，构造变形特征、古生物化石丰富，地质现象多彩，是进行沉积盆地分析、石油地质研究的理想区域。

大龙口剖面是中国北方发育最好的陆相二叠—三叠系典型地质剖面之一，曾被推荐为国际陆相二叠系/三叠系层型界线剖面（海相层型界线剖面位于中国浙江的梅山）。博格达山北缘最早由袁复礼先生于1928—1949年在该区做了较全面的基础地质考察，对大量脊椎动物化石及植物化石进行了研究，并以三台镇大龙口剖面为基础建立了二叠—三叠系的层序系统（袁复礼，1956），其后潘钟祥（1959）、杨时中（1960）、唐文松（1962）、魏景明（1962）等进一步补充完善。1950—1962年，为适应石油地质勘探的需要，先后由中苏石油股份公司、新疆石油管理局等开展了与地层相关的基础地质工作。1963—1966年，中国科学院古脊椎动物与古人类研究所进行了专题考察。1982年，中国科学院地质研究所与新疆石油管理局合作测制了大龙口1:500的地层剖面，进一步丰富了该区基础地质研究。

前人对该剖面的研究，主要关注地层古生物和层型界线，获得了比较丰硕的成果。主要表现在以下几个方面。

（1）生物地层研究：大龙口陆相二叠—三叠系剖面含有丰富的古脊椎动物、古植物、孢粉、介形虫、双壳类和叶肢介等化石（袁复礼，1956；杨基端等，1986），建立了该区较为完整的晚二叠世—早三叠世陆生生物组合序列。

大龙口剖面的下三叠统下部为大龙口阶，其层型剖面的岩性下部为紫红色粉砂质泥岩夹粉砂岩和少量细砂岩（锅底坑组上部），中上部为紫红色泥岩和粉砂岩不等厚互层，夹灰绿色岩屑砂岩和粉砂岩（韭菜园组）。大龙口阶底界即二叠系与三叠系的界线，大致以爬行类 *Lystrosaurus* 和孢粉 *Lundbladispora* 的首现为标志。

（2）事件地层研究：长期以来，古生代、中生代之交的海生生物大规模绝灭事件在古生物界已形成广泛的共识，二叠—三叠系界线被看作是海洋生物历史的重要间断。但对其成因的认识尚存在较大争议，主要包括火山事件（殷鸿福等，1989；Dickins，1992；Hallam，1997）、外星体撞击事件（李子舜等，1986）、环境突变（半干旱型气候环境向干旱型气候的转变；王自强，1993）等。

（3）磁性地层研究：李永安等（2003）通过大龙口二叠系—三叠系界线上下地层磁性的研究认为，在梧桐沟组—锅底坑组共发现 78 个极性异常。其中以负极性为主，间隔了一系列的正极性和过渡极性。梧桐沟组上部以负极性为主，间隔了 2 个正极性和过渡极性；梧桐沟组顶部和锅底坑组底部正、负极性变化频繁；锅底坑组下部以负极性为主，间隔了 2 个正极性段；锅底坑组中下部以负极性为主，上部夹 1 个正极性段；锅底坑组中上部以负极性为主，间隔了 4 个正极性段。据此获得的古纬度为 32°N~35°N。

综上所述，对大龙口剖面的研究成果主要集中于二叠系/三叠系界线附近，研究内容主要聚焦于生物地层、事件地层、磁性地层等方面。而对于整个剖面的基础地质研究极少，因此需要对大龙口剖面开展整体详细的基础地质和油气地质研究，尤其更注重于与油气地质相关的层序地层学分析、沉积环境分析、烃源岩评价、储集岩评价等。

二、大龙口二叠—三叠系地质剖面的研究内容

大龙口二叠—三叠系石油地质剖面建设是针对准噶尔盆地及其相邻地区长期以来油气勘探开发的实际，以现代地质科学和油气勘探开发理论及技术方法为指导；在全面搜集石油、地矿系统以及院校、科研单位研究成果，多学科综合研究分析区域地质研究现状，科学、客观认识区域地质基本问题，构建准噶尔盆地古生代以来区域地质特征及其形成演化的基础上；深入开展盆山结合、多学科综合的基础地质研究。旨在建立野外和室内结合的盆山基础研究基地和持续性调研、不断丰富积累研究成果并进行国内外科研交流的平台，使其成为有效指导油气勘探开发的基础。

（1）前石炭纪区域构造—地质背景研究：开展盆地和造山带结合、野外和室内结合、多种测试技术方法互检、多学科综合的深入研究，解析区域板块作用、陆内地质作用过程和地质特征及其形成演化。对诸如准噶尔盆地是否存在古老结晶基底，褶皱基底属性、形成时期、形成方式（板块构造作用），博格达山的构造属性及其演化等这些争论的主要问题做出多学科结合的客观分析。大龙口剖面位于盆山结合部位，二叠—三叠系的成盆作用、沉积演化、构造变形特征均受到其邻近地区大地构造的控制，因此需要客观构建北天山构造带及准噶尔盆地的区域构造格架，从而了解其形成的大地构造背景。

（2）建立完整的石炭—二叠系地层层序：通过野外剖面观察与测量，建立分层识别标志：各层组岩石类型、岩石组合样式、古生物特征、地层时限特征，构建标准地层剖面柱。

（3）火山岩岩石学与同位素研究：火山岩岩石组合类型不仅能够反映火山喷发类型与火山机构，还能反映其形成的大地构造背景和盆地属性，能够用于研究盆地充填及其演化，以及火山作用与烃源岩形成关系等。火山岩同位素定年，并结合沉积地层碎屑锆石定年，能够准确限定火山岩地层的形成时代，有助于区域地层对比系统的建立。

（4）沉积相、微相分析与沉积环境演化：提供岩相组合、沉积构造、沉积旋回、粒度

分布、古生物等研究成果，分析沉积相、微相，并进一步分析沉积环境与沉积演化。

（5）烃源岩研究：烃源岩的评价研究主要包括烃源岩的TOC含量、干酪根类型、成熟度以及生烃潜力评价等，确定关键成烃时期。

（6）构造属性与构造演化研究：通过露头区、钻井、地震资料，确定现今盆山结构构造特征，划分构造运动阶段，确定构造运动性质及特征，分析构造演化。

三、获得的主要认识与结论

地质背景方面：（1）以板块构造理论和大陆地质研究新认识为指导，在整合现有资料和研究成果，深入进行盆地和造山带结合、多学科综合研究基础上，客观、科学的论证了准噶尔盆地及其邻区存在前震旦系变质结晶基底和前上石炭统褶皱基底，构建了准噶尔盆地及其邻区的区域地质演化。（2）大龙口地区现今的区域地质面貌是古生代以来长期复杂地质作用的综合结果，并可划分出海西期（石炭系）、印支期（二叠—三叠系）、燕山期（侏罗系）和喜马拉雅期不同构造层，反映了晚古生代以来该区不同地质时期成盆沉积作用和构造变形改造作用过程。（3）大龙口剖面现今的构造格架奠基于燕山期，并经受喜马拉雅期的叠加改造。基本构造面貌主要呈现为由博格达山核部逆冲断块、博格达山缘逆冲断褶带和博格达山前逆冲断褶带三部分组成的逆冲褶皱断裂组合，尤以发育大龙口水库向斜和水库南背斜为代表构造。（4）大龙口剖面由大龙口水库向斜和水库南背斜及相关断裂组成一套构造地层系统，尤其二叠—三叠系发育齐全，露头连续，不仅是准东地区的经典地层和构造剖面，也是中国西北地区陆相二叠—三叠系的层型剖面。

地层、层序、沉积方面：（1）明确了大龙口剖面中二叠统井井子沟组至下侏罗统之间各层组地层界线，其中对几个重要界限进行了重新认识和划分，如$P_2l/P_2h/P_3q$；P_3q/P_3w；$T_2k/T_3hs/T_3h$等。（2）在大龙口背斜北翼的泉子街组顶部发现了一套强烈古土壤化的岩石组合：由三套豆粒状褐铁矿结核密集层、含钙质条带淋滤层、紫红色含铁质泥岩组成，代表了沉积间断界面，是重新进行地层划分对比的重要标志。（3）大龙口二叠—三叠系剖面发育3个一级层序边界、6个二级层序边界，据此划分出2个超层序、5个层序和12个准层序组。其中芦草沟组至红雁池组包含了1个超层序、2个层序和3个准层序，泉子街组至郝家沟组包含了1个超层序、3个层序和9个准层序组。（4）根据沉积旋回和岩石组合，识别出了深湖—半深湖加积准层序、三角洲进积准层序、河流加积准层序等。（5）根据岩石组合、结构构造、粒度变化、古生物组合等，大龙口二叠—三叠系划分为潮湿型半深湖—深湖、半干旱型半深湖—深湖、潮湿型滨浅湖—三角洲、半干旱型滨浅湖—三角洲、干旱型河流—滨浅湖—风成体系、冲积扇沉积体系、河流沉积体系7类沉积体系。（6）大龙口剖面二叠—三叠系的沉积环境演化大致可以分为三个阶段，中二叠世芦草沟组至红雁池组潮湿型滨浅湖—半深湖—深湖发育时期、晚二叠世泉子街组至早三叠世烧房沟组半潮湿—干旱型河流—三角洲—滨浅湖—风成沉积发育时期、克拉玛依组至郝家沟组半潮湿—半干旱型三角洲—滨浅湖—半深湖—深湖沉积发育时期。

油气地质方面：（1）从有机质丰度、干酪根碳同位素、氯仿沥青“A”等进行综合评价研究认为，大龙口剖面中二叠统至三叠系共发育芦草沟组、黄山街组和梧桐沟组—锅底坑组三套烃源岩，其中以芦草沟组为优质主力烃源岩。（2）大龙口剖面发育常规砂岩储层、碳酸盐岩裂缝储层、致密灰岩储层等三类储层，相应地发育四类油气藏，即常规砂岩油气藏、碳酸盐岩裂缝油气藏、致密灰岩油气藏和页岩油气藏。

目　　录

第一章　准噶尔盆地及邻区区域地质特征

第一节　区域地质概况

准噶尔盆地及其相邻地区处于欧亚大陆腹地，现今的区域地质突出显示造山带和沉积盆地镶嵌共存、呈近东西向分布的陆内盆山构造格局。

准噶尔盆地及其相邻地区属中亚巨型（或称乌拉尔—蒙古）复合造山带在中国境内的重要组成部分。该区块北隔中蒙之间的阿尔泰山和蒙古萨彦岭与西伯利亚地块相接，南隔南天山与塔里木地块相依。现今的塔里木盆地以北地区，包括天山山脉和其间的盆地，阿尔泰山、东西准噶尔的低山丘陵、准噶尔盆地、三塘湖盆地、吐哈盆地，及其毗邻的中亚诸国的相关山脉盆地，共同构成了中亚地区现今的巨型盆岭地貌格局（图 1-1）。

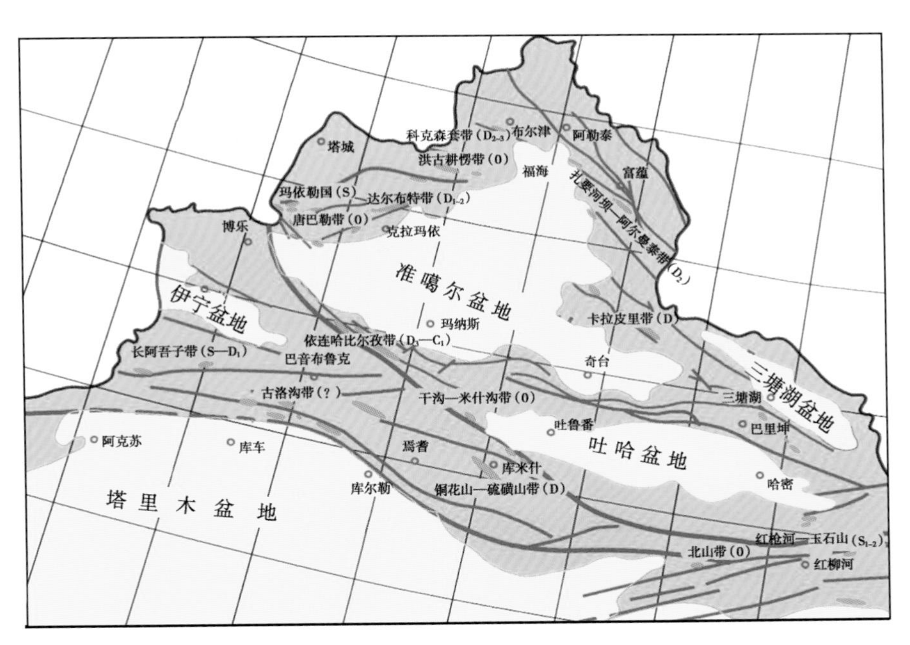

图 1-1　中国西北地区盆、山构造格局简图

中亚造山带现今地表地质的结构构造面貌是地质历史长期复杂演化的综合结果。客观记录了区域前震旦纪古陆块形成，震旦纪古陆块裂解、离散，古生代洋盆扩张使多陆块古大洋形成、洋盆俯冲消减向多岛洋发展，多陆块拼贴、碰撞，大陆横向、垂向增生的主造山过程以及中新生代陆内构造活动叠加改造的过程，铸成中亚巨型复合造山带独特的区域地质面貌及其复杂的构造岩相古地理格局，具有丰富的大陆地质内涵。

准噶尔盆地及其相邻地区是西北地区地壳结构较为复杂，盆地基底类型、性质争议大，蛇绿岩、蛇绿混杂岩出露多，内接外联分歧大，构造演化存在显著歧见的地区。故而准噶尔盆地及其相邻地区对西北区域构造演化具有举足轻重的意义。客观认识该区区域地质特征，依据现代地球科学理论，全面、综合、科学、合理的研究分析区域地质演化，对深入进行该区乃至西北地区油气勘探开发具有重要科学意义和实际意义。

依据准噶尔盆地及其相邻地区区域地质、地球物理资料并结合大量国内外最新成果，在重新认识、分析该区有争议的基础问题基础上，探讨新疆及邻区区域地质演化。

第二节　准噶尔盆地基底组成

一、准噶尔盆地基底研究概述

准噶尔盆地及其相邻地区是中国西北地区区域变质浅（以低绿片岩相为主）、地层剥露浅的特殊区块。该区域除中天山构造带较广泛出露前震旦系基底岩系，被确定存在古陆块外，其他区段无公认的前震旦系基底岩系出露而存在基底属性的争议，尤以准噶尔盆地基底争议最大，直接影响了对盆地形成演化和油气勘探开发的深入研究。

长期以来，对准噶尔盆地变质结晶基底是否存在，褶皱基底的性质、特征及形成时期的认识争议可归纳为如下不同认识：

（1）准噶尔盆地发育前寒武系变质结晶基底（张恺，1991；袁学诚等，1995；任纪舜等，1980；翟光明等，2002）；

（2）准噶尔盆地基底为年轻的古生代残余洋壳（江远达等，1984；Coleman，1989；Feng 等，1989；Carroll 等，1989；伍建机等，2004，赵俊猛等，2008）或古生代岛弧、蛇绿岩拼贴增生组合体（肖文交等，2007）；

（3）陆壳基底（吴庆福等，1987；李锦轶等，2000）；

（4）含有陆壳碎块的洋壳基底（肖序常等，1992）；

（5）存在结晶基底和褶皱基底的双重基底（赵白，1993；彭希龄，1994；马宗晋等，2008；邵学钟等，2008；赵俊猛等，2008；曲国胜等，2008）或复合基底（何登发和何国琦，2006）。

笔者认为，对准噶尔盆地基底特征和属性的上述认识存在的根本性分歧，其实是不同学科研究人员从各自学科领域某方面研究提出的认识。如从花岗岩和火山岩的同位素方面研究，从航磁特征方面研究等。众所周知，地球科学以现今残存地质体及其组合反演地质历史和演化必然具有多解性。区域规律和局部特殊的差异性的突出特点，决定了这些不同认识有必要进一步既接受本学科相关研究和多学科综合研究的检验，又要接受盆山结合的区域客观地质实际的检验。因此有必要进行多学科结合、不同认识互检的综合研究。

二、准噶尔盆地存在结晶基底和褶皱基底的双重基底

笔者赞同准噶尔盆地存在结晶基底和褶皱基底的双重基底认识，并综合现有资料做如下分析。

1. 准噶尔区块地壳、岩石圈结构与盆地基底

依据区域地质、地球物理、同位素定年等资料，全面综合研究、分析准噶尔盆地及邻区地壳、岩石圈结构与盆地基底。

1）*岩石学结构、地壳速度结构与盆地基底性质*

地壳—上地幔的结构、物质组成、界面性质等是讨论大陆地质与大陆岩石圈动力学及其

演化的基本参数。20 世纪 80 年代以来，随着深部地质的研究发展，地球物理学模型与岩石学模型结合研究壳幔结构对大陆地质有了更好的了解（邓晋福，1995；邱瑞照等，2006）。岩石学结构强调主要依靠岩石学途径研究地壳—上地幔结构，其方法主要来自三方面：出露于地表的深部陆壳岩石（主要是前寒武纪变质岩系）；由岩浆或构造作用带到地表的深部岩石包裹体或块体；火成岩（火山岩与侵入岩）中包含的岩浆源区的信息。由此可建立壳幔结构的岩石学模型。但建立现代壳幔岩石学结构模型，必须进一步把现今地球物理场与上述岩石学研究结合起来，结合的关键是在高温高压下弹性波速度与密度的实验测定值，以便约束地球物理场信息。

邱瑞照等（2006）对中国西北地区大陆岩石圈岩石学结构和地壳速度进行了研究。中国西北地区现今的地表地质结构呈现盆、山镶嵌格局。其实质反映为盆地即为老的稳定或相对稳定的地块，造山带为稳定地块间年轻的强烈活动的构造带，因此盆、山不同块体的地震速度结构有明显差别。据邱瑞照等（2006）研究，以塔里木盆地和准噶尔盆地为代表的沉积盆地，现今海拔在 1000m 以内，具有克拉通型岩石圈壳—幔岩石学结构和化学结构特征，其陆壳结构为正梯度，表现为壳内无低速层。两个盆地内部莫霍面均表现为由盆地中心向南北两侧地壳厚度依次递增的隆起。岩石圈结构亦显示中间薄、边缘厚的特点。如准噶尔盆地中部岩石圈厚约 120km，向南北增厚，南缘为 160km，北缘可达 180km；塔里木盆地岩石圈平均厚度超过 200km，最深达 250km，地温梯度和大地热流值均很低（地表热流值为 42~56mW/m^2；王良书等，1996）。两个盆地均显示陆壳有大陆根，无密度倒转，无明显岩浆活动和地震活动的大陆克拉通特征。以阿尔泰山和天山为代表，它们是在古生代造山带基础上，中新生代构造叠加再崛起的造山带型岩石圈，现今海拔均为大于 3000m 的高山，地壳厚度（50~55km）大于大陆平均厚度，壳内有低速层（处于 18~35km 的不同深度范围），地表平均热流值较高（50~100mW/m^2），属具有山根的造山带。

上述地球物理资料表明，尽管准噶尔盆地岩石圈厚度（中部 120km、北缘 180km、南缘 160km，平均 150km；邱瑞照，2006）与塔里木盆地岩石圈厚度（平均超过 200km，最厚可达 250km；邱瑞照等，2006）相比较薄，但两者具有非常类似的克拉通型岩石圈结构和地球物理特征。

2）地震、重、磁结合的基底结构和构造研究

鉴于准噶尔盆地基底问题的长期争议，邵学钟等（2008）采用天然地震转换波测深方法；赵俊猛、马宗晋等（2008）采用重磁异常分析；曲国胜、马宗晋等（2008）采用人工地震深反射—折射剖面和重磁及相关深部探测。对准噶尔盆地地壳、岩石圈结构以及前寒武纪结晶基底和古生代褶皱基底的结构和构造进行了研究，获得了如下重要认识。

（1）准噶尔盆地地壳具明显的分层结构特征，可分出 8~10 个转换界面，并划分为三大构造层。

①沉积盖层（第一构造层，包括二叠系及其以上地层）：沉积盖层厚度 4~8km，转换界面 A_1、A_2 又将沉积盖层分为上、中、下三层，可与石油地震勘探剖面对比，转换界面 A_1 为侏罗系与白垩系之间的不整合面，转换界面 A_2 为中三叠统、上三叠统之间的不整合面。

②古生界褶皱基底（第二构造层）：转换界面 B（埋深 2~16km）与准噶尔盆地大量的石油地震勘探解释剖面对比，转换界面 B 确定为海西运动期褶皱基底顶面，第二构造层界于转换界面 B 与转换界面 G 之间，厚度 4~14km。

③结晶基底（第三构造层）：转换界面 G（埋深 5~16km）为结晶基底界面；转换界面

G_1 为上、中地壳之间的分界面，埋深 20~28km；转换界面 C 为中、下地壳之间的分界面，埋深 30~40km；转换界面 M 为莫霍面，埋深 44~52km。第三构造层界于转换界面 G 与转换界面 M 之间，厚度 33~42km。证实了准噶尔盆地地壳由褶皱基底和结晶基底等陆壳组成，确定了它们的分布形状、基底厚度。

（2）从前寒武系结晶基底（图 1-2）和古生界褶皱基底的构造图（图 1-3）可清楚看出，大致以乌尔禾—三个泉—克拉美丽的北西西—近东西一线为界，准噶尔盆地内部南北两侧基底构造线均有明显差异，尤以褶皱基底构造线的差异更为显著。表现为在乌尔禾—三个泉以北，褶皱基底构造线呈北西向，其南则呈近南北向。尽管对为什么北侧区块构造线呈北西向，南侧区块构造线呈南北向，尤其是后者的深层次地质信息尚需深入解读，但有一点却与露头区地表地质的结构构造特征极相吻合，即两者的分隔界线沿乌尔禾—三个泉到克拉美丽一线。此现象比较合理的解释是，准噶尔盆地的确存在结晶和褶皱的双重基底，但盆地基底南北有明显差异，它们可能是在古生代褶皱基底形成过程中，沿乌尔禾—三个泉一线两侧古陆块（地块）发生拼合形成统一基底，该拼合带恰对应于露头区的克拉美丽蛇绿构造混杂带。有理由认为沿该带经历过块体的分隔与拼合过程。

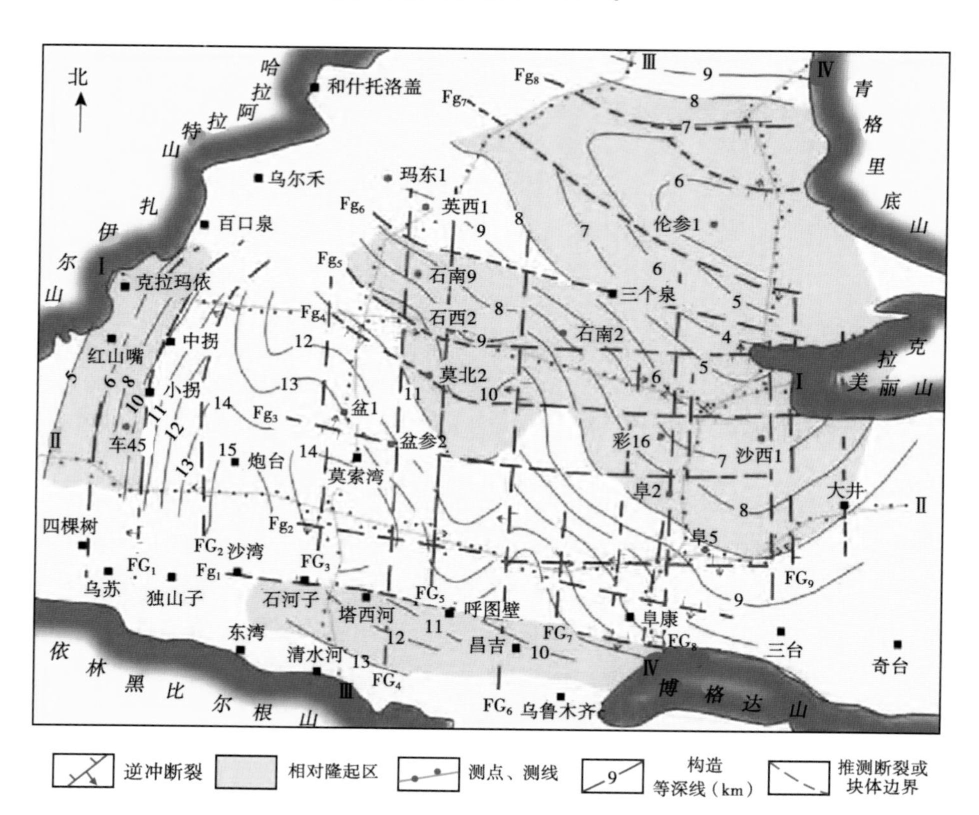

图 1-2　准噶尔盆地结晶基底（转换界面 G）构造图（据邵学钟等，2008）

3）准噶尔盆地地震剖面揭示的基底结构和构造

准噶尔盆地中多条横贯盆地南北的地震大剖面和准东地区的局部剖面，不仅共同揭示盆地沉积盖层与褶皱基底的结构构造，而且不同程度地反映了晚石炭世—早二叠世构造控盆特点。

选自准噶尔盆地中部两条南北向地震大剖面（图 1-4）为盆地整体的地层组成、序列

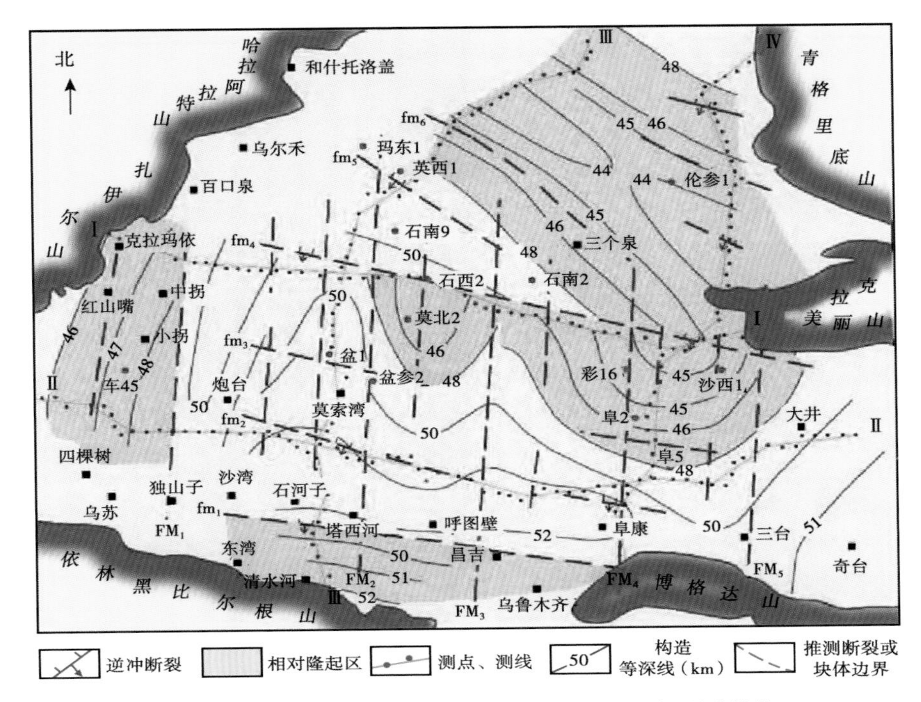

图 1-3　准噶尔盆地褶皱基底（转换界面 M）构造图（据邵学钟等，2008）

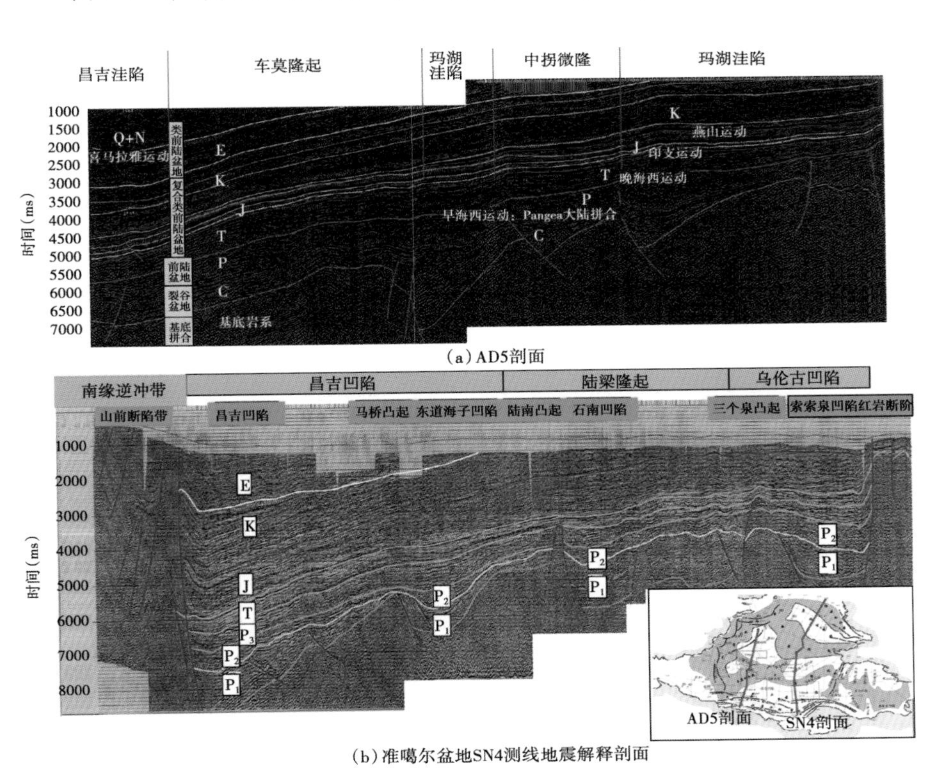

图 1-4　准噶尔盆地南北向剖面图

及结构构造特征提供了可做对比的良好基础。地震剖面的地震相特征揭示，盆地内基底与盖层地震相差异显著。其中上石炭统及其以上的地层均以连续、稳定、成层性良好的沉积地层地震相为特征，并可见下二叠统—上石炭统明显受正断层控制，呈箕状或地堑式断陷。上述现象表明，准噶尔盆地盖层沉积可能起始于晚石炭世，上石炭统—下二叠统可能是受同沉积正断层控制的断陷—裂谷盆地堆积充填。上石炭统—二叠系之下连续性差、地震相杂乱的地层则为褶皱基底地层系统。

选自准东滴西—石南地区精度较高的局部地震剖面和钻井资料显示（图 1-5），上石炭统以上的沉积盖层和其下伏的褶皱基底存在地震相的明显差异，即盖层连续、稳定，褶皱基底地震相杂乱、不连续，而且盖层与基底构造样式完全不同，表现为沉积盖层呈开阔式褶皱，基底褶皱显著强烈并伴有逆冲断层的发育。另外，由钻井和地震对比研究确定，准东地区的上石炭统巴塔玛依内山组为一套中性火山岩、基性火山岩、酸性火山碎屑岩夹正常陆相碎屑岩和煤层，地层厚度变化大，属海相—陆相湖盆沉积的火山—沉积组合，具断陷—裂谷盆地性质。这一点也可由准东将军庙之东的北山煤窑地区，沿东西一线发现了多处无争议的晚石炭世古火山机构得以证实。

2. 磁场特征反映的盆地基底性质

中国西北地区航磁异常图是该区地壳物质组成和结构构造特征的客观反映。航磁异常图 ΔT（图 1-6）突出显示，沉积盆地（稳定地块）整体表现为不规则块状宽缓磁场特征，活动的造山带则以不连续的线状、透镜状正负异常相间构成带状分布，两者共同组成有机镶嵌的区域磁场格局。其中的塔里木盆地、柴达木盆地和准噶尔盆地，不仅具有极为相似的不规则块状磁场特征，而且均呈眼球状地块被周围造山带的线状磁异常带围限，与现今的区域盆、山结构构造（图 1-1）特征相吻合。现有研究普遍认为，塔里木盆地和柴达木盆地基底是无争议的前震旦纪结晶基底地块，据此有理由认为准噶尔盆地基底亦具同样性质。至于准噶尔盆地岩石圈厚度相对较薄，其内部发育不规则强磁性异常则更可能与晚石炭世—二叠纪时期的区域伸展构造背景促使地幔物质上涌，造成基底岩石圈减薄，并有强磁性镁铁—超镁铁物质侵入或喷发有关（韩宝福等，1999；周鼎武等，2006，赵俊猛等，2008）。韩宝福等（1999）提出，准噶尔盆地周边地区广泛发育晚古生代后碰撞花岗岩类、基性—超基性杂岩和火山岩，它们普遍具有正的 $\varepsilon_{Nd}(t)$ 值。表明岩浆起源于亏损地幔，并不同程度地受到地壳物质的混染，幔源岩浆及其分异产物在上地壳侵位只是深部地质过程的浅部反映，大量的幔源岩浆很可能在壳幔界面附近和下地壳中发生底垫作用，成为准噶尔盆地基底的组成部分。如果准噶尔盆地的基底是残留洋壳，除非发生高度部分熔融，否则不可能产生基性—超基性杂岩，即使准噶尔盆地具有老陆壳基底，也会因为幔源岩浆底垫作用而受到强烈改造。这种解释可以与地球物理资料相容（赵俊猛等，2008）。

另外，朱英（2004）所著《中国及邻区大地构造和深部构造纲要——全国 1:100 万航磁异常图的初步解释》一书中指出，依据中国西北地区航磁异常特征并结合上延 40km 磁异常图共同分析认为，新疆地区存在三个完整的岩石圈结构块体，它们是泛准噶尔地块、南天山—北塔里木地块和南塔里木地块。泛准噶尔地块北以准噶尔盆地北缘深大断裂为界，南以中天山北缘深大断裂为界，包括吐鲁番—哈密盆地在内。准噶尔盆地是在中央断块核基础上形成的，具有双层变质基底，浅变质的华力西构造层之下还有一个比较完整的前寒武系深变质的基底。

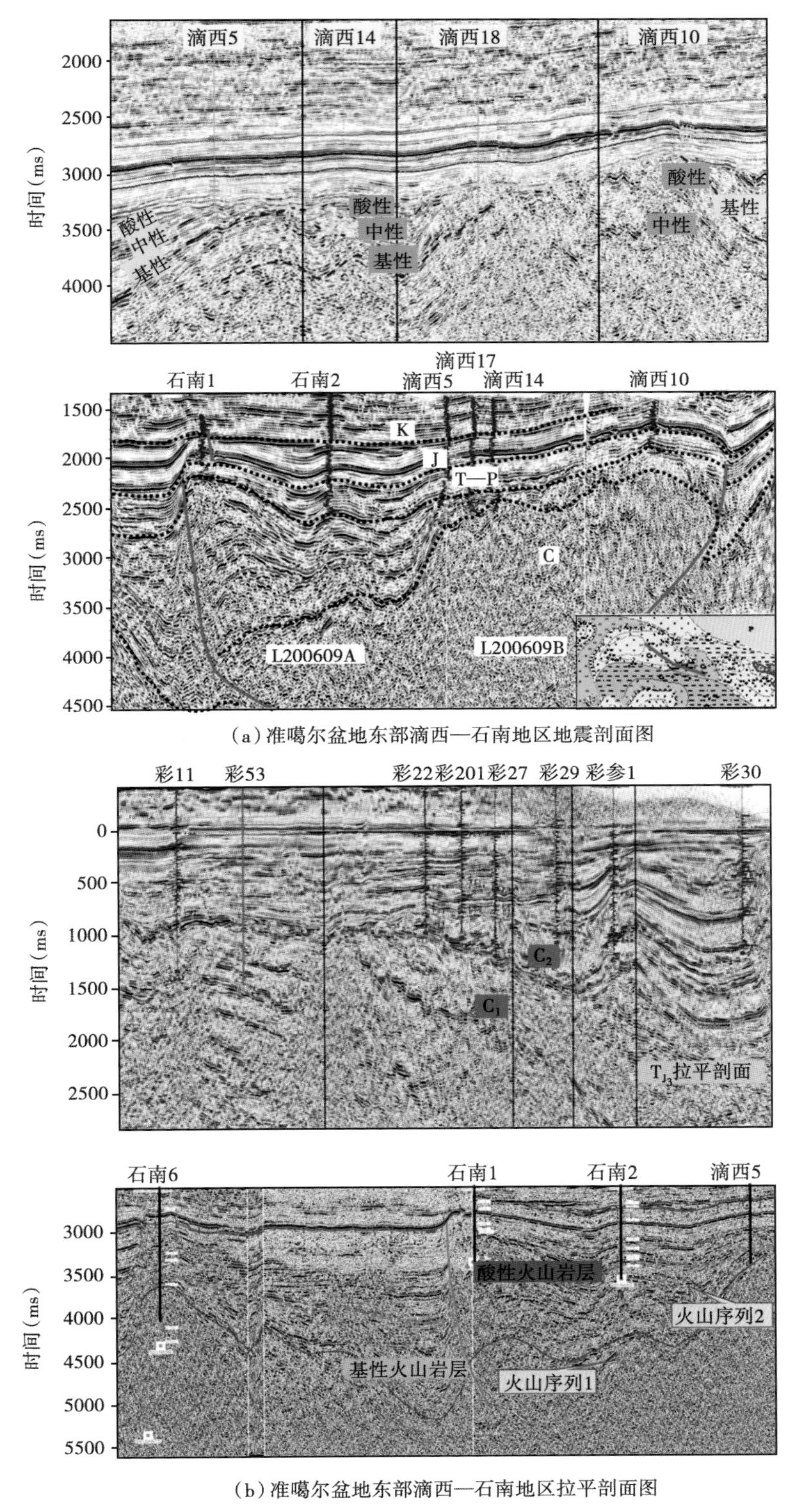

（a）准噶尔盆地东部滴西—石南地区地震剖面图

（b）准噶尔盆地东部滴西—石南地区拉平剖面图

图 1-5　准噶尔盆地东部滴西—石南地区地震剖面图

图 1-6　西北地区航磁 ΔT 异常图（据夏国治等，2004）

3. 准噶尔盆地周缘山系基底信息

准噶尔盆地周缘古生代山系基岩裸露，为从不同角度研究探索基底问题提供了基础。

1）阿尔泰造山带基底信息

阿尔泰地区具有前震旦系结晶基底已被普遍认可（新疆地矿局，1988，1993；高振家等，1993，李天德等，1996；胡霭琴等，1991，2002，2003，2006；赵振华等，2001；刘顺生等，2003；邱瑞照等，2006；西安地矿所，2006；李会军等，2006）。除根据微古植物化石和地层、岩石组合特征等可证实外，同位素年代研究取得了一系列成果。

1975 年新疆区调队赵明玉等在 1:20 万填图中，于乌恰沟分水岭北 lkm 处原划为泥盆系康布铁堡组（D_1k）灰黑色大理岩中采集到见于蓟县系的冠状植物化石（中国地质科学院地质研究所鉴定），1976 年又补充采样发现大量前寒武系常见的微古植物化石（彭昌文鉴定）。近几年来的地质资料中均将出露在富蕴县乌恰沟上游分水岭以北，呈北西西—南东东向延伸的一套变质岩系看作阿尔泰地区出露的最老地层，时代为蓟县纪（高振家等，1993）。继此之后，该区前寒武纪基底的研究，基本上都是用同位素示踪的方法进行推论（李天德，1996；胡霭琴，1993，2002，2003，2006；陈斌等，2001；董永观，2002；Hu，2000；Chen，2002；Coleman，1989；Windley，2002）。通常适合前寒武纪研究的同位素方法包括 Pb 模式年龄、锆石 U-Pb 年龄、Sm-Nd 等时线年龄、Nd 模式年龄、Pb-Pb 等时线年龄。

李天德等（1996）在青河县城西南的片麻岩中获得四组分锆石 U-Pb 上交点年龄为（1375±24）Ma。胡霭琴等（2002）在富蕴县城西变质岩系的石榴黑云石英片岩中分选锆石，获得五组分锆石构成的不一致线和一致线的上交点年龄为（2349±226）Ma，下交点年龄为（353±285）Ma，同时也获得该岩石的Nd模式年龄为2600Ma；据赵振华等（2001）研究，阿尔泰造山带变质岩系的Nd模式年龄分布在900—800Ma、1400—1200Ma，以及2400Ma和2600Ma几个时间段，主峰年龄为1400—1200Ma。富蕴县城西石榴云母石英片岩锆石U-Pb上交点年龄2300Ma，克木齐群和富蕴群片麻岩、片岩和斜长角闪岩的Sm-Nd等时线年龄分别为1400Ma和900—700Ma。阿尔泰地区克木齐群和富蕴群变质岩的Sm-Nd同位素组成测定结果，其Sm-Nd等时线年龄为（1357±52）Ma（2δ），$\varepsilon_{Nd}(t)$值为6.7，Nd模式年龄为2600Ma，其锆石U-Pb年龄为2300Ma。据统计（李会军等，2006），截至2006年，该区已获得同位素样品72件，分布范围2.8—0.2Ga，主要分布在1.0—0.8Ga、1.6—1.4Ga、1.4—1.2Ga和1.2—1.0Ga四个年龄区间内，只有富蕴县城西石榴石片麻岩一个样品的Nd模式年龄属于新太古代（2607Ma；胡霭琴等，2002）。

近年来，对阿尔泰岩浆岩进行单颗粒锆石SHRIMP法进行U-Pb测试过程中发现部分颗粒反映古老信息。李会军等（2006）在对阿尔泰岩浆岩进行单颗粒锆石测试过程中发现了四组不同年龄数据，分别为2276—2145Ma、1664Ma、977—943Ma和758—748Ma，说明该变质岩的原岩物源区含有古老的地壳物质。另据方同辉等（2002）对富蕴县乌恰沟辉长岩的研究表明，该岩体侵入于古元古界、中元古界克木齐群（李天德等，1994；胡霭琴等，2002）是未受陆壳物质混染的上地幔部分熔融产物，其Nd模式年龄为977—945Ma，Sm-Nd等时线年龄为（974±63.4）Ma。

岩石地球化学显示，该岩体稀土分布曲线呈轻稀土略富集、重稀土相对亏损的右倾型，微量元素地球化学形式与钙碱性火山弧玄武岩十分相似，显示Sr、K、Rb、Ba、Th强烈富集，同时伴有Ce、P、Cr的相对富集，而Nb、Y、Yb、Sc相对亏损，不仅反映该区在青白口组沉积时期可能经历钙碱性基性岩浆侵入，而且进一步证明克木齐群为前震旦纪结晶基底。

通过前人研究可以肯定，阿尔泰造山带具有古元古代—中元古代—新元古代基底。元古宙可能经历了四次主要事件，时间大致为2300—2100Ma、1700—1400Ma、1000Ma和750Ma左右（方同辉，2002）。

上述表明，阿尔泰造山带确实存在前震旦系变质结晶基底，至于该基底是普遍存在的古陆块，或者是残存于显生宙造山带中的大陆地壳断块尚待进一步证实。

2）准噶尔西部、东部地区基底信息

准噶尔西部地区无前震旦纪结晶基底地层出露。据沈远超等研究，西准噶尔海西期岩浆岩体，如包古图1号闪长岩体和红山岩体碱长花岗岩中锆石U-Pb上交点年龄均反映出古老信息的存在。前者四组分锆石给出上交点年龄高达3700Ma，后者四组分锆石组成了U-Pb不一致线，与一致线上交点年龄为2450Ma。另据朱永峰等（2006，2007）对准噶尔西北部的塔尔巴哈台蛇绿岩中的辉长岩锆石U-Pb定年研究获得了早于1908Ma的结晶锆石，可能提供蛇绿岩在形成或构造就位过程中捕获了古老陆壳物质的信息。另对西准噶尔克拉玛依西山的早寒武世（>517Ma）枕状玄武岩锆石定年研究发现，该套洋岛海相玄武岩岩枕中存在大量新太古代—古元古代（2536—1883Ma）的岩浆锆石。表明其岩浆源区存在古老大陆地壳物质，可能是该地质体在构造就位过程中混入了古老地块的物质。上述提供了该区可能存在古老地块的重要信息。

目前在东准噶尔地区，已经有被视为“可靠的”前寒武纪年龄数据的地质体。比如，张以熔等（1989）在东准噶尔莫钦乌拉山南坡的小柳沟荒草坡群下部浅肉红色花岗片麻岩中，获得了单颗粒锆石蒸发 Pb 同位素年龄为 1908Ma；张前峰等（2000）在东准噶尔下马崖南小石头泉变质岩的 Sm-Nd 等时线年龄约为 670Ma；特别是近年来在东准噶尔纸房幅的 1:25 万区域地质调查报告中，根据一些花岗质岩锆石 U-Pb 年龄测定结果中的 207Pb/206Pb 比值年龄和单颗粒锆石的蒸发 Pb 同位素年龄，提出东准噶尔地区有中—新元古代基底岩石存在。

但是，胡霭琴等（2003）在研究了这些 U-Pb 同位素分析数据后，发现以上所谓的"前寒武纪"年龄都有很大的问题，明确提出它们并不是真实的前寒武纪年龄结果而予以否定。认为出现这种误区的主要原因是对同位素年代学的基本原理了解不够，在使用同位素分析数据确定地质体时代时，存在较多的主观推断而造成的。

另外，李亚萍等（2007）在准噶尔盆地东北缘克拉美丽蛇绿岩带南侧，选择其中被 1:20 万区调置于中泥盆世克拉美丽组上部层位的砂岩进行了碎屑锆石 SHRIMP 法 U—Pb 定年研究。测定的 86 颗碎屑锆石、89 个点的年龄分布范围从（327±8）Ma 至（3073±10）Ma；其中碎屑锆石的表面年龄主要集中分布在 540—320Ma，显示出多峰的特征，其主峰为 365Ma，次要的峰分别为 480—460Ma、520—510Ma 和 540—530Ma。该样品中还含有至少 25 粒表面年龄大于 550Ma 的碎屑锆石。其中 690—550Ma 的碎屑锆石有 4 粒，1083—827Ma 的碎屑锆石有 8 粒，1513Ma 和 1700Ma 锆石各 1 粒，2051—1942Ma 的锆石有 2 粒，2490—2464Ma 和 2876Ma、3073Ma 的碎屑锆石各 3 粒。根据样品的岩石学特征和碎屑锆石的矿物学特征及表面年龄，结合区域岩浆活动的分析认为，所研究砂岩的沉积时代不是泥盆纪的，可能是早石炭世晚期，其源区位于准噶尔盆地东部。源区地质体组成主体是奥陶纪至石炭纪活动陆缘岩浆岩，以及寒武纪至新元古代中期和新元古代早期至中元古代等时期的岩浆杂岩等组成，还有推测的少量早前寒武纪杂岩。表明准噶尔盆东部的基底为奠基在前奥陶纪陆壳基底之上的古生代岛弧。

胡霭琴等（2001）依据不同岩类的同位素示踪信息，将新疆北部陆壳基底划分为 4 个分区：塔里木北缘地块具太古宙—古元古代基底（3200—2200Ma）；天山造山带具古元古代—中元古代基底（2100—1700Ma）；阿尔泰造山带具古元古代、中元古代—新元古代复合基底（2600—2300Ma、1400—700Ma）；准噶尔具中—新元古代基底（1200—600Ma），展示了该区陆壳基底分布的同位素示踪信息。

4. 露头区古生代地层古生物和沉积环境与陆壳基底

准噶尔盆地及其相邻地区早古生代地层出露有限，但奥陶—志留系在准噶尔盆地东缘古生代造山带中仍有残留，它们为沉积岩、火山—沉积岩组合。其中尤以发现图瓦贝的中志留统滨浅海相碎屑沉积岩的发育为特征（图 1-7），图瓦贝是发育在中志留统的海生底栖腕足类动物化石。研究表明，在新疆地区，图瓦贝动物群（具时代意义的主要是 *Tuvaellarackovsskii* 和 *T. gigantean*）仅见于北疆的阿尔泰—青河、克拉美丽山—奥什克山，以及巴里坤县的纸房、红柳峡地区，王宝瑜，1990；纸房幅 1:25 万区域地质调查报告，新疆地调院，2000；何国琦等，2001）。图瓦贝动物群生物地理区位于相对稳定的滨海陆缘区，沉积物主要为正常碎屑物质，局部钙质成分增多，形成粉砂岩、砂岩、砾岩、泥质灰岩，碎屑颗粒以石英为主，大小均匀、分选良好、生物属种单调，主要为腕足类介壳堆积，其他门类化石很少。代表一个近岸的海洋底栖生物群落，生活在富氧、水动力条件较强的浅水环境。

特别值得关注的是，准噶尔盆地及其相邻地区泥盆—石炭系出露良好（图 1-7）。该区块上泥盆统海陆交互相、陆相发育广泛，已在不同露头剖面发现了陆相植物化石组合，尤以斜方薄皮木（*Leptophoeumrhombicum*）最具代表性。石松类的斜方薄皮木是晚泥盆世的标志

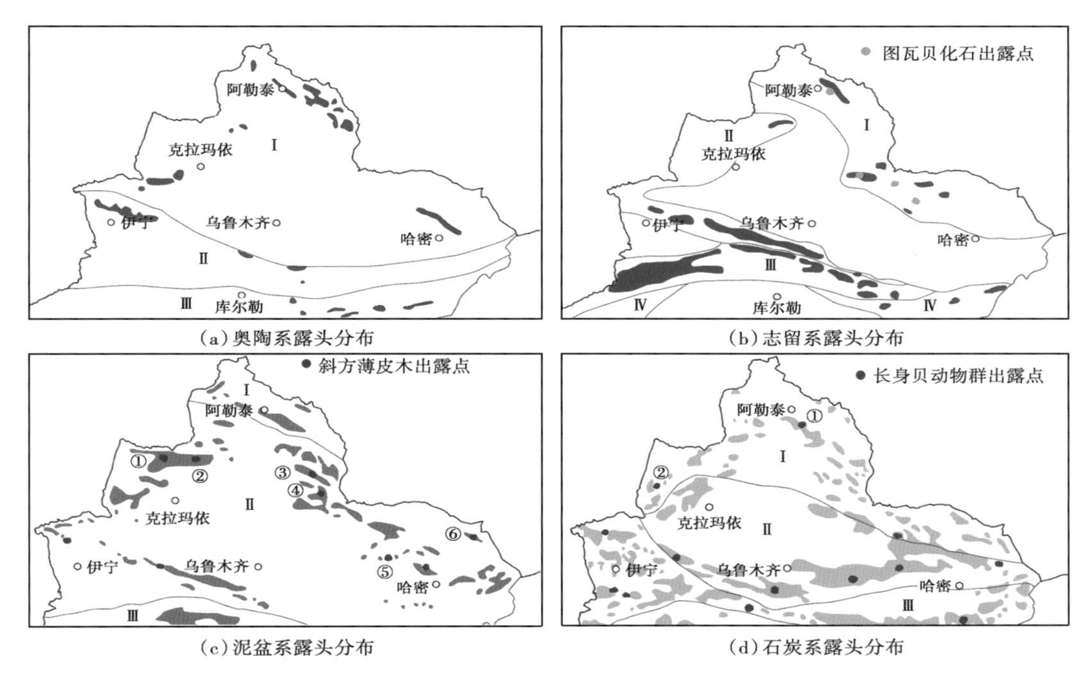

图 1-7　准噶尔盆地古生界及其相关古生物化石出露分布图

性分子，它是与石炭纪鳞木类相近的一种乔木状植物，躯干高大，主干约 10m 高，直径 0.5m 左右，生长于气候温暖潮湿，离海岸较近、甚至局部相通的沼泽环境中（李星学等，1986）。准噶尔盆地及其相邻地区所见的斜方薄皮木化石或产于由灰绿色砂岩、砾岩、粉砂岩、凝灰质粉砂岩组成的陆相地层中，也可见于由灰绿色砂岩且夹碳质页岩、薄层石灰岩并见珊瑚、腕足类化石的海陆交互相地层中。斜方薄皮木出现在裕民县咱满—铁列克提河、和布克赛县布龙果尔—朱鲁木特（蔡重阳，1986）、富蕴县江孜尔库都克、富蕴县沙尔托海、温泉县托斯库尔他乌、沙湾县艾尔肯沟、吉木萨尔县三台镇（斯行健，1956）、三塘湖老爷庙大西沟和老爷庙大沟西侧（刘陆军等，1997）、巴里坤县考克塞尔盖等地区。

另外，分别在东准噶尔地区的巴里坤县纸房地区的下石炭统姜巴斯套组中，发现了网格长身贝（*Dictyoclostus* sp.）和克拉夫网格长身贝（*Dictyoclostus crawfordswillensis Weller*），在哈密雅满苏西大沟的下石炭统雅满苏组和伊吾县大黑山的下石炭统姜巴斯套组中，发现了线槽大长身贝（*Gigantoproductus stratasulcatus*）、爱德堡大长身贝（*Gigan-toproductus edelburgensis*）、阔脊大长身贝（*Gigantoproductus latissimus*）、超越大长身贝（*Gigantoproductus superbus*，个体大于 20cm）、巨型大长身贝（*Ggiganteus*）等（图 1-7）。长身贝动物群出现在阿勒泰东、红山嘴、巴尔雷克山南坡、克拉美丽、温泉县赛里木湖北查干哈尔加河口、尼勒克县阿恰勒河、乌苏县南哈夏特郭勒、善鄯县詹加尔布拉克、哈密县雅满苏、巴里坤县七角井、伊吾县大黑山、巴里坤县纸房、轮台县野云沟、巴伦台、库鲁塔格北坡克孜塔格等地区。它们均属腕足动物，是早石炭世的标准化石。腕足动物是以肉茎附着于海底营固着生活的海生底栖固着生物。它们在各种水深处均能生存，但在水深 200m 左右地段现生种类最多。古生代的腕足类大多生活在温暖、盐度正常的浅海环境。该区所发现的上述大长身贝动物群的地层岩石组合，底部以含砾凝灰质粗砂岩、凝灰质砂岩夹薄层状生物灰岩开始，富含腕足类、珊瑚、苔藓、海百合茎以及少量植物化石及其茎干。向上生物碎屑灰岩逐渐增多，其中，除产有上述大长身贝动物群之外，尤以珊瑚最为丰富，如 *Gangamophyllum* 多呈巨大礁体产出，显然为浅海环境。

准噶尔盆地相邻露头区古生代不同时期古生物化石、沉积环境的上述特征表明其物源和沉积环境均必须有陆壳基底为背景。依据准噶尔盆地周缘古生代山系的地质特征分析，准东露头区古生代陆壳基地应向西延伏于准噶尔中生代、新生代盆地之下已是不争的事实。上述为确定准噶尔盆地和相邻地区古生代陆壳基底的存在提供了直接证据。

5. 花岗岩类对盆地基底性质的示踪

花岗岩类是大陆地壳的重要组成部分，可来自不同源区，形成于不同大地构造背景，是反演地壳形成演化、示踪基底性质的重要物质。

花岗质岩 ε_{Nd}（t）值对示踪基底性质有重要意义。一般而言，ε_{Nd}（t）值可以提供许多岩石学的信息：若 ε_{Nd}（t）值大于 0，表示岩石源于地幔物质，说明源区物质轻稀土亏损程度愈强，推测岩石源于亏损较强的地幔；若 ε_{Nd}（t）值接近于零时，岩石源于未亏损的地幔；若 ε_{Nd}（t）值小于 0，表示岩石一般源于地壳，推测岩石源于轻稀土富集的物质（李昌年，1992）。

准噶尔盆地周缘露头区南华纪以来花岗质岩有不同程度的发育，尤以碱性花岗岩的侵入最为强烈（图 1-8）。前人曾依据西准噶尔地区形成时期在 321—300Ma，具有正的 ε_{Nd}（t）值（6.1~8.4）的碱性花岗岩（Coleman R. G. 等，1989；Feng 等，1989；伍建机等，2004）为依据，提出准噶尔盆地古生代基底为洋壳的推论。为检验该认识的客观合理性，对该区古生代—早中生代花岗质岩类形成年龄和 ε_{Nd}（t）值进行了统计分析，尽管收集资料不够全面，且有引用资料因该区碱性花岗岩受关注而数据较多的人为因素，但获得了以下基本事实仍为分析关键问题提供了借鉴。

（1）准噶尔盆地周缘露头区的古生代—早中生代花岗岩代表了该区洋盆俯冲、陆陆碰撞、后造山伸展和板内不同时期、不同构造背景的花岗岩类。

（2）该区花岗岩的同位素定年和 ε_{Nd}（t）值关系图（图 1-9）整体显示如下特征。

①该区的古生代（430—230Ma）花岗质岩 ε_{Nd}（t）值变化范围大，在 -5 ~ +10 之间，但以 0~8 之间为主，形成时期集中在 330—230Ma，并以 330—270Ma，其间 ε_{Nd}（t）值变化在 2.5~9 之间最为突出。表明该区不同时期花岗岩形成源区复杂，以亏损幔源为主、壳幔混源和壳源为次。

②准噶尔盆地周缘不同区带同位素定年和 ε_{Nd}（t）值差异明显，具体表现如下。

a. 准西地区花岗岩形成时期集中在 328—270Ma，ε_{Nd}（t）值变化在 2~8 之间，并可进一步分解为两个阶段。即形成时期为 328—290Ma，ε_{Nd}（t）值变化在 5.2~8.5 之间；形成时期为 292—270Ma，ε_{Nd}（t）值变化在 2.2~6 之间。它们均显示花岗岩源于亏损幔源，但具有前者强亏损、后者亏损较弱的特点。

b. 准东与准西地区明显不同，准东地区花岗岩形成时期和 ε_{Nd}（t）值变化均显分散，形成时期在 382—250Ma，ε_{Nd}（t）值变化在 -3.6 ~ +10 之间。但相对集中在 382—370Ma 的 7.5~10、312—290Ma 的 3.5~9.7 和 270—250Ma 的 0.5~6 三阶段，并有一个点为 290Ma、-3.5 显示花岗岩来源复杂；

c. 准北地区花岗岩形成时期和 ε_{Nd}（t）值变化则分散，无论形成时期和 ε_{Nd}（t）值变化都很大，但仍可划为三个阶段，即形成时期在 405—330Ma，ε_{Nd}（t）值变化在 -1.6 ~

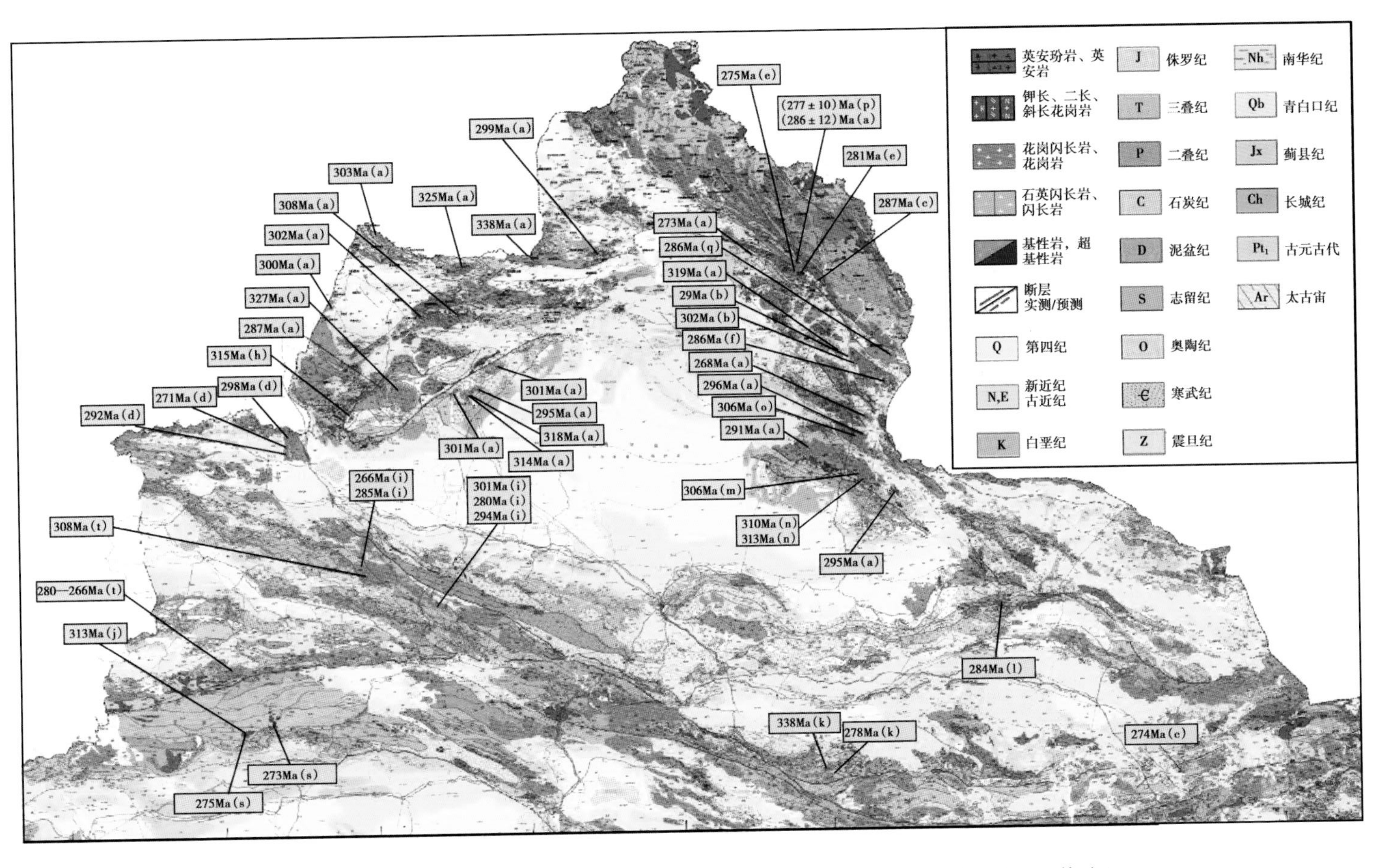

图1-8 准噶尔区块碱性花岗岩和基性岩墙群及其年龄分布图（据韩宝福等，2006，修改）

a—韩宝福等，2006；b—李宗怀等，2004；c—韩宝福等，2004；d—刘志强等，2005；e—童英等，2006a；f—童英等，2006b；g—苏玉平等，2006；h—陈晔等，2006；i—王博等，2007a；j—王博等，2007b；k—郭芳放等，2008；l—毛启贵等，2008；m—唐红峰等，2007；n—林锦富等，2007；o—李月臣等，2007；p—宫红良等，2007；q—周刚等，2007；r—高俊等，2006；s—刘楚雄等，2004；t—朱志新等，2006

+6.7之间，以-1.6~+2.2为主，具壳幔混源特征。另为形成时期在310—289Ma，ε_{Nd}（t）值变化在5~6.8之间以及形成时期在290—280Ma，ε_{Nd}（t）值变化在-5.2~+1.5之间，显示不同时期的花岗岩来源复杂；

d. 准南地区花岗岩形成时期和ε_{Nd}（t）值变化亦显示分散特点，但可划分出相对集中的三个阶段：其一形成时期在430—360Ma，ε_{Nd}（t）值变化在-5~-1.6之间；其二形成时期在320—298Ma，ε_{Nd}（t）值变化在0.8~9之间；其三形成时期在273—232Ma，ε_{Nd}（t）值变化在-0.2~+4.2之间。显示该区不同时期花岗岩形成源区复杂，亏损幔源、壳幔混源和壳源均有。另外，不同区带在315—290Ma，ε_{Nd}（t）值在5~7之间重叠，表明该时期均有亏损幔源花岗岩的侵位。

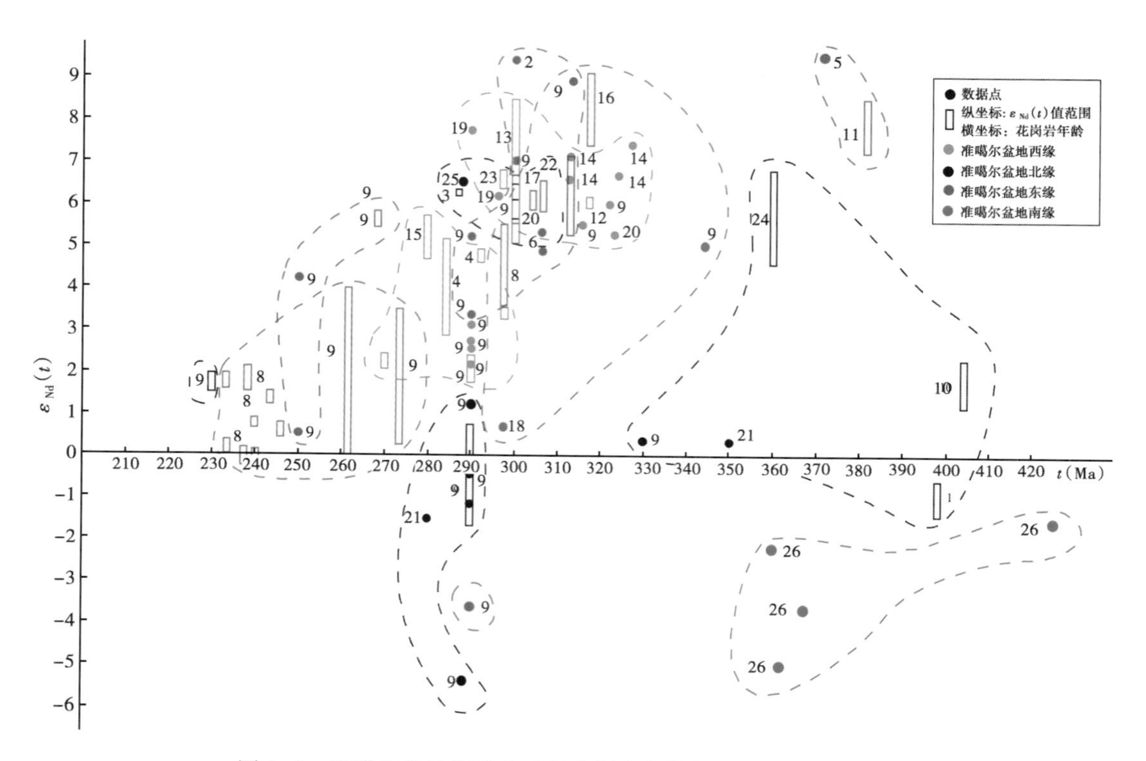

图1-9 准噶尔盆地周缘古生界花岗岩年龄与ε_{Nd}（t）值关系图

1—童英等，2007；2—唐红峰等，2008；3—童英等，2006；4—刘志强等，2005；5—唐红峰等，2007a；6—唐红峰等，2007b；7—苏玉平等，2006a；8—顾连兴等，2006；9—韩宝福等，1999；10—杨富全等，2008；11—张招崇等，2006；12—高山林等，2006；13—伍建机等，2004；14—袁峰等，2006；15—张立飞等，2002；16—李文铅等，2006；17—苏玉平等，2008；18—林锦富等，2007；19—袁峰等，2006；20—苏玉平等，2006b；21—康旭等，1992；22—韩宝福等，1997；23—庞振甲，2008；24—周刚等，2009a；25—周刚等，2009b；26—石玉若等，2006

对上述特点如何理解，有一点首先需要说明，这就是该区发育在315—290Ma期间，ε_{Nd}（t）值变化在5~7之间，被称为碰撞后以碱性为特征的花岗岩，其成因和岩浆源性质长期存在争议，引起研究者的极大关注。对于这类花岗岩的成因，有学者认为属幔源岩浆直接分异并受少量陆壳物质混染（Han等，1997）；也有学者认为主要与幔源岩浆底侵热能所引发的上覆早期玄武质底侵体（初生陆壳）部分熔融有关（Wu等，2000；Chen等，2005）。Coleman等（1989）认为它们应是古生代残余洋壳再次熔融作用的产物，进而推断准噶尔盆地基底具洋壳性质。韩宝福等（1999）研究提出，准噶尔盆地周边地区广泛发育晚古生代后碰撞花岗岩类、基性—超基性杂岩和火山岩，它们普遍具有正的 ε_{Nd}（t）值。表明岩浆起源于亏损地幔，并不同程度地受到地壳物质的混染，幔源岩浆及其分异产物在上地壳侵位只是深部地质过程的浅部反映，大量的幔源岩浆很可能在壳幔界面附近和下地壳中发生底垫作用，成为准噶尔盆地基底的组成部分。

如果准噶尔盆地的基底是残留洋壳，除非发生高度部分熔融，否则不可能产生基性—超基性杂岩，即使准噶尔盆地具有老陆壳基底，也会因为幔源岩浆底垫作用而受到强烈改造。这种解释可以与地球物理资料相容。赵振华等（1993，1996，2000）、刘家远等（1996）、Han（1997）、Chen 等（2003）对新疆北部布尔根、乌伦古和西准噶尔达拉布特等地的上古生界碱性花岗岩的研究认为：综合该区上古生界碱性花岗岩的主元素、微量元素、稀土元素和 Sr、Nd、Pb 同位素组成特征可以看出，它们的源区显示了多样性特点。

新疆北部上古生界碱性花岗岩的源区具有地幔源物质特征。但区内不同岩带的上古生界碱性花岗岩的源区又有差异。例如，产于乌伦古富碱侵入岩带的布尔根碱性花岗岩类的$^{143}Nd/^{144}Nd$的比值较低（0.51250~0.51274），ε_{Nd}（t）为近于零的低正值（0.62~1.40），在 $\varepsilon_{Nd}(t)$ —$^{87}Sr/^{86}Sr$ 等图解中，投影于亏损地幔与富集地幔之间的区域；其微量元素的原始地幔标准化蛛网图中，Nb 未显示亏损，与洋岛玄武岩类似；在 Nb-Y-Ga 和 Nb-Y-Ce 图解中投影于 A_1 区，属非造山或地幔热点型。上述表明布尔根碱性花岗岩类的源区应为受交代的富集地幔或源自亏损地幔源区后受到地壳物质混染。而对于乌伦古岩带中二台—扎河坝和达拉布特岩带的碱性花岗岩类$^{143}Nd/^{144}Nd$ 的比值较高（> 0.51270），ε_{Nd}（t）值为较高的正值（>5.0），在 ε_{Nd}（t）—$^{87}Sr/^{86}Sr$ 等图解中位于亏损地幔与上地壳之间或洋中脊玄武岩的范围；其微量元素原始地幔的标准化蛛网图上 Nb 显示明显亏损，显示岛弧岩浆特点；在 Nb-Y-Ga 和 Nb-Y-Ce 图解中投影于 A_2 区，属后造山活动陆缘型。以上特点表明乌伦古二台—扎河坝和达拉布特岩带碱性花岗岩类的源区应为亏损地幔或地幔部分熔融形成洋壳玄武岩（赵振华等，1996）或镁铁—超镁铁岩（Han 等，1997）。刘家远等（1996）认为布尔根碱性花岗岩类的源区为上地幔部分熔融形成玄武岩浆分异而成，乌伦古和克拉美丽碱性花岗岩类源岩为地幔物质加硅铝质源岩部分熔融物质。

综合上述，该区碱性花岗岩类的源区物质主要为地幔来源物质，这种深部来源的特征表明了该区地壳在晚古生代发生了较显著的增生——年轻的新生地幔物质通过侧向（俯冲）或垂向（底侵）作用加入陆壳中，形成年轻（不成熟）地壳。因此，该区碱性花岗岩类产出的构造环境可以划分为两类：一是大陆边缘，二是板内裂谷或地幔热点。前者属于造山晚期，而后者是非造山期碰撞后伸展阶段（285—250Ma）花岗岩。

笔者认为，准噶尔盆地周边地区广泛发育晚古生代具有正 ε_{Nd}（t）值的碱性花岗岩是客观事实，可能具有多成因、来自不同岩浆源的特点，对其成因和来源的解释应该具体问题具体分析，不能以点带面，一概而论。例如，西准噶尔庙尔沟岩体 I_{sr}（300）为 0.7040~0.7045，ε_{Nd}（t）值为 6.6~8.4，模式年龄（TDM）大约分布在 0.37~0.62Ga，与该区古生代洋壳的形成时间大致吻合。反映其源区来自亏损地幔，可能是早古生代期间形成的洋壳和岛弧建造，进而推测西准噶尔地区的基底是年轻的地壳，古老地壳即使有也非常有限（伍建机等，2004）。这一认识符合该区洋盆俯冲增生、岛弧增生的事实。而 Coleman 等（1989）对西准噶尔后碰撞的 A 型花岗岩研究表明，年龄为中石炭世（321.4Ma±6.7Ma），物质来源与洋壳密切相关，并且花岗岩中榍石和磷灰石 Sm-Nd 数据 ε_{Nd}（t）值为6.1，非常类似于相同年龄值的洋壳。这些结果说明西准噶尔地体 A 型花岗岩的岩浆形成可能来自古生代洋壳物质组成的下地壳的局部熔融，而非来源于古老的前寒武系基底。显然将西准噶尔获得的认识推论到准噶尔盆地基底不符合地质事实。基于此，对该区古生代花岗岩类盆地基底性质的分析如下：

（1）首先，准噶尔盆地周缘不同区块花岗岩的同位素定年和 $\varepsilon_{Nd}(t)$ 值关系图整体显示，该区不同时期花岗岩形成源区复杂，以亏损幔源为主、壳幔混源和壳源为次。该区不同时期壳幔混源和壳源花岗岩的存在说明，区内不同区带均存在古老陆壳。

（2）其次，准噶尔盆地周缘不同区块花岗岩的同位素定年和 $\varepsilon_{Nd}(t)$ 值关系差异性显著，尤以西准噶尔与其他地区的差异最为突出。这种差异性应是不同区块构造活动性和地壳组成差异性的反映。如西准噶尔花岗岩形成时期集中在 328—270Ma，$\varepsilon_{Nd}(t)$ 值变化在 2~8 之间，并可进一步分解为两个阶段。即形成时期为 328—290Ma，$\varepsilon_{Nd}(t)$ 值变化在 5.2~8.5 之间以及形成时期为 292—270Ma，$\varepsilon_{Nd}(t)$ 值变化在 2.2~6 之间。它们均显示花岗岩源于亏损幔源，但具有前者强亏损，后者亏损较弱特点，且有陆壳物质的混染。其成因可能是洋壳局部熔融和地幔底侵、下地壳局部熔融等不同成因类型所致，并符合该区的基本地质事实。但对东准噶尔而言，与西准噶尔相比，两者地质特征不同，花岗岩的同位素年龄与 $\varepsilon_{Nd}(t)$ 值关系图差别也很大。西准噶尔是洋盆俯冲增生、岛弧地体增生的构造增生带；而东准噶尔北部残留克拉美丽蛇绿岩、蛇绿混杂岩带，其南发育康古尔塔格蛇绿岩、蛇绿混杂岩带，两带之间则为陆壳地块，因此花岗岩的同位素年龄与 $\varepsilon_{Nd}(t)$ 值关系图变化大，呈现该区不同时期花岗岩源区复杂的特征，提供有古老陆壳存在的信息。总之，准噶尔盆地东部露头区古生代花岗岩类对盆地基底性质的示踪表明，该区古生代为陆壳基底。

6. 准噶尔盆地及邻区锆石定年研究的盆地基底信息示踪

盆地及邻区的碎屑沉积物是隆起区（蚀源区）和沉降区（盆地）形成演化、时空有机配置的产物，记录了洋陆变迁、盆山耦合转换和岩相古地理变化的历史。盆地碎屑沉积物来源具广泛的区域代表性，可以用来示踪源区，反演基底性质、基底隆升。

随着盆山耦合关系研究的深入，研究者们越来越重视对盆地碎屑沉积物特征和区域构造演化之间关系的研究（Najman，2006）。沉积物碎屑锆石 U-Pb 年龄谱在提取沉积物年龄信息、示踪源区及物源类型、探讨源区构造演化等方面具有其独特的优势。另外，岩浆岩形成过程中不仅生成岩浆锆石，而且不同源区岩浆在其侵位或溢流喷发过程还会捕获路经岩石中的老锆石，因此既准确提供岩浆岩形成年龄，又揭示岩浆路经区基底岩石年龄及其属性。近年来，高分辨率离子探针（SIMS）和激光剥蚀等离子体质谱（LA-ICP-MS）技术实现了对锆石颗粒内部微区原位定年分析，获得锆石内部不同域的形成年龄。碎屑锆石及岩浆锆石的年龄谱已经成为确定蚀源区组成、岩石年代及形成构造环境的一种新途径（Bruguier 等.，1997；万渝生等，2003；Thomas 等，2005）。

鉴于准噶尔盆地及邻区陆壳基底（结晶基底）存在与否对深入认识该区显生宙区域地质作用、构造演化和岩相古地理极为关键，因此对准噶尔盆地基底同位素定年积累的综合研究做如下分析：对准噶尔盆地及邻区不同年代、不同岩类进行了锆石的同位素定年研究，以求给予客观、科学的论证，以便提供基底的信息示踪。不同时期、不同岩类的锆石定年样品分别采自野外露头和钻井岩心，样品的分选工作由河北省区域地质矿产调查研究所实验室完成。锆石所用的样品靶制作及锆石透射光、反射光和阴极发光（CL）观察在西北大学大陆动力学国家重点实验室进行。锆石 U-Pb 同位素年龄分析在大陆动力学国家重点实验室的

LA-ICP-MS 仪器上按照标准测定程序（袁洪林等，2003）进行。数据处理采用 Glitter（ver 4.0，MacyuarieUniversity）程序，年龄计算时以标准锆石 91500 为外标进行同位素比值分馏校正。使用 Andersen T.（2002）提出的样品普通铅校正。然后利用 Isoplot 3.00 处理分析数据得到谐和曲线及年龄分布频率图。大于 1000Ma 的古老锆石由于含大量放射性成因 Pb 因而采用$^{207}Pb/^{206}Pb$ 表面年龄，而小于 1000Ma 的锆石由于可用于测量的放射性成因 Pb 含量低以及普通 Pb 校正的不确定性，因而采用更为可靠的$^{206}Pb/^{238}U$ 表面年龄（Blank L. P.，2003）。

现获得具老锆石定年数据的样品共计 23 件，分布于准噶尔盆地及相邻地区的不同区块。以下在提供部分地区不同岩类锆石定年研究基础上，综合本次和以前研究成果，对基底属性及相关问题做以下讨论。

1）准噶尔盆地东部克拉美丽南部露头区锆石定年解剖研究

准噶尔盆地东部的红柳峡—黑姑娘山地区，发育一套浅变质的火山—沉积岩系，1∶25 万纸房幅区域地质调查（新疆维吾尔自治区地质调查院，2000）将其称之为道草沟岩群和札曼苏岩群（图 1-10b），年代定为中元古代。1∶20 万（新疆维吾尔自治区地质局，1977）和 1∶5 万（新疆维吾尔自治区地质矿产勘查开发局第二区域地质调查大队，1995）区域地质图均将其划归古生代。由于该套地层年代归属的确定对于认识该区前寒武纪基底存在与否非常关键，加之该套地层至今未发现可供参考的化石，只是借助侵入其中的花岗岩限定其形成时期；同时因为该套地层形成年代确定意义重大，若确定为中元古代，则提供了准东地区直接的前寒武纪基底证据。为此，对该套地层进行了野外地质考察，并对札曼苏岩群中的千糜岩、变玄武岩进行了锆石 LA-ICP-MS 法 U-Pb 定年研究。

研究区位于新疆东准噶尔造山带东段，克拉美丽断裂带南北两侧，其东北临三塘湖盆地，向南接天山山脉东段北部的博格达山，向西延入准噶尔盆地腹地，被新生代沉积盆地掩盖。研究区塔克札勒蛇绿混杂岩呈北北西向（330°~340°）分布于该区中段（图 1-10a）。该蛇绿混杂岩带是准东地区克拉美丽—塔克札勒—大黑山蛇绿混杂岩带的重要组成部分。

据 1∶25 万地质图资料和野外观察，区内的中元古界道草沟岩群位于塔克扎勒蛇绿混杂岩带的北东侧，集中出露于该区东部的札勒帕克苏—黑姑娘山一带，呈东西向分布，并在黑山头有局部出露，该处呈北北西向分布。它们与周围石炭系—侏罗系呈显著的断层关系相接触。中元古界札曼苏岩群则集中出露于塔克扎勒蛇绿岩、蛇绿混杂岩带的南西侧的阿克塔斯巴斯克巴斯陶—布尔汗苏库都克一带，呈近东西向分布，与周围的古生代地层均呈断层接触（图 1-10b）。

札曼苏岩群主要由绿泥石化、绢云母化的安山岩、玄武岩、流纹岩，劈理化的沉凝灰岩、复成分细砾岩、长石岩屑砂岩、碳酸盐岩、千糜岩等组成。岩群内韧性剪切带和脆性断层发育，岩石普遍劈理化，构成无序的构造岩片组合体，是一套原岩为火山—沉积组合，变质达低绿片岩相的浅变质岩系。

在距红柳峡南部约 39km 处的加曼苏村一带采集了两个测年的样品，分别为千糜岩和糜棱岩化玄武岩。

（1）对千糜岩 B-82 样品中的 107 颗锆石进行了 ICP-MSU-Pb 定年，获得了 110 个测点的分析数据。其中谐和年龄 95 个（谐和度为 90%~110%），符合年龄分布统计的要求。其阴极发光特征和 Th/U 比值显示，这些碎屑锆石大部分属于岩浆型锆石。

所有测点的分析数据显示，千糜岩碎屑锆石 U-Pb 表面年龄值分布的范围较宽，从（409±8）Ma 至（1387±54）Ma。锆石$^{207}Pb/^{238}U$-$^{206}Pb/^{238}U$ 谐和图除少数几个点稍偏离谐和

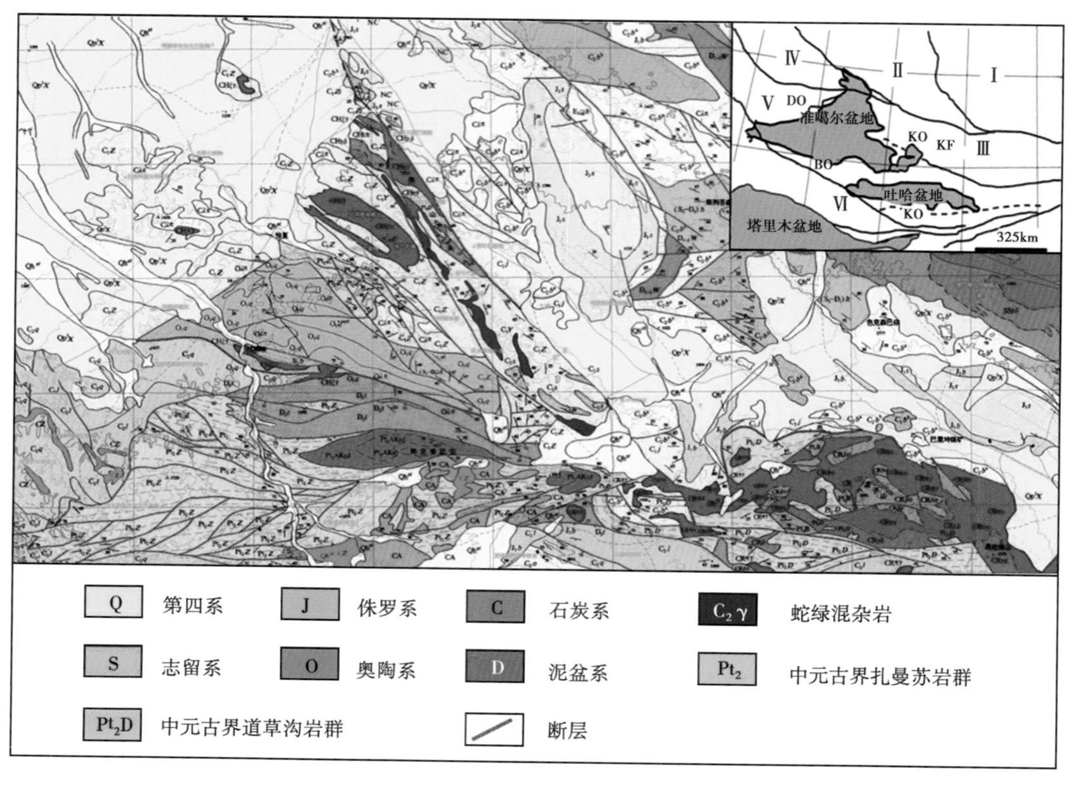

图 1-10　研究区地质构造简图

Ⅰ—萨彦岭—蒙古北部早古生代造山系；Ⅱ—阿尔泰造山系；Ⅲ—东准噶尔古生代造山系；Ⅳ—斋桑造山系；Ⅴ—西准噶尔—塔尔巴哈台造山系；Ⅵ—天山造山系；DO—达尔布特蛇绿岩带；KO—克拉美丽蛇绿岩带；BO—巴音沟蛇绿岩带；KO—康古尔塔格蛇绿岩带；KF—克拉美丽断裂带；图 b 据 1∶25 万纸房幅区域地质图

线以外，其他所有点基本上都落在谐和线上或其附近，均呈现较好的谐和性，不存在明显铅丢失。

根据碎屑锆石的阴极发光特征和年龄分布，所研究的碎屑锆石 U-Pb 表面年龄可以分为以下几个年龄段：

①425—409Ma：13 粒锆石，锆石为自形柱状，略磨圆，具有较明显的岩浆成因韵律环带，$^{232}Th/^{238}U$ 比值介于 0.190~1.236。

②460—433Ma：16 粒锆石，$^{232}Th/^{238}U$ 比值介于 0.172~1.650，锆石 CL 多为环带不清楚或无，部分锆石最外圈还可见较薄的亮白色或暗色的增生边，说明其形成时可能受到热液活动的扰动，或者为来自变质岩成因的锆石。

③488—462Ma：44 粒锆石，$^{232}Th/^{238}U$ 比值介于 0.133~2.569，锆石的结晶环带不清楚，核部发光不均一，个别边部可见增生边，可能经历了次生改造，或为变质成因的锆石。

④516—490Ma：15 粒锆石。$^{232}Th/^{238}U$ 比值介于 0.261~1.492，锆石 CL 显示锆石颗粒自形—半自形，核部与边部特征明显不同且核部亮边较宽，可能为经历不同热事件的岩浆锆石。还有部分未分带的可能为变质成因的锆石。

⑤544Ma 和 574Ma：2 粒锆石，$^{232}Th/^{238}U$ 比值分别为 32.564 和 0.453。可见较为清晰的环带，应为岩浆锆石。

⑥611Ma 和 742Ma：2 粒锆石，$^{232}Th/^{238}U$ 比值分别为 0.806 和 0.371，环带均较明显，应为岩浆锆石。

⑦884Ma 和 904Ma：3 粒锆石，884Ma 的锆石有 2 粒。$^{232}Th/^{238}U$ 比值分别为 0.913、1.400 和 0.618。环带均不明显，可能为变质成因的锆石（点位 37、点位 22）。

⑧1387Ma：1 粒锆石。$^{232}Th/^{238}U$ 比值为 1.772。磨圆程度高，环带明显，应为岩浆锆石。

千糜岩中不同年代的锆石含量也不相同。其中奥陶纪的锆石含量最多，为 57.29%；寒武纪次之，为 15.63%；志留纪锆石含量为 12.5%；元古宙的锆石含量为 8.33%；泥盆纪的锆石含量最少为 6.25%。这一时间跨度较宽的碎屑锆石年龄分布结构反映了用于定年的千糜岩物源区岩石组成的复杂性和多样性。其中一组年龄为 470—450Ma 的变质锆石与研究区西北侧的老君庙石英片岩的白云母 $^{40}Ar/^{39}Ar$ 定年数据（李锦轶等，2000）相吻合，可能来源于与老君庙变质岩相关的变质岩区。

依据千糜岩（原岩泥质砂岩、粉砂岩）碎屑锆石中岩浆成因及最新年龄数据为 409Ma 分析，该岩类沉积时期的下限不早于 409Ma，也就是不早于早泥盆世。

（2）对糜棱岩化玄武岩样品中的 102 颗锆石进行 LA-ICP-MS 法 U-Pb 测年。其中获得谐和年龄 64 个，并获得了锆石 LA-ICP-MS 分析的 U-Th-Pb 同位素比值及年龄结果。由于当火山岩中的锆石数量测定得足够多时，锆石中最年轻颗粒的年龄就最接近火山喷发的年龄，可以用最年轻锆石的年龄代表火山的喷发年龄（宋彪等，2008）。因此，据该样品中年龄最年轻的一组（介于 436—380Ma 之间），共 44 个显示，均发育明显的岩浆锆石韵律环带，U、Th 含量分别为 $80.9\times10^{-6}\sim855.89\times10^{-6}$ 和 $38.17\times10^{-6}\sim627.59\times10^{-6}$；Th/U 比值介于 0.12~2.15 之间，表现出岩浆锆石的特征。根据 44 个锆石年龄得到的 $^{206}Pb/^{238}U$ 加权平均年龄为（407.2±4.3）Ma、MSWD 为 3.5，说明红柳峡札曼苏玄武岩喷发定位年龄为早泥盆世。

此外还有 19 个锆石年龄范围较宽，为（2566±33）Ma 至（445±8）Ma，可能为岩浆上升时捕获的古老围岩中的锆石。其中元古宙锆石年龄有 9 个，年龄为（2566±33）Ma 至（735±12）Ma，CL 图像显示锆石颗粒磨圆较好，这些锆石间接地证明红柳峡地区有前寒武纪基底存在。

出露于准噶尔盆地东部红柳峡—黑姑娘山地区，现划归中元古界的札曼苏岩群和道草沟岩群，是 1∶25 万纸房幅区域地质调查（2000）从原划归中泥盆统中解体新建立的一套浅变质火山—沉积岩系。该套地层 1∶20 万红柳峡幅（1977）划归为中泥盆统头苏泉组（二、三、四亚组），1∶5 万（1995）区域地质调查又将其归入奥陶系，细分为三组，即庙尔沟组、大柳沟组和乌列盖组。上述变更均无出自该套地层的直接古生物或定年证据，而是根据区域地层组合和变形变质特征及侵入其中的花岗岩类的同位素定年限定的。如 1∶25 万纸房幅区域地质调查报告中，首先根据侵位于道草沟岩群中的鲍尔羌吉糜棱杂岩（原岩为二长花岗岩、花岗闪长岩和石英闪长岩）单颗粒锆石 Pb-Pb 蒸发法（新疆地勘局二区调，1995）测年为（605±90）Ma 和（1005±36）Ma，将道草沟岩群定为中元古代；之后又认为札曼苏岩群岩性组合和变形变质与道草沟岩群相似，故将札曼苏岩群亦划归中元古代。但是根据胡霭琴（2003）依据锆石 U-Pb 同位素定年的基本原则，对该侵入岩单颗粒锆石 Pb-Pb 蒸发法年龄数据进行重新分析后认为，该杂岩中锆石 U-Pb 同位素年龄均为 3 组同位素比值非常不谐和的年龄，它们的 $^{206}Pb/^{238}U$ 和 $^{207}Pb/^{235}U$ 值大体在 340—250Ma 之间，表明这些岩石的 U-Pb 体系记录的年龄为石炭纪—二叠纪。显然目前的锆石 U-Pb 年龄、Pb-Pb 蒸发法年龄非常不可靠，基此类比的侵入于札曼苏岩群的阿克喀巴克超单元形成年代为晚元古代也不能成立。因此没有可靠数据证明鲍尔羌吉糜棱杂岩为新元古代地质体，并且以此为基础按地质体相互关系确定的中元古界道草沟岩群和札曼苏岩群的年代也是不可靠的（胡霭琴，2003）。

札曼苏岩群千糜岩（变碎屑岩）样品中碎屑锆石 U-Pb 表面年龄只有 1 粒为 1387Ma，其余 95 个全部新于中元古界。其中泥盆纪有 6 个，志留纪有 12 个，锆石中最小的年龄为 409Ma。表明该变碎屑岩（原岩泥质砂岩）更可能是早泥盆世中期形成的，而不是在中元古代期间沉积的。玄武岩火山的喷发年龄介于 436—380Ma 之间，44 粒锆石 $^{206}Pb/^{238}U$ 加权平均年龄为（407.2±4.3）Ma，说明喷发结晶年龄为早泥盆世中期，与变碎屑岩原岩沉积时间相吻合。基于此认为，札曼苏岩群形成时期的下限不早于早泥盆世。另据 1∶25 万区域地质调查报告，区内札曼苏岩群被阿拉托别（CA）超单元二长—钾长花岗岩侵入，钾长花岗岩全岩 Pb-Pb 年龄为 340Ma，该年龄可限定札曼苏岩群的上限。据上述综合分析认为“札曼苏岩群”主体形成于泥盆纪，并可能延至早石炭世。

尽管如此，但札曼苏岩群的变碎屑岩样品中有 7 粒碎屑锆石年龄介于 1387—574Ma 之间，变玄武岩样品中含有 9 粒年龄为 2566—735Ma 的锆石，它们分别代表了沉积物源区岩石和岩浆上升溢流路经区围岩中的锆石形成时代。由于准噶尔盆地周缘造山带中前晚石炭世蛇绿岩、蛇绿混杂岩所代表洋盆的分隔性限制，这些锆石只能来源于准噶尔板块本身，因此有理由认为，该区变碎屑岩和变玄武岩的古老年龄数据记录了沉积物源区和岩浆上升溢流路经区可能存在前寒武纪古老基底的重要信息。这也与李亚萍等（2007）对采自克拉美丽断裂之南的原泥盆纪克拉美丽组砂岩中碎屑锆石研究获得 22 粒 3073—553Ma 的古老锆石及其意义的认识相吻合。

2）准噶尔盆地及邻区锆石定年综合分析

在本次对准噶尔盆地及周缘不同地区、不同岩类锆石定年的上述研究基础上（图 1-11），又综合前人和笔者的研究（除上述的解剖研究外，还包括未纳入其中的不同岩类的锆石定年研究）进行了系统统计分析。为了便于分析该区块不同区带的规律性，将锆石定年统计区按准噶尔盆地及其邻区现今蛇绿岩、蛇绿混岩带的时、空分布特征和古生代的区域构造格局划分为准西北—准北地区、准东北地区、准东部地区、准东南地区和准噶尔盆地五个区块。统计岩石样品来自白垩系—奥陶系的火山岩和碎屑岩，具有一定的代表性，统计结果获得如下重要信息：

（1）岩浆岩锆石年龄频谱代表了岩浆岩的结晶锆石年龄和继承（捕获）锆石年龄，它是岩浆岩形成过程的客观记录。结晶锆石年龄应为岩浆岩的形成年龄；继承（捕获）锆石年龄则是岩浆岩在源区发育、上涌侵位、喷发、溢流路经过程中，继承源岩、捕获基底岩石不同时期、不同成因锆石的年龄，代表了相应基底岩石年龄。在多峰值年龄频谱中，结晶年龄具集中、频率高的突出特点，其加权平均年龄即为岩浆形成年龄；继承（捕获）年龄频率低、分散，代表了相应基底岩石年龄。

碎屑岩的锆石频谱是沉积岩物源区基岩中不同时期、不同成因锆石年龄的客观记录。在多峰值年龄频谱中，源自岩浆岩（主要为中酸性、基性岩类）和深变质岩基岩物源区的锆石年龄集中、频率高，来自沉积岩、浅变质沉积岩区的锆石频率低。年龄频谱中的最新年龄数值限定了该沉积岩形成时期的下限，其余不同峰值年龄则代表了基底岩石形成的时期。

（2）准噶尔盆地及其邻区不同区块年龄频谱（图 1-12 至图 1-22）显示，因受测试样品数量限制，除准东北仅在岩浆岩中存在继承（捕获）的前震旦纪古老锆石外（图 1-11），其他区块无论岩浆岩、碎屑岩均见到了前震旦纪古老锆石，其年龄值在 3068—708Ma 之

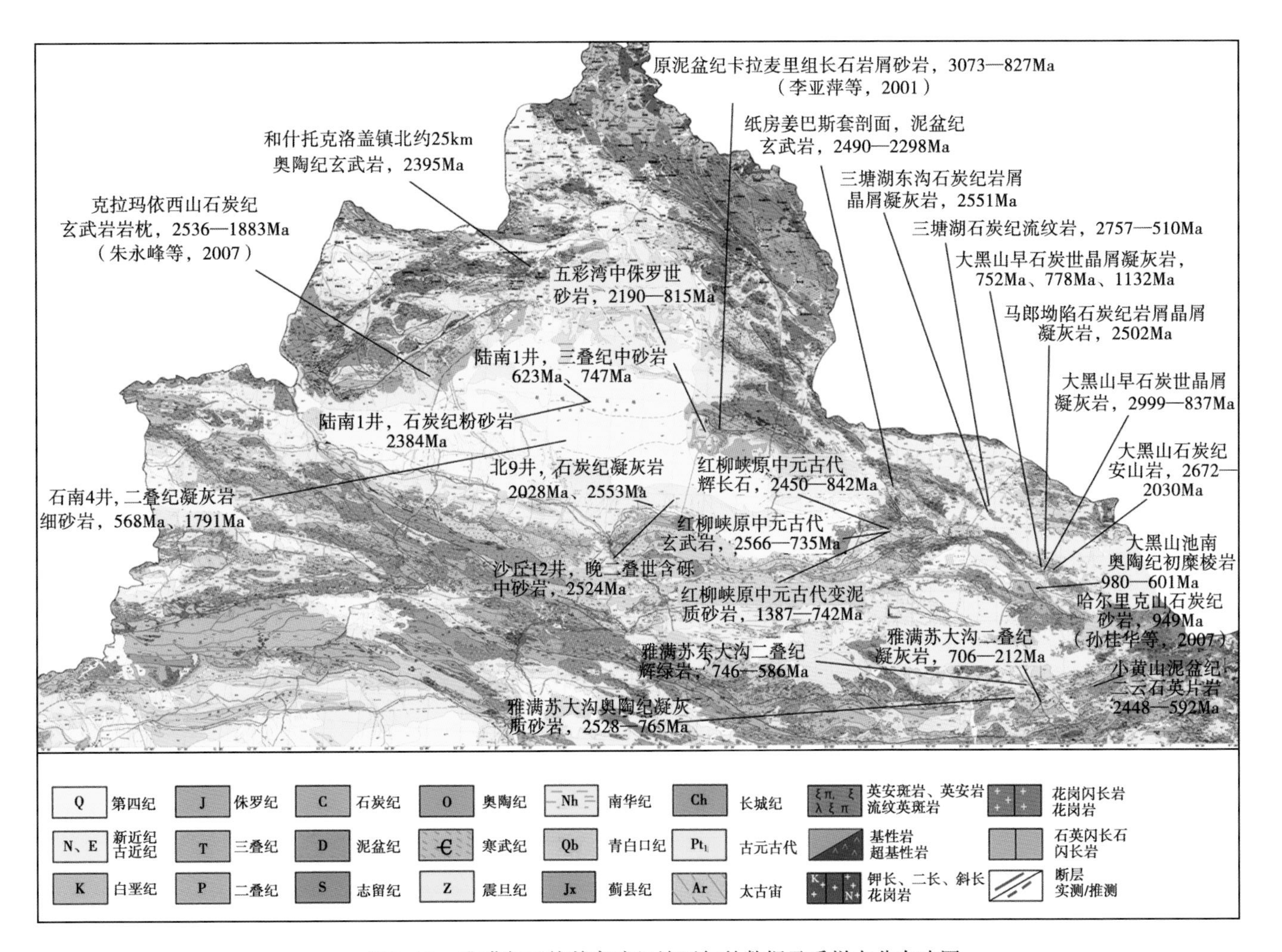

图1-11　准噶尔区块前寒武纪锆石年龄数据及采样点分布略图

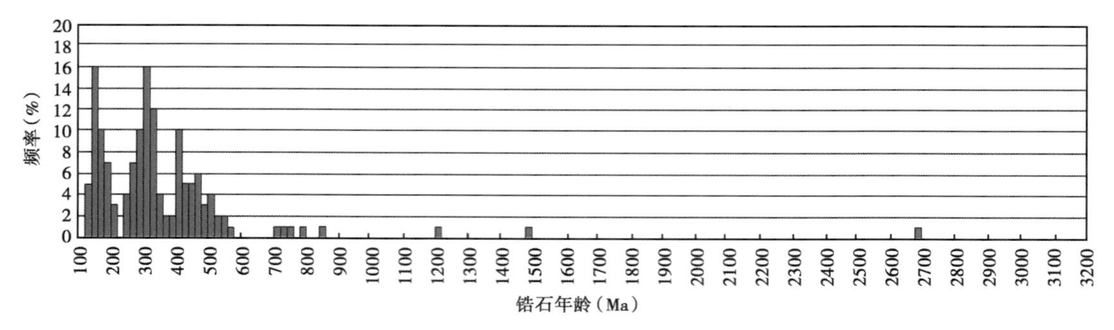

图 1-12　准噶尔盆地西缘西北缘钻井岩心碎屑锆石年龄频谱

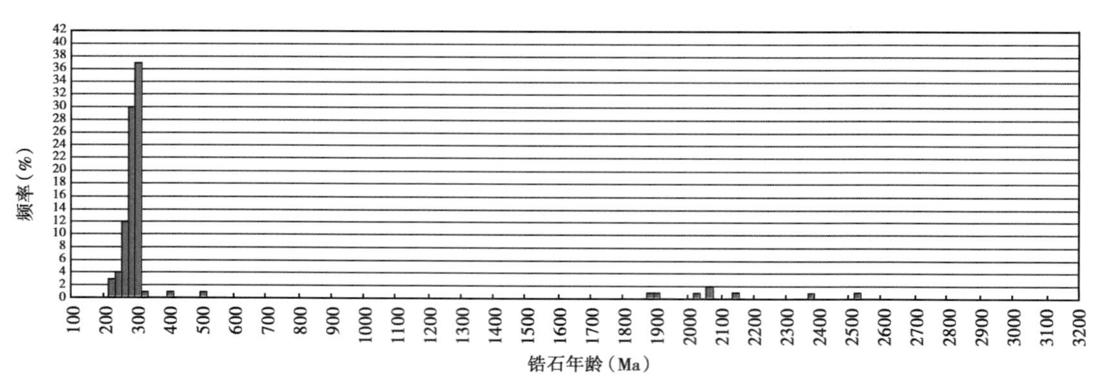

图 1-13　准噶尔盆地西缘西北缘岩浆岩锆石年龄频谱

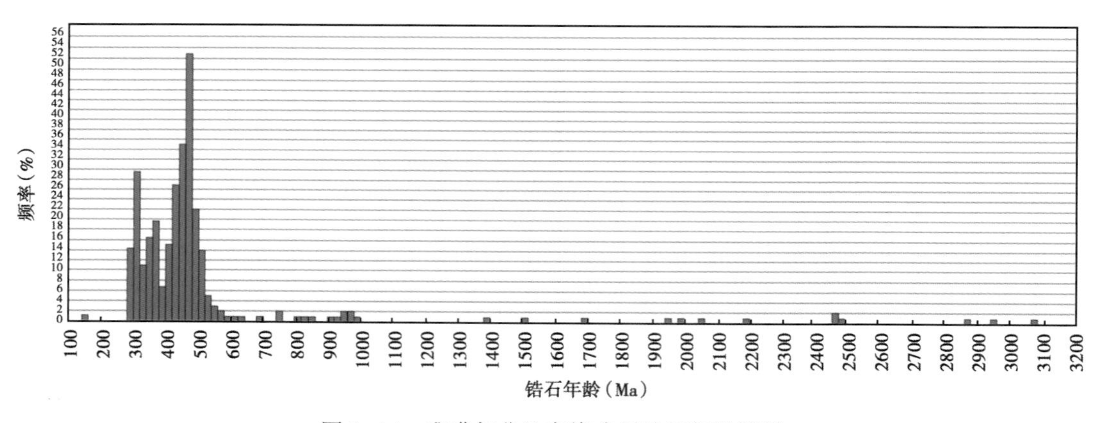

图 1-14　准噶尔盆地东缘碎屑锆石年龄频谱

间。将不同区块锆石年龄谱按岩浆岩和碎屑岩分别统计并结合分析，获得前震旦纪古老锆石存在 980—700Ma、1500—1400Ma、2080—1900Ma、2500—2400Ma 四个峰值（图 1-22），不仅说明准噶尔盆地及其邻区不同构造单元均存在前震旦纪古老基地，而且也暗示基底经历了多阶段的形成过程。这与中天山地区前震旦纪地质演化相吻合；也与邬光辉等（2010）对塔里木盆地北部与塔东地区碎屑锆石年龄研究发现有 500—400Ma、900—700Ma、1600—1400Ma 三个时期的信息相一致。该信息是否暗示，尽管准噶尔地块与塔里木地块古生代被洋盆分隔，但两者明显具亲缘性，可能在前震旦纪它们同属统一古陆块，这值得进一步研究。

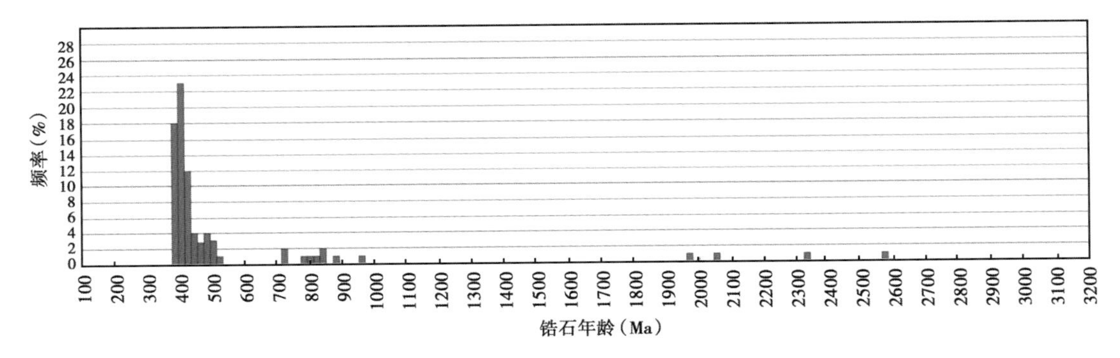

图 1-15　准噶尔盆地东缘岩浆岩锆石年龄频谱

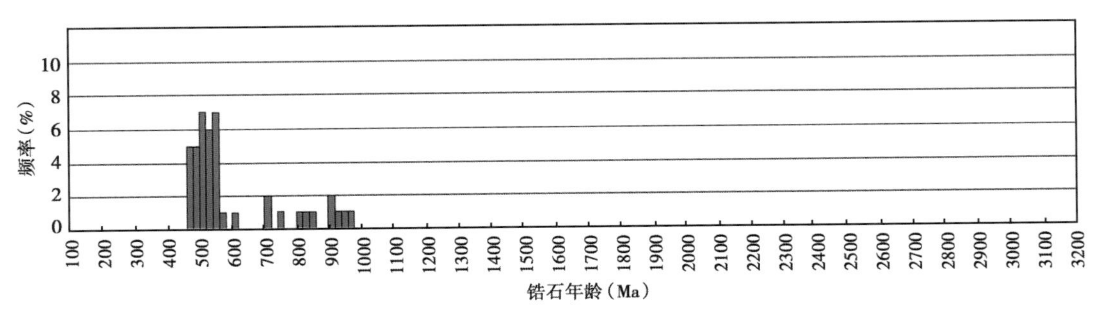

图 1-16　准噶尔盆地东北缘碎屑锆石年龄频谱

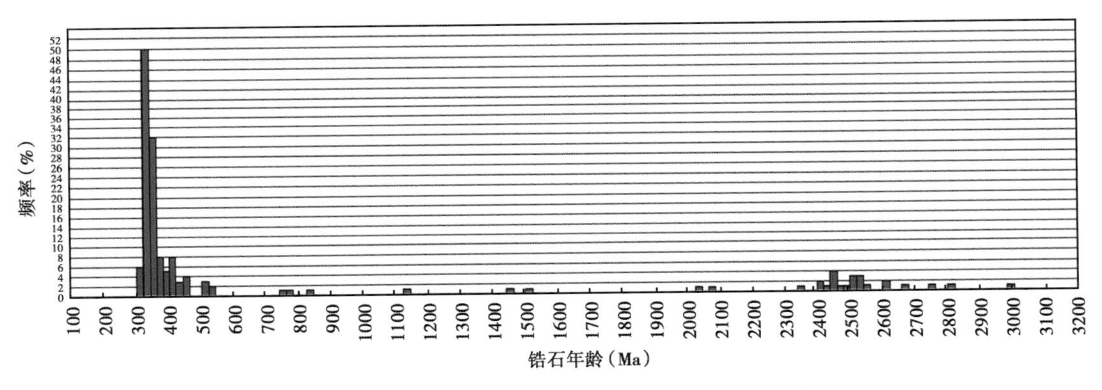

图 1-17　准噶尔盆地东北缘岩浆岩锆石年龄频谱

（3）准噶尔盆地及其邻区不同区块岩浆岩和碎屑岩年龄频谱结合分析的另一个突出特点是：年龄频谱非常一致显示 540—250Ma 的高频集中，并可进一步划分为 360—250Ma、540—380Ma 两个峰值段（图 1-22），表明这两个时间段是区内岩浆作用、变质作用活跃的构造活动期。该信息与该区现今的区域地质实际基本吻合，表现为：

其一，尽管该区前泥盆系出露有限，但仍在其中发现了岩浆岩和变质岩的相关信息，如据曹福根等（2006）研究，在准东哈密小铺北东塔水河一带，出露的地层为中—上奥陶统，岩性为一套灰绿色火山岩夹火山岩碎屑岩沉积建造。侵入其中的钾长花岗岩、花岗闪长岩、石英闪长岩锆石 SHRIMP 法 U-Pb 定年结果是加权平均年龄分别为（462±9）Ma、（447±11）Ma、（448±7）Ma，这代表了它们的形成年龄。依据花岗质岩体岩石组合和地球化学特

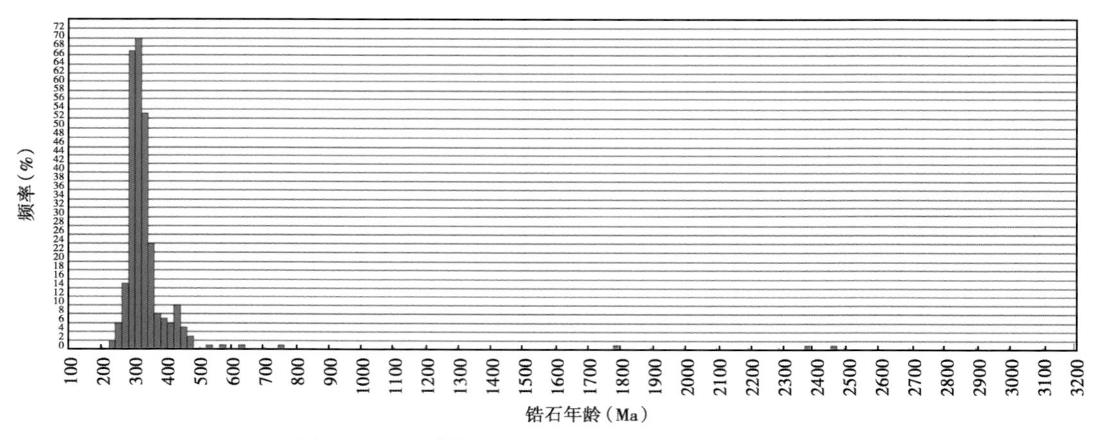

图 1-18　准噶尔盆地钻井岩心碎屑锆石年龄频谱

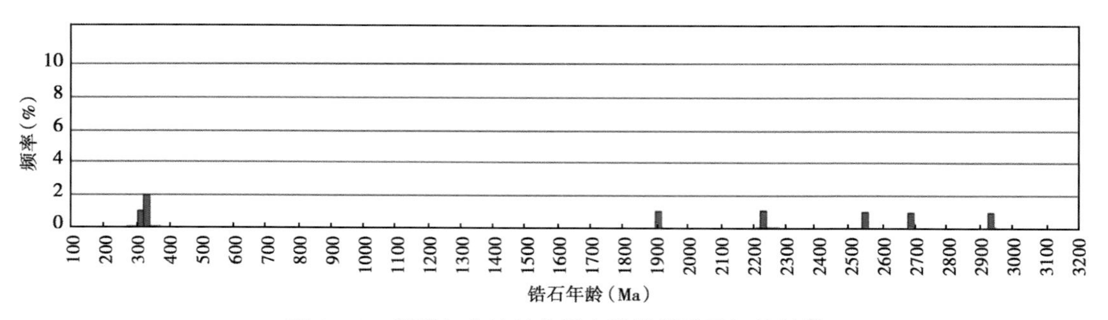

图 1-19　准噶尔盆地钻井岩心岩浆岩锆石年龄频谱

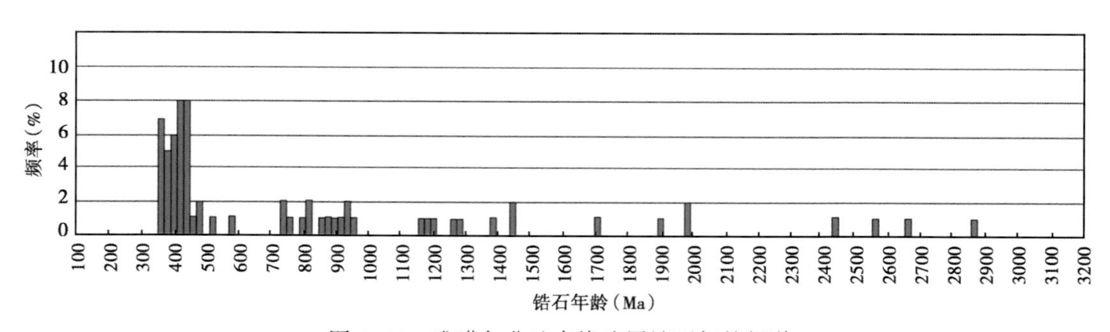

图 1-20　准噶尔盆地南缘碎屑锆石年龄频谱

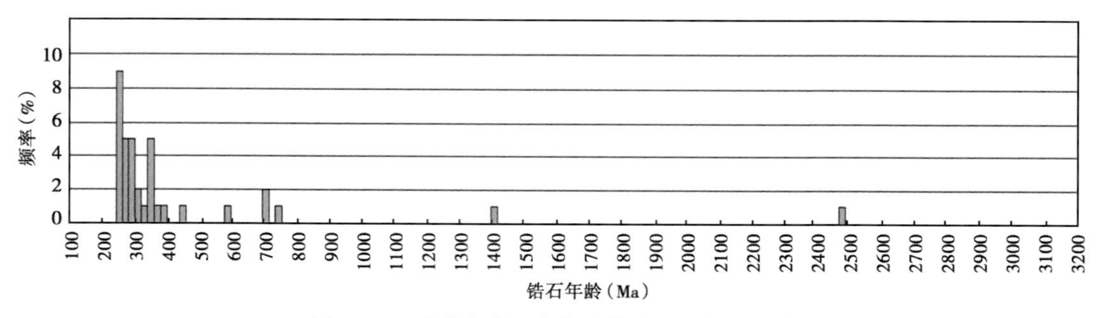

图 1-21　准噶尔盆地南缘岩浆岩锆石年龄频谱

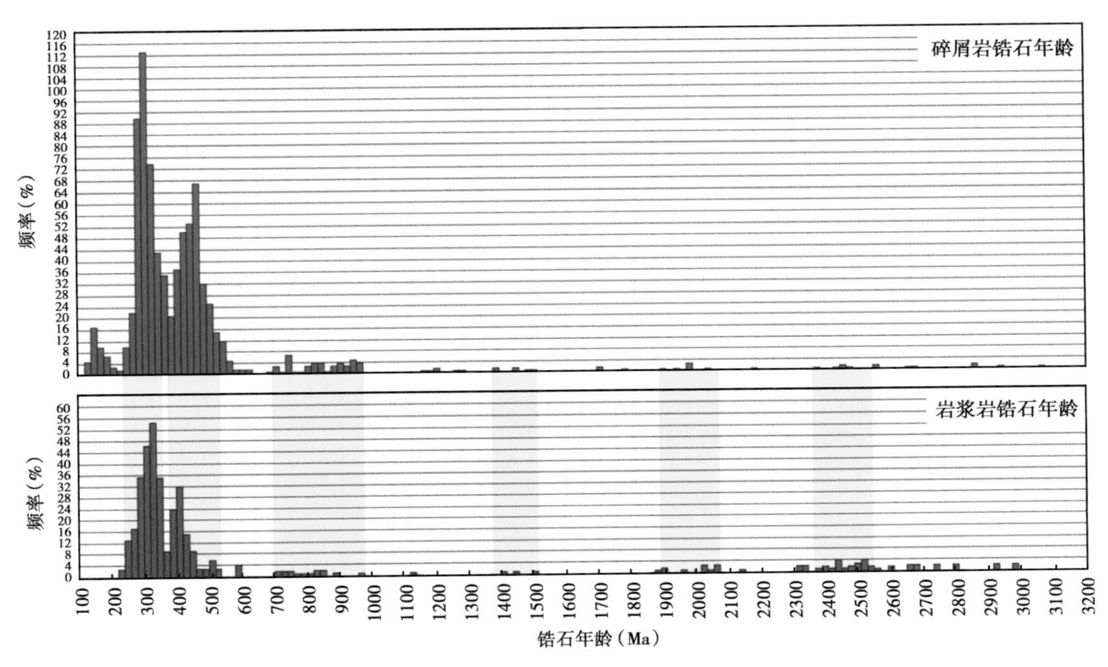

图 1-22　准噶尔盆地及邻区锆石年龄统计频谱

征分析，哈尔里克山南坡塔水河一带中—晚奥陶世花岗质岩体具活动陆缘型钙碱系列岩浆的特点，它们实际上是该区中—晚奥陶世活动陆缘深成岩浆作用的组成部分。另据李锦轶等（2000）对准噶尔盆地东部，位于克拉美丽蛇绿岩带之南的老君庙变质岩的研究揭示：该区变质岩主要由绿片岩相的石英片岩组成，对白云母石英片岩中的白云母进行$^{40}Ar/^{39}Ar$定年，获得（461.5±0.2）Ma 的坪年龄和（462.0±4.1）Ma 的等时线年龄，并认为此年龄为该变质岩遭受变质作用的峰期年龄，进而推论老君庙地区具有晚奥陶世以前的变质基底。由此可见，该区前泥盆纪地质信息缺乏是地层剥蚀揭露造成的。显然 540—380Ma 峰值段的存在是符合地质事实的。

其二，准噶尔区块 360—250Ma 期间的岩浆活动既普遍又强烈，成为该区块区域地质的一大特点，它们的发育构成 360—250Ma 锆石频谱峰值的直接物源。需要说明的是，准噶尔盆地及其邻区碎屑岩锆石年频谱图中 220—120Ma 的高频峰值（图 1-12）是继承准噶尔盆地西北缘采自钻井岩心的白垩纪碎屑岩锆石年龄（图 1-24）的信息。该信息无疑应反映 220—220Ma 期间的岩浆活动，但至今缺乏区域岩浆活动的支持，如何合理解释该信息的地质意义，有待进一步研究。上述表明，准噶尔盆地及邻区不同岩类锆石定年，提供了无论盆地基底还是周缘造山带均存在前震旦纪古老基底和古生代陆壳基底的直接证据。

第三节　蛇绿岩、蛇绿混杂岩带的时空分布及其地质意义

“蛇绿岩是一套包括洋壳和上地幔单元的岩石组合，通常与深海沉积物和（或）板块的俯冲、拼合及碰撞作用所产生的一套岩石组合伴生在古板块缝合带或其附近，代表古洋盆消减的残迹”（张旗等，1992，2001）。

蛇绿岩是古洋盆俯冲、消减、陆陆碰撞造山过程中，以构造就位的方式，增生在大陆边

缘或造山带中的大洋不同岩石圈残余片段。因其构造就位方式和就位过程及就位之后的构造变形改造，造山带中的蛇绿岩几乎全为蛇绿混杂岩。“它们由无序的、被构造肢解的大洋岩石圈碎块组成”（张旗等，2001）。因此，蛇绿岩、蛇绿混杂岩带是恢复古洋盆，确定古板块缝合带的关键证据之一。

镁铁质岩和超镁铁质岩是蛇绿岩和蛇绿混杂岩的基本岩石组合，但造山带中的这类岩石既可能是蛇绿岩也可能不是蛇绿岩，需要根据野外地质特点（特别是构造侵位—冷侵位）和岩石地球化学特征进行综合判断（张旗等，1996，2001）。

蛇绿岩形成环境具多样性，可形成于洋脊、岛弧、弧前、弧后及陆间洋盆等不同环境。依据岩石组合和地球化学特征科学判断蛇绿岩的形成环境（张旗等，2001），对于进一步综合区域地质特征和变质作用确定板块俯冲、碰撞边界和陆缘增生、拼贴边界均具重要意义。蛇绿岩和蛇绿混杂岩的形成年代确定对古洋盆恢复至关重要。必须依据不同岩类的同位素定年和古生物（特别是硅质岩中的放射虫）进行综合分析。总之，只有采用多学科交叉、深入进行蛇绿岩、蛇绿混杂岩的定时、定性、定位研究才能客观合理恢复古洋盆。

一、北准噶尔地区

北准噶尔地区是指和布克赛尔、乌伦古河、三台以北的地区。该区的蛇绿岩、蛇绿混杂岩主要沿额尔齐斯河沿线分布（图1-23）。

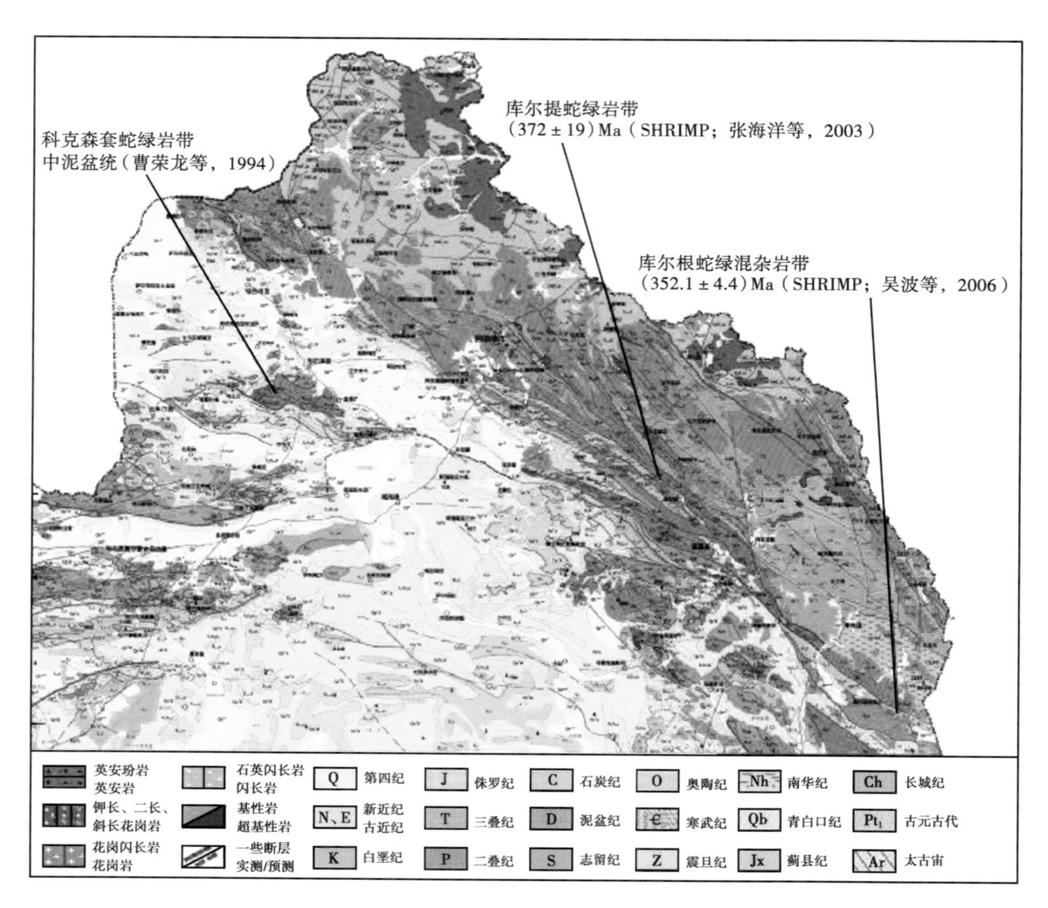

图1-23　北准噶尔地区蛇绿岩分布图

有关沿额尔齐斯断裂带可能存在蛇绿岩带的讨论最早由张驰（1981）、刘峰标等（1983）提出，曾推测额尔齐斯构造带具有蛇绿混杂岩带特征。曹荣龙（1994）认为额尔齐斯带是由海西期洋壳—洋幔残体以及与俯冲作用相关的岩浆弧火山岩组成的蛇绿岩带。其后许继峰等（2001）在额尔齐斯带北侧的库尔提一带发现和论证了属于弧后的洋壳残片；王志洪等（2003），也讨论了科克森套、乔夏哈拉、库尔提蛇绿岩的连接问题。最近吴波等（2006）提出该区存在一条布尔根蛇绿混杂岩带。

据吴波等（2006）研究，在额尔齐斯断裂带沿线，自北西向南东断续发育斋桑、科克森套、乔夏哈拉、布尔根和库尔提五条蛇绿带，共同组成额尔齐斯—布尔根蛇绿混杂岩带。其中以库尔提和布尔根最具代表。

1. 晚古生代库尔提蛇绿岩

库尔提蛇绿岩位于富蕴县城之北约 30km，主要出露于近南北向的库尔提河河谷两侧（图 1-23）。据许继峰等（2001）、马林等（2008）研究，库尔提蛇绿岩呈两个构造岩片沿近东西向展布，构造就位于早泥盆世的康布铁堡组变质岩系之中。蛇绿岩和围岩之间呈明显的构造接触关系，两个蛇绿岩岩片以康布铁堡组混合片麻岩为界。其中，库尔提蛇绿岩北部岩片以变质玄武岩为主，含一些辉长岩及侵入于厚层玄武岩中的辉绿岩岩墙或岩床。南部岩片则主要由变质的辉长岩、辉绿岩等组成，基性岩脉也很常见，仅在岩片的最北侧出现少量的枕状玄武岩，其中的角闪片岩以脉状与斜长花岗岩呈互层产出。与北部岩片相比，南部岩片以侵入的变质辉长岩为主。由北至南，库尔提蛇绿岩由喷出岩到侵入岩的产状表明这两个岩片很可能分别代表了由顶至底的一套弧后盆地地壳序列（许继峰等，2001）。尽管这些玄武岩经历了绿片岩—角闪岩相的区域变质，但仍保留完整的枕状构造。据马林等（2008）研究，库尔提角闪片岩主量元素含量表现为 $Na_2O>K_2O$、$MgO<CaO$、$Na_2O/CaO<0.4$，同时高镁低硅［$MgO>6\%$（质量分数）、$SiO_2<54\%$（质量分数）］，微量元素总体上表现为大离子亲石元素（K、Rb、Sr、Ba）富集，高场强元素（Ti、Zr、Nb、Hf、Ta）亏损，稀土元素从平坦到轻稀土元素（LREE）亏损的配分模式特点。其中微量元素中 Sr/Ba>1、Cr/Ni>1，且 Cr、Ni、Ti 和 Co 等元素的含量较高，稀土配分模式呈近平坦或 LREE 亏损。这一特征非常相似于洋内岛弧系统的 Mariana 弧后盆地玄武岩，但不同于形成大陆基底的 Okinawa 弧后盆地玄武岩。库尔提蛇绿岩岩石微量元素特征表现出亏损高场强元素和富集大离子亲石元素的特征，几乎所有的样品都具有不同程度的 Nb、Ta 负异常，与弧火山岩极其类似，应形成在一个古弧后盆地的海底扩张环境（许继峰等，2001；马林等，2008），代表了该弧后盆地地壳的碎片。张海祥等（2003）对库尔提蛇绿岩中与角闪片岩紧密共生的斜长花岗岩进行了锆石 SHRIMP 法年代学研究，获得了 372Ma 的年龄，并认为该年龄应代表库尔提蛇绿岩的形成年龄。

2. 晚古生代布尔根蛇绿混杂岩带

布尔根蛇绿混杂岩带位于青河县西南约 20km，呈北西西向延展（图 1-23）。据吴波等（2006）研究，构成混杂岩带的基质为糜棱岩、火山岩、凝灰岩和破碎强烈的碎屑岩。以构造关系卷入其中的蛇绿岩主要由超镁铁质岩、玄武岩、辉长岩、硅质岩等共同组成。其中灰黑色的玄武岩多呈枕状和块状。镁铁质岩的常量元素地球化学显示洋脊和 OIB 型特征。稀土元素含量差别较大，在 50~300μg/g 之间，平均 120.05μg/g；La/Yb 介于 6.80~194，表示岩石属 LREE 弱—中等富集型，整个地区的稀土元素配分曲线呈右倾，具与 OIB 型类似的特征。微量元素特征也可分为与稀土对应的三组。其中 a 组样品的微量元素蛛网图曲线总体呈平坦型分布，稍微右倾；强不相容元素 K、Rb、Eu、Sr、Pb 相对较为富集，为 OIB 型的特征。b 组样品和 c 组样品具有明显的非活动性元素 Nb、Ta、Zr、La、Ce、Pr 的相对亏损，K、Pb、Sr 的相对富集和 Ti 的相对亏损可能与消减作用有关，有来自壳源或地壳混染作用。b 组和 c 组曲线的分布形式整体表现出岛弧玄武岩的特征，但 c 组岩样具相对平坦的稀土配分曲线以及相对 b 组较大的微量元素变化（如 Nb、La、Th、LREE）：反映出它的地幔源区成分不均一。a 组样品为大洋板内环境的洋岛玄武岩类，部分洋岛靠近洋脊位置，b 组和 c 组样品为典型的大洋板内的岛弧玄武岩。c 组样品为成熟的岛弧特征，表明布尔根蛇绿岩带应为形成于多种构造环境的构造混杂岩。采自玄武岩样品的锆石 SHRIMP 法定年获得（352.1±4.4）Ma，表明该蛇绿混杂岩带的形成可持续到晚泥盆世—早石炭世。

值得关注的是，近年来在阿尔泰构造带南部不同区段的泥盆系火山—沉积岩系中相继发现了与洋盆俯冲密切相关的埃达克岩、玻安岩和富铌玄武岩等（许继峰等，2001；张海洋等，2003，2004，2008），进一步证明泥盆纪该区经历洋盆俯冲作用。

二、西准噶尔地区

西准噶尔地区是指乌尔禾—克拉玛依以西的塔尔巴哈台、洪古勒楞巴尔和鲁克山—托里—白杨河广大地区。该区出露有早古生代和晚古生代不同时期的蛇绿岩和蛇绿混杂岩（图 1-24）。

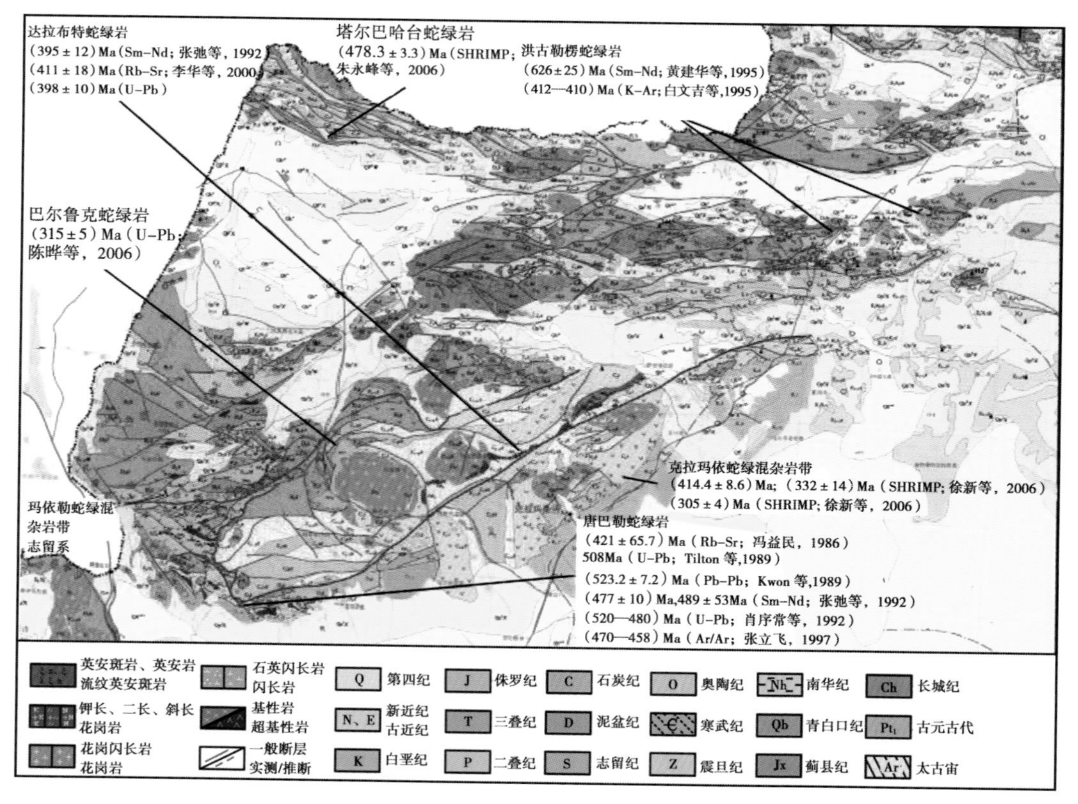

图 1-24　西准噶尔地区蛇绿岩分布图

1. 早古生代蛇绿岩、蛇绿混杂岩带

早古生代蛇绿岩和蛇绿混杂岩主要分布在塔尔巴哈台、洪古勒楞、唐巴勒、玛依勒山等地区。

1）塔尔巴哈台山蛇绿岩、蛇绿混杂岩

塔尔巴哈台蛇绿岩带位于新疆西北部塔城之北的塔尔巴哈台山南缘，呈东西向分布（图1-24）。据朱永峰等（2006）研究，塔城北山地层主要由泥盆系火山—沉积岩（下部为海相泥岩、石灰岩、硅质岩、板岩、中酸性火山岩，上部为陆相砂岩、砾岩、基性火山岩）和下石炭统黑山头组（石泥岩、粉砂岩、凝灰岩和火山角砾岩夹基性熔岩）组成，局部出露上奥陶统（石灰岩、硅质岩、凝灰岩夹中—基性熔岩以及志留系的碎屑岩、生物灰岩和板岩）。该蛇绿岩带宽超过200m，沿走向（EW方向）延伸，由蚀变辉长岩、蛇纹石化橄榄岩和硅质岩组成，并受断裂控制。地幔橄榄岩（蛇纹岩）夹在硅质岩和蚀变辉长岩之间，地幔橄榄岩与硅质岩和蚀变辉长岩均呈断层接触关系。地幔橄榄岩虽然发生了强烈蛇纹岩化，但依然保留了斜方辉石和橄榄石的假象。从蚀变辉长岩中分选出锆石，对其进行的锆石SHRIMP法年代学研究，结果表明辉长岩的形成时代为（478.3±3.3）Ma（MSWD=1.09，n=14），说明塔尔巴哈台蛇绿岩套形成于早奥陶世。

2）洪古勒楞蛇绿岩、蛇绿混杂岩

洪古勒楞蛇绿岩出露于和布克赛尔谷地南缘，西起谢米斯台山北麓，东至洪古勒楞东，呈东西向分布（图1-24）。该蛇绿岩、蛇绿混杂岩带主要由方辉橄榄岩、含长纯橄榄岩、橄长岩、橄榄辉长岩、辉石岩和辉长岩组成，缺失蛇绿岩上部火山岩和深海沉积物。堆晶岩中的少量玄武岩墙LREE略亏损或略富集，类似洋脊玄武岩的特征（张驰等，1993；赵振华等，2001）。关于该蛇绿岩形成的时代，白文吉等（1986b）依据测定的穿切堆晶岩的角闪玢岩中角闪石的K-Ar年龄为412—410Ma，结合蛇绿岩之上为中奥陶世布鲁克组，认为该蛇绿岩形成于中奥陶世（白文吉等，1986b；肖序常等，1992；张旗等，2000）。黄建华等（1996）通过对橄长岩、辉长岩、斜长岩、斜长花岗岩和辉绿岩的Sm-Nd等时线定年，获得该蛇绿岩的形成年龄为（626±25）Ma。并认为该蛇绿岩具较完整蛇绿岩组合，属大洋扩张期产物，经历了晚震旦世—早奥陶世大洋扩张，中奥陶世洋盆开始俯冲，奥陶纪末蛇绿岩构造就位的过程。据肖序常等（1992）研究，该区的早志留世沉积和晚奥陶世沉积表现为渐变过渡，均为笔石页岩相。而晚志留世的火山碎屑、陆源碎屑复理石向上过渡为早泥盆世陆源碎屑复理石（冯益民，1985），表明该蛇绿岩是洋盆俯冲增生产物。依据上述笔者认为，洪古勒楞蛇绿岩、蛇绿混杂岩主要形成于早古生代，为洋盆俯冲增生产物，洋盆发育应延续到泥盆纪。

塔尔巴哈台蛇绿岩和洪古勒楞蛇绿岩均呈近东西向展布，与区域构造线一致，两者相关联构成区域同一条早古生代蛇绿岩带，向东延伸可能与准东北的阿尔曼泰蛇绿岩、蛇绿混杂岩带相连。

3）唐巴勒蛇绿岩、蛇绿混杂岩

唐巴勒蛇绿岩、蛇绿混杂岩出露于西准噶尔西南部拉巴河到苏吾尔河之间，集中出露于苏乌禾、科克沙依、苏月克、唐巴勒及其以西的恰当苏一带，大致呈北西西向断续延伸，与区域构造线方向一致（图1-24）。蛇绿岩、蛇绿混杂岩多被肢解成大小不等的岩块、岩片，部分地段可见具有较完整层序的蛇绿岩岩片，其中超镁铁质岩以方辉橄榄岩为主，其次为纯橄榄岩和少量二辉橄榄岩。方辉橄榄岩的$Mg^{\#}$值为93（张驰等，1993），橄榄石的Fo值为

91～92，斜方辉石和铬尖晶石的En值为90～94（朱宝清等，1987），表明为强烈亏损的地幔残余。蛇绿岩的镁铁质杂岩由堆晶岩系（包括含长辉石岩、橄榄岩、纯橄榄岩等）和块状辉长岩组成，其中有基性岩墙穿插，其上为枕状玄武岩和硅质岩。其中的玄武岩具有N-MORB型和IAB型两种类型，被认为形成于与消减作用相关的岛弧环境（郝梓国等，1989；Wangeta1，2003）。此外，混杂岩块带中还出现有OIB型玄武岩（冯益民等，1991）和蓝片岩（郭义华，1983；张立飞，1997）。据肖序常等（2001）研究，唐巴勒蛇绿（混杂）岩的混杂基质（晚奥陶世科克沙依组）火山岩具有富MgO（5.77%～10.44%）、富Al_2O_3（15.15%～16.13%）、贫TiO_2（0.74%～0.83%）、LREE富集、Nb（≤2μg/g）和Zr（2～36μg/g）低等特征，类似于弧前喷发的玻安岩。在苏月克沟紫红色硅质岩中见有放射虫，经王乃文鉴定年代为中奥陶世（肖序常等，1992）。在苏月河口采集到的钠长绿帘蓝闪石片岩中获得的钠质角闪石的$^{40}Ar/^{39}Ar$同位素年龄变化于（473±2.04）Ma至（440±7.1）Ma（张立飞，1997）。唐巴勒蛇绿岩堆晶岩中斜长花岗岩墙中榍石的U-Pb同位素年龄为（508±20）Ma，斜长石单矿物U-Pb同位素年龄为520—480Ma（肖序常等，1992）。蓝闪石片岩的同位素年龄代表了洋盆俯冲、增生的高压变质年龄，其余年龄应代表唐巴勒蛇绿岩、蛇绿混杂岩的形成年龄。

4）玛依勒山蛇绿岩、蛇绿混杂岩

出露于西准噶尔玛依勒地区，位于唐巴勒蛇绿岩带之北，呈北东东、近东西向断续分布，与区域构造线一致（图1-24）。它赋存于早—中志留世玛依勒山组中，由变质橄榄岩、辉石岩、辉长岩、浅色岩和玄武岩等组成。变质橄榄岩主要是方辉橄榄岩（朱宝清等，1987）；堆晶岩由下向上依次为异剥橄榄岩、橄榄辉石岩、异剥辉石岩、含长辉石岩和辉长岩（肖序常等，1992）；浅色岩有斜长花岗岩、石英闪长岩、花岗闪长岩和闪长玢岩等（朱宝清等，1987）。玄武岩有LREE亏损、LREE富集和LREE强烈富集三类。据张驰等（1993）资料，玛依勒那伦苏地区的玄武岩Th含量高于Ta含量，在微量元素分布图上，Nb-Ta相对于Th和Ce有一定的负异常，是SSZ型蛇绿岩（张旗等，2000）。玛依勒山蛇绿岩形成的年代，由于新疆第一区调大队在该蛇绿岩建造上部细碎屑岩中发现大量中—晚志留世笔石化石，而将玛依勒山蛇绿岩的形成时代确定为中志留世（何国琦等，1994；徐学义等，2009）。

2. 晚古生代蛇绿岩、蛇绿混杂岩

西准噶尔地区的晚古生代蛇绿岩和蛇绿混杂岩呈两带分布于北东向达尔布特断裂带的两侧。

1）达拉布特蛇绿岩、蛇绿混杂岩

达拉布特蛇绿岩带位于西准噶尔克拉玛依市以北的扎伊尔山区，呈北东—南西向沿达拉布特断裂带的北东侧分布（图1-24）。蛇绿岩可以分为北、中、南三带，分别为大棍、萨尔托海、阿克巴斯套蛇绿岩带。达拉布特蛇绿岩、蛇绿混杂岩由一系列倾向北西的叠瓦状冲断岩片组成，主要为玄武质枕状熔岩、辉长岩、辉绿岩、蛇纹石化橄榄岩（方辉橄榄岩、橄榄辉长岩）和硅质岩等，在达拉布特地区的变辉长岩块体中，已发现蓝片岩相矿物组合（肖序常等，1992）。该蛇绿岩整体逆冲于石炭系陆源碎屑复理石沉积之上（Feng等，1989；肖序常等，1992）。下石炭统主要为碎屑岩沉积，中石炭统主要由凝灰岩、燧石岩、浊流沉积和相对浅水环境的复理石沉积组成（Feng等，1989）。蛇绿岩多被肢解破坏，但各组成单元仍然出露较为齐全。地幔橄榄岩主要为方辉橄榄岩（$Mg^{\#}$值为92；Wang等，2003），其内被大量橄长岩脉穿插（Zhou等，2001）；堆晶岩系有橄长岩及辉长岩；玄武岩有枕状和块状两种，其中夹有含早—中泥盆世放射虫化石的硅质岩（肖序常等，1992）。据夏林圻等（2005）研究，达拉布特蛇绿岩中的基性岩类（辉长岩、辉长辉绿岩、玄武岩）具有两组不同的地球化学类型。第一组基性岩 LREE 呈现亏损—平坦—略富集分配形式 $(La/Yb)_N$ 值介于0.71~1.66，与 N-MORB 型类似；在 N-MORB 型标准化微量元素蛛网图中，LILE 元素，如 Cs、Rb、Ba、K 和 U 强烈富集（分布于标准化值为 1 的直线之上）；HFSE 元素，如 Nb、Ta、Zr、Hf、Ti 相对亏损，多数分布于标准化值为 1 的直线之下，并出现较 Nb、Hf、Ti 负异常，表明其源区可能受到消减带流体作用的影响，显示出大洋岛弧玄武岩（IAB）的地球化学特征，并且其 Nb（1.95×10^6）、Ta（0.6×10^6~0.34×10^6）、Hf（0.94×10^6~2.16×10^6）含量，界于 N-MORB 型（Sunand Mc Donough，1989）与典型岛弧玄武岩（IAB）（Pearce，1982）的相应元素含量之间。因此该组玄武岩是一种兼有 IAB 型特征的 N-MORB 型玄武岩；第二组基性岩（玄武岩）具有高的不相容元素（REE、LILE、HFSE）含量、LREE 与 HREE 强烈分异，$(La/Yb)_N$ 值介于 4.03~11.70；除 Ti 外，所有不相容元素均位于 N 型 MORB 型标准化值为 1 的直线之上，显示出 E-MORB 型或 OIB 型玄武岩（Sunand Mc Donough，1989）的地球化学特征，表明其源区可能为富集型地幔或受到了富集地幔物质的影响。根据达拉布特蛇绿岩中两组玄武岩的地球化学特征，有理由认为达拉布特蛇绿岩应形成于弧后盆地环境。达拉布特上部洋壳所夹硅质岩中的放射虫化石年代为早—中泥盆世（肖序常等，1992），辉长岩 Sm-Nd 等时线年龄为（395±12）Ma（张驰等，1992）。夏林圻等（徐学义等，2009）对萨尔托海蛇绿岩中的辉长辉绿岩进行了 LA-ICP-MS 锆石 U-Pb 同位素测年结果为（398±10）Ma，表明达拉布特蛇绿岩形成于泥盆纪。

2）克拉玛依蛇绿岩、蛇绿混杂岩

据徐新等（2006）研究，克拉玛依蛇绿混杂岩位于达尔布特断裂带的南东侧，沿准噶尔盆地西部盆山结合部位断续延伸（图 1-24），总体走向 NE40°左右、长达 80 多千米。自北东向南西可分为三段：百口泉段、白碱滩段和红浅段，其中以白碱滩段发育最全、宽度最大、组分最齐全。该蛇绿混杂岩带与下石炭统太勒古拉组的一套硅泥质及火山凝灰质复理石建造呈断层接触，其岩石组合为超镁铁质岩包括蛇纹石化纯橄榄岩、辉石橄榄岩、橄榄辉石岩，镁铁质岩不甚发育，可见枕状玄武岩、辉长岩。它们与硅质泥岩、放射虫硅质岩和火山凝灰岩混杂一起，其上被一套晚石炭世—早二叠世的火山岩、火山角砾岩不整合覆盖，其底部砾岩可见蛇绿岩及其他岩石的砾石。

克拉玛依蛇绿混杂岩带中不同类型岩石的岩石化学分析结果表明，多数超镁铁岩属镁质超基性岩（M/F>6.5），属阿尔卑斯型超镁铁岩——镁铁质岩稀土总量较低（8.57×10^6），轻重稀土含量之比为 1.05，属平坦型稀土配分曲线，εEu 为弱正异常（1.69）。对白碱滩蛇绿岩中辉长岩进行了锆石 SHRIMP 法年龄测定，得出（414.4±86）Ma 和（332±14）Ma 两组年龄，反映出西准噶尔地区洋盆从泥盆纪一直延续到了早石炭世早期。另外对该区红山碱长花岗岩体做了锆石 SHRIMP 法年龄测定，获得了（305±4）Ma 的定年数据，该年龄代表了残余洋盆闭合之后的伸展时期，为该区洋盆闭合造山时期提供了有效约束，即该洋盆闭合于 332Ma 之后 305Ma 之前，该期间应为洋盆闭合的造山时期。

三、准噶尔东北部地区

准噶尔东北部地区即指阿尔曼泰、克拉美丽等地区（图 1-25）。该区发育阿尔曼泰—扎河坝和克拉美丽—塔克札勒两条蛇绿岩、蛇绿混杂岩带。

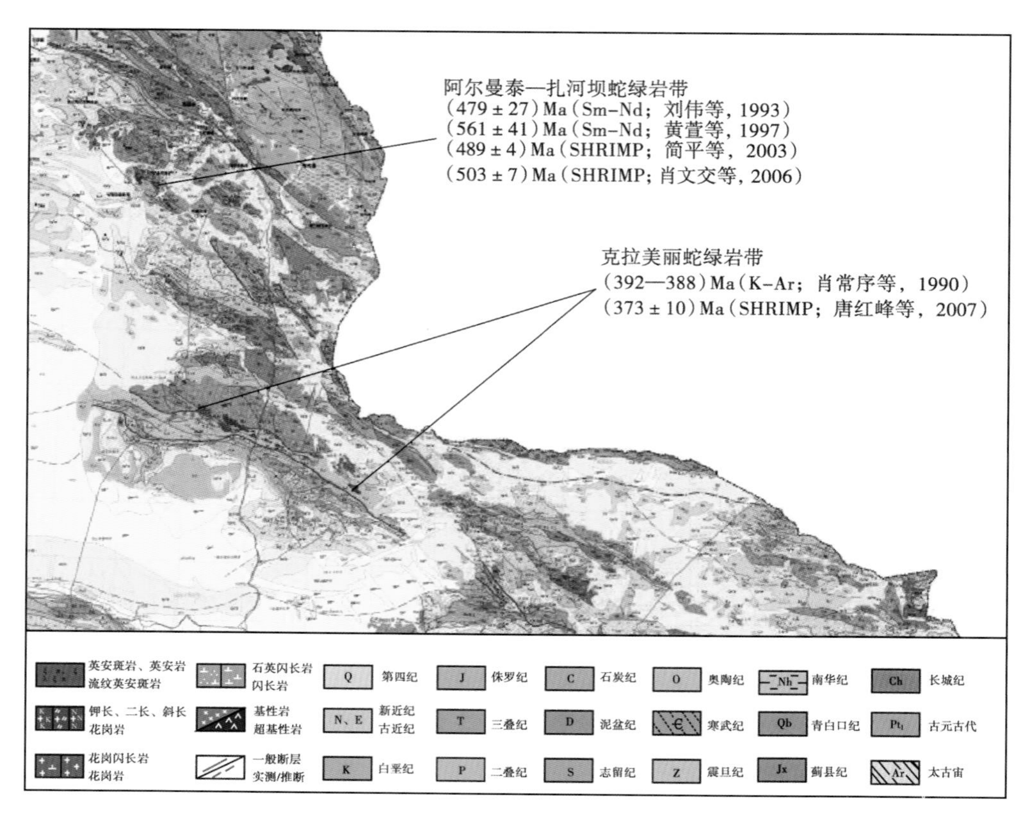

图 1-25　东准噶尔蛇绿岩分布图

1. 阿尔曼泰—扎河坝蛇绿岩、蛇绿混杂岩带

东准噶尔地区北部发育阿尔曼泰—扎河坝蛇绿岩带，走向北西西，与区域构造线展布方向一致（图 1-25）。阿尔曼泰—扎河坝蛇绿岩主要出露于东准噶尔地区扎河坝、兔子泉和青平岭一带，断续分布，由蛇纹石化橄榄岩和斜辉橄榄岩、辉石岩、堆晶辉长岩、辉绿岩、斜长花岗岩、枕状及块状玄武岩、放射虫硅质岩等岩片组成（张弛，1981；蔡文俊，1986；肖序常等，1992；何国琦等，1994；李锦轶，1991，1995）。地球化学分析表明，玄武岩类皆具 Nb 相对于 Th 和 La、Ce 的亏损，稀土元素球粒陨石标准化分配曲线皆为 LREE 富集型，且变化范围较宽，说明幔源的多样性（Wang 等，2003）。在 Cr-Y 图上，样品皆投在 IAB 区。在 Hf-Th-Ta 图解中，样品投在 E-MORB 区和 IAB 区（Wang 等，2003）。显然，阿尔曼泰—北塔山蛇绿岩主体形成于与俯冲带相关的大地构造背景。另据赵振华等（2001）研究，其中包裹有初始洋岛环境的构造岩块、岩片。关于该蛇绿岩形成的年代，何国琦等（2001）在原划归北塔山组（D_2b）厚层紫红色、猪肝色碧玉岩及其夹层紫红色安山质硅质凝灰岩、凝灰砂岩中采得微体化石样 7 件，经北京大学安太庠教授处理鉴定，认为所含放射虫最可能的年代是奥陶纪—志留纪。刘伟等（1993）对蛇纹石化橄榄岩和斜辉橄榄岩进行 Sm-Nd 测年分析，认为阿尔曼泰—北塔山蛇绿岩主体形成于（479±27）Ma（Wang 等，2003）。黄萱等（1997）则报道了堆晶辉长岩、辉绿岩与安山玢岩等（561±41）Ma 的 Sm-Nd 全岩等时线年龄（Hu 等，2000）。肖文交等（2006）对兔子泉蛇绿岩中斜长花岗岩进行了锆石 SHRIMP 法年龄测定，结果为（503±7）Ma。简平等（2003）报道了扎河坝地区蛇绿岩中层状辉长岩的锆石 SHRIMP 法测年结果为（489±4）Ma。金成伟等（2001）报道扎河坝堆晶橄榄岩的全岩、辉石和长石矿物等时线年龄 478.9Ma。综合上述化石和定年资料分析，认为该蛇绿岩应主要形成于早古生代并可能延续至晚泥盆世。近年来，相继在阿尔曼泰—扎河坝蛇绿岩、蛇绿混杂岩中发现退变质的超高压变质榴辉岩、二辉橄榄岩、石榴辉石岩、石英菱铁岩、石榴角闪岩和超硅—超钛石榴石等（牛贺才等，2006，2007，2009），表明该带蛇绿岩曾经历深层次高压—超高压变质改造和构造抬升而折返的构造作用过程。

2. 克拉美丽—塔克札勒带蛇绿岩、蛇绿混杂岩带

克拉美丽蛇绿岩、蛇绿混杂岩带分布于克拉美丽大断裂北侧，西起卡姆斯特（徐新等，2007），向东经克拉美丽清水泉和南明水、巴里坤塔克札勒至伊吾大黑山，长约 400 余千米，呈北西西向延伸，以克拉美丽最具代表性（图 1-25 和图 1-26）。克拉美丽蛇绿岩因构造作用而被强烈肢解，但在不同地段，蛇绿岩各组成单元出露仍较齐全。地幔岩类主要以蛇纹石化方辉橄榄岩为主，少量为二辉橄榄岩；堆晶岩系有石英岩、辉长岩、橄长岩等；基性岩墙有辉绿岩和闪长玢岩，喷出岩为枕状及块状玄武岩、安山岩、流纹岩等。

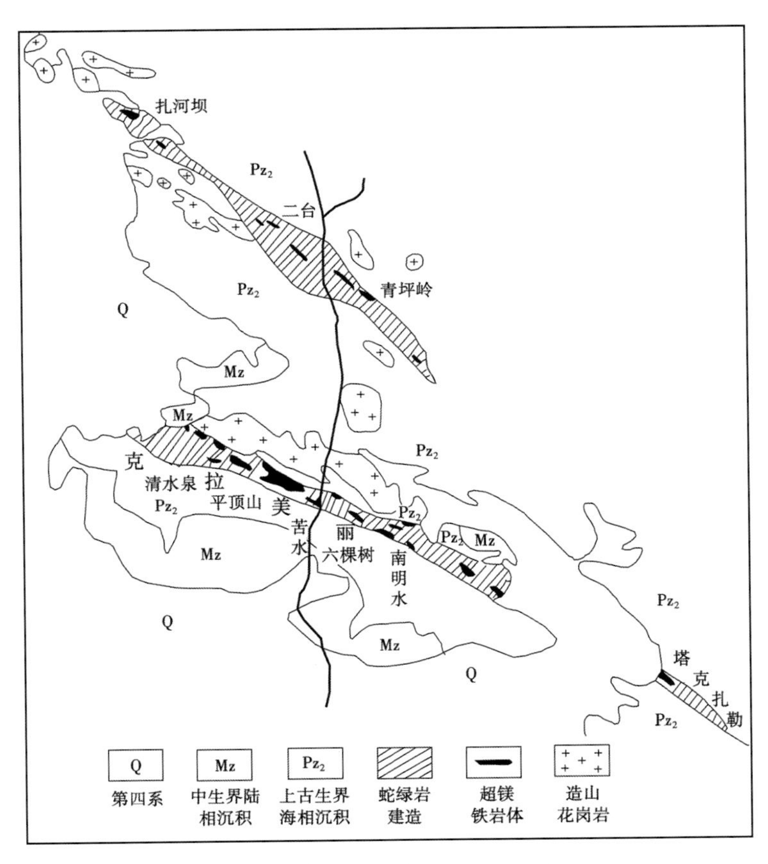

图 1-26　东准噶尔地区蛇绿岩分布图

克拉美丽蛇绿混杂岩带片理化强烈，主要由混杂岩基质和蛇绿岩构造残块构成（图 1-26）。在约 1km 的宽度范围内出现大量的基性与超基性岩的构造岩块，构造岩块主要包括变质橄榄岩（蛇纹岩）、辉石岩、玄武岩，均呈无根构造岩块、岩片或透镜体状混杂于基质之中，构造岩块大小不等，长轴最大达20m左右，长轴最小约为1m，构造岩块长轴多平行于基质片理面，其中变质橄榄岩强烈片理化、蛇纹石化。岩层总体倾向南东，倾角50°~70°。

东准噶尔地区南部的克拉美丽蛇绿岩带是一条强烈构造肢解的蛇绿岩带，但是其两侧志留系在地质组成及古生物化石方面的相似性（BGMRX，1999），以及该蛇绿岩带硅质岩中含有泥盆纪和早石炭世的放射虫化石（李锦轶等，1990a；舒良树等，2002），表明该蛇绿岩是泥盆纪初形成、早石炭世晚期关闭的洋盆的残迹。克拉美丽蛇绿混杂岩带中的玄武岩地球化学研究表明：其以中等TiO_2、高MgO；不具有Nb、Ta亏损和Th富集特征；与MORB型相比较，高场强元素（HSFE）丰度低且平坦不分异；与原始地幔相比较具有类似于E-MORB型和N-MORB型地幔的特征；显示岩石应形成于洋中脊构造环境。稀土元素与微量元素特征都表明其并非洋中脊扩张过程中的产物，也不是原始大岛弧和大陆边缘弧的组成部分，而是典型的大洋板内岩浆作用的产物。克拉美丽蛇绿混杂岩带内N-MORB型、T-MORB-ORB型与OIB型三种不同火山岩岩石组合的确定，表明克拉美丽地区曾经历过一个比较完整的发生、发展与消亡的过程。夏林圻等（2000）的研究成果认为克拉美丽蛇绿岩形成于弧后盆地环境。

关于克拉美丽蛇绿混杂岩的形成年代，李锦轶（1988）和肖序常（1992）发现在红柳沟至南明水一带，蛇绿混杂岩之上存在清楚的不整合。不整合面之上是薄层含蛇绿岩成分的砾岩层，向上变为硬砂岩及蛇纹质砂岩，再向上为细砂岩、粉砂质千枚岩等，并在后者中首次发现纳缪尔期菊石化石。此外，在该蛇绿岩上部大洋硅质岩的分析中还发现大量微古生物化石，其中除放射虫外，尚有高级疑源类、小软舌螺及小壳类，认为其年代不晚于早泥盆世，结合辉长质堆晶岩全岩K-Ar年龄为392—388Ma的情况，将该蛇绿岩形成时间定为早泥盆世中—晚期至中泥盆世早期（肖序常，1992）。舒良树等（2003）对南明水地区与蛇绿岩相关的红色硅质岩进行了研究，发现了丰富的放射虫，其年代确定为晚泥盆世法门期—早石炭世杜内期。

四、中天山北缘地区早古生代蛇绿岩、蛇绿混杂岩带

中天山北缘断裂带及其南侧，由红五月桥、冰达坂向南东经米什沟、干沟、乌苏通沟等地区相继发现了早古生代蛇绿岩、蛇绿混杂岩，并有高压蓝片岩（高长林等，1995；张立飞，1997；崔可锐等，1997；刘斌等，2003；董云鹏等，2005，2006）相伴，呈北西向分布，与区域构造线一致，构成中天山北缘蛇绿混杂岩带（图1-27），代表早古生代北天山洋盆俯冲、消减的残迹。

1. 后峡—红五月桥—冰达坂蛇绿岩、蛇绿混杂岩

在中天山北缘后峡—红五月桥南至冰达坂（一号冰川）以北，李向民等（2002）、董云鹏等（2005）发现蛇绿混杂岩（图1-27），该蛇绿岩残块主要包括浅变质的玄武岩、辉长岩和辉绿岩。玄武岩（绿片岩）主元素含量以高TiO_2（1.50%~2.25%）和MgO（6.64%~9.35%），贫K_2O（0.06%~0.41%）和P_2O_5（0.1%~0.2%），Na_2O含量高于K_2O含量为特征；∑REE低，轻度LREE亏损，显示岩浆源于亏损地幔，与原始地幔相比，变玄武岩显示Th、U、Nb、La、Ce和Pr明显亏损，其他高场强元素不分异的特征，且Zr/Nb、Nb/La、Hf/Ta、Th/Yb和Hf/Th等比值均类似于N-MORB型的地球化学特征，应形成于亏损的洋中脊环境。辉绿岩具有高Al_2O_3、高∑REE和高场强元素丰度，显示其为E-MORB型岩石，与

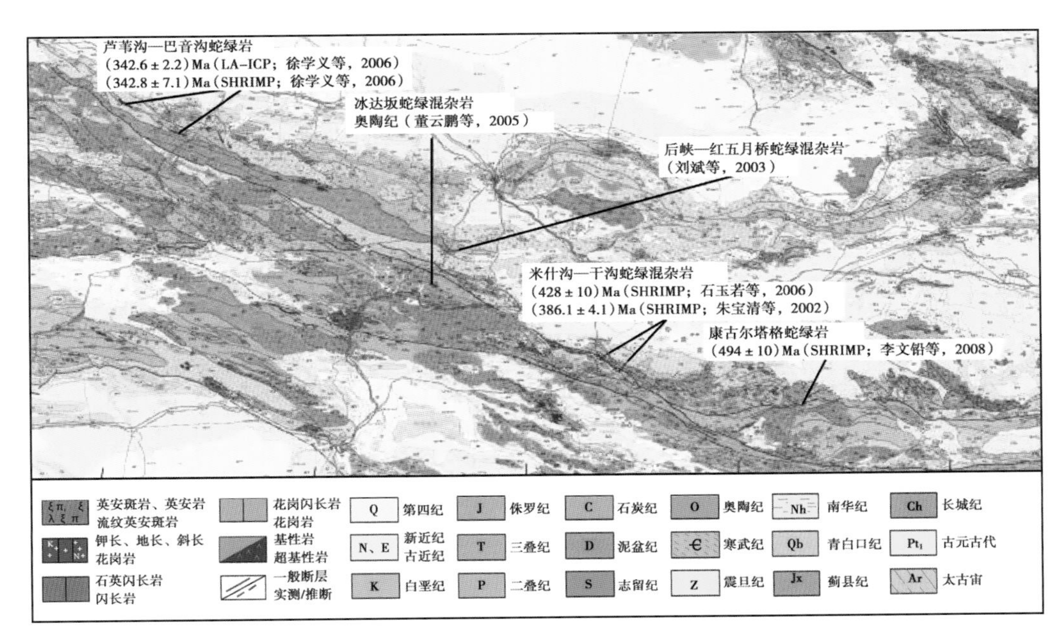

图 1-27　天山北部蛇绿岩分布图

MORB 型相比，具有轻微的 Nb 亏损特征，但 Th 富集并不明显。综合分析推测冰达坂的辉绿岩可能形成于初始洋盆扩张阶段，而玄武岩则形成于成熟洋盆扩张阶段。

2. 米什沟—干沟—乌苏通蛇绿岩、蛇绿混杂岩

米什沟—干沟—乌苏通蛇绿混杂岩带，以干沟地区为代表（图 1-27），据董云鹏等（2006）研究，干沟蛇绿岩、蛇绿混杂岩带主要由属于弧前火山—沉积岩系的混杂基质及其裹挟的构造岩块组成，后者主要包括蛇绿岩残块、岛弧火山岩残块，以及大理岩、花岗岩等外来构造岩块。干沟蛇绿岩岩石组合出露较为齐全，包括变质橄榄岩（蛇纹岩）、辉长岩、辉绿岩、玄武岩等构造岩块，但几乎均呈零散的构造岩块，散布于混杂基质中。变质橄榄岩含量以相对低 SiO_2、TiO_2、Al_2O_3、CaO，高 MgO 为特征，类似于大洋中脊二辉橄榄岩主元素化学组成；ΣRFF 低，LREE 亏损，富集 Cr、Ni，与世界典型蛇绿岩的超镁铁单元岩石地球化学特征类似。玄武岩的地球化学研究表明其以中等 TiO_2、高 MgO，不具有 Nb/Ta 亏损和 Th 富集为特征；与 MORB 型相比较，高场强元素（HSEE）丰度低且平坦不分异；与原始地幔相比较，具有类似于 N-MORB 型的亏损地慢特征，主元素、微量元素的地球化学特征显示岩石应形成于洋中脊构造环境。岛弧型火山岩出露于混杂岩带南部，主要为橄榄粗安岩；主元素含量以高 MgO、Al_2O_3、K_2O、NaO，K_2O/Na_2O 等于 1，低 TiO_2 和 CaO，富含挥发分为特征。同时，富集大离子亲石元素 Rb、Ba、Zr、Th、U 和 LREE 等，并以 Nb、Ta 亏损和 Th 富集显示其成因与消减作用有关，形成于板块俯冲过程中的活动大陆边缘火山弧环境。干沟区段的混杂岩因存在蛇绿岩和与俯冲作用有关的火山岩而厘定为蛇绿混杂岩带，并指示沿中天山北缘曾存在古洋盆及其俯冲消减作用。

后峡—红五月桥—冰达坂和米什沟—干沟—乌苏通蛇绿混杂岩带的形成时期尚缺乏同位素年龄资料，但在干沟蛇绿混杂岩的基质中含硅质岩夹层，其中发现放射虫，杂砂岩中产牙形刺，化石种属表明形成年代为晚寒武世—早奥陶世（车自成，1994）。另外干沟蛇绿岩不整合上覆下志留统米什沟组，该组主要为绿色长石石英砂岩、粉砂岩、粉砂质泥岩互层，变质很浅，其中发现丰富笔石和少量腕足类、腹足类，年代为早志留世（车自成等，1994）。据上述将该带蛇绿岩的形成时期确定为寒武—奥陶纪。

3. 康古尔塔格蛇绿岩、蛇绿混杂岩

东天山康古尔塔格蛇绿岩出露于吐哈盆地南缘的恰特卡塔格与秋格明塔什之间，呈带状近东西向延伸，分布于康古尔塔格大断裂及其两侧（图1-27），它以构造岩片侵位于石炭系的凝灰质砂岩、凝灰质粉砂岩夹石灰岩及安山岩中。据李文铅等（2005，2008）、曹高社（1997）、郭新成等（2008）研究，康古尔塔格蛇绿岩的岩石组合为变质橄榄岩—堆晶橄榄岩—辉长岩—斜长花岗岩—辉绿岩—玄武岩，方辉橄榄岩（蛇纹岩）、蛇纹石化辉石岩、蚀变辉长岩与特罗多斯蛇绿岩中同类型岩石类似，岩石总体低钾、变质橄榄岩 MgO/（MgO+TFeO）为0.834~0.866，TiO_2（质量分数）为0.02%，为SSZ型蛇绿岩的变质橄榄岩，玄武岩的构造环境判别显示其形成于边缘海盆。康古尔塔格蛇绿岩的Nd、Sr同位素特征显示，所有样品的Nd含量在4.27~19.41μg/g之间，$^{147}Sm/^{144}Nd$ 比值为0.1421~0.2442，$^{143}Nd/^{144}Nd$ 在0.512842~0.513328之间。以辉长岩的锆石SHRIMP法U-Pb定年年龄为494Ma，计算 $\varepsilon_{Nd}(t)$ 值的范围为5.7~10.5，与 SiO_2 含量不相关。这显示该蛇绿岩 $\varepsilon_{Nd}(t)$ 高，且较均一，变化小，表明它们来自类似于MORB的亏损型地幔源。放射虫硅质岩的 Al_2O_3/（Al_2O_3+Fe_2O_3）值平均为0.047，MnO/TiO_2 比值平均为0.93，Ce具负异常，Ce/Ce^* 为0.548，La_N/Ce_N 为1.661，表明放射虫硅质岩的形成环境与洋中脊有密切关系。该蛇绿岩形成于边缘海盆。李文铅等（2008）对康古尔塔格蛇绿岩中的辉长岩锆石SHRIMP法U-Pb年龄测定，得出康古尔塔格蛇绿岩形成于早—中奥陶世（494Ma±10Ma）。

五、北天山晚古生代巴音沟蛇绿岩、蛇绿混杂岩带

分布于中天山北缘断裂带北侧，呈北西向展布，从西北端的哈拉哈特向南东经夏哈特、巴音沟、玛纳斯河谷两侧至塔西河，构成北天山一条重要的晚古生代蛇绿岩带（图1-27），巴音沟蛇绿岩是北天山晚古生代蛇绿岩带的重要组成部分和典型代表。

巴音沟蛇绿岩由蚀变超基性岩、含斜长花岗岩脉的辉长岩、闪长岩、辉绿岩墙、枕状玄武岩、块状熔岩（玄武岩、安山岩）、基性凝灰岩和硅质岩组成。虽然具有较完整的蛇绿岩组合，但是受到强烈构造作用的肢解，层序常被一系列逆冲断层肢解和破坏。巴音沟蛇绿岩的形成环境一直存在小洋盆环境（肖序常等，1992）、弧后盆地环境（高长林等，1995）等不同认识。据夏林圻等（2005）最新研究成果，巴音沟蛇绿岩基底单元的早石炭世早—中期裂谷镁铁质熔岩由软流圈OIB型地幔源（Zr/Nb为11.17~20.88、$(La/Yb)_N$ 为1.00~3.32、$^{87}Sr/^{86}Sr(t)$ 为-0.7037、$\varepsilon_{Nd}(t)$ 为3.10、$^{206}Pb/^{204}Pb$ 为18.537、$^{206}Pb/^{204}Pb$ 为15.599、$^{208}Pb/^{204}Pb$ 为39.006）的较低部分熔融产生；稍年轻（早石炭世中晚期，344Ma至324Ma±8Ma）的蛇绿岩单元的镁铁质熔岩系，源自一种相对亏损的似MORB型地幔源（Zr/Nb为17.92~90、$(La/Yb)_N$ 为0.50~1.35、$^{87}Sr/^{86}Sr(t)$ 为0.7037~0.7050、$\varepsilon_{Nd}(t)$ 为4.06~8.36、$^{206}Pb/^{204}Pb$ 为18.222~18.735、$^{207}Pb/^{204}Pb$ 为15.533~15.551、$^{208}Pb/^{204}Pb$ 为37.667~38.868），部分熔融程度高，所产生的熔体逐渐与软流圈似OIB型地幔源熔体混合。软流圈源岩浆上升至地表途中，曾与岩石圈地幔发生轻度相互作用。因此，认为巴音沟蛇绿岩基底熔岩是由于软流圈地幔上涌诱发大陆裂谷火山岩浆作用的产物，蛇绿岩中基性熔岩是由于前期经大陆裂谷岩浆作用萃取过的亏损地幔源区的产物。认为早石炭世古生代天山洋盆

已经闭合，天山造山带进入大规模造山后裂谷拉伸阶段（夏林圻等，2002；Xia 等，2003，2004）。

对巴音沟蛇绿混杂岩带玄武岩的地球化学研究表明，其以中等 TiO_2 含量、高 MgO 含量，不具有 Nb、Ta 亏损和 Th 富集特征，与 MORB 型相比较，高场强元素（HSFE）丰度变化较大，平坦并且分异不明显，与原始地幔相比较具有类似于 N-MORB 型亏损地幔的典型特征，显示岩石应形成于洋中脊构造环境。玄武岩 LREE 球粒陨石标准化分配模式图上，大部分岩石样品表现为略微亏损型，小部分岩石样品呈现为略微富集型，暗示玄武岩总体来源于 MORB 型，但在形成过程中有 OIB 型组分的加入。

与蛇绿岩密切相关的深海放射虫硅质岩及泥质沉积物是形成于蛇绿岩岩石组合上部的大洋沉积物，它们既可以与以泥质沉积物为主的地层成互层产出，也可与以玄武岩为主的地层成互层，或呈现二者兼而有之的互层状（张旗等，2001）。巴音沟蛇绿混杂岩带中硅质岩与变基性火山岩呈夹层或互层产出，可能代表了该区蛇绿混杂岩的不同岩片，它们分别构成了不完整的蛇绿岩残片的上覆岩系。该蛇绿岩中硅质岩的 SiO_2 与 Al_2O_3 和 TiO_2 在剖面上成一明显镜像反消长关系，Th、Nb、Ta、Zr、Hf 等与 Ti 和 Al 等陆源元素成正相关关系，Ce/Ce^* 不显示明显负异常，表明陆源物质的加入对该区硅质岩的形成有重要影响，反映它们应形成在相对远离洋中脊而与大陆边缘密切相关的沉积环境。玄武岩形成于洋中脊，而硅质岩与大陆不远又有密切关系，表明巴音沟蛇绿岩所代表的洋盆可能为一消减的残余洋盆。

关于巴音沟蛇绿岩形成的年代，依据巴音沟蛇绿岩与上覆上石炭统奇尔古斯套组呈角度不整合接触认为其形成于石炭纪（邬继易等，1989；王作勋等，1990；高长林等，1995）。依据蛇绿岩套上部的放射虫硅质岩中放射虫及牙形刺微体化石认为其形成于晚泥盆世—早石炭世（肖序常等，1992）。徐学义等（2006）对巴音沟蛇绿岩中侵入堆晶辉长岩中的斜长花岗岩进行了锆石 SHRIMP 法 U-Pb 年龄测年，对堆晶辉长岩进行了 LA-ICP-MS 锆石测年，测年结果分别为（324.7±7.1）Ma 和（344±0.4）Ma，表明巴音沟蛇绿岩主体形成于晚泥盆世—早石炭世。

六、南天山北部地区

南天山北部地区的长阿吾子—古洛沟—乌瓦门区域大断裂带绵延近千千米，呈近东西方向展布，是分割中天山与南天山的重要构造分界线。前人（肖序常等，1992；汤耀庆等，1990；GaoJun 等，1998；高俊等，1997a，1997b）在沿中天山南缘西段的长阿吾子—科克苏河—达鲁巴依，东段的古洛沟—榆树沟—铜花山—硫磺山近东西向一带发现了蛇绿（混杂）岩，并有榴辉岩、蓝片岩及高压麻粒岩相伴（图 1-28）。

1. 长阿吾子蛇绿岩、蛇绿混杂岩带

长阿吾子蛇绿混杂岩位于北木扎尔特河长阿吾子沟南侧（图 1-28），蛇绿岩残块与高压蓝片岩、榴辉岩相伴，呈透镜状夹于蓝片岩和绿片岩地层中，产状南倾。

据汤耀庆等（1995）的研究，长阿吾子蛇绿混杂岩中超基性岩以蛇纹石化斜辉橄榄岩为主，其次为蛇纹石化纯橄榄岩、黝帘透闪石岩。辉长岩已变质为阳起钠长片岩、蓝闪钠长片岩，枕状玄武岩很可能变质为绿帘蓝闪片岩、石榴蓝闪石片岩等。高俊等（1997a）在昭苏县阿克牙孜河上游蛇绿混杂岩带的南侧增生楔中发现了含榴辉岩、蓝片岩的高压变质带，其中的榴辉岩呈薄层状、透镜状产出于蓝片岩层中，与区域构造线方向一致，并认为蓝片岩是榴辉岩退变质的产物。岩石地球化学研究表明，具枕状构造的榴辉岩的原岩为 E-MORB

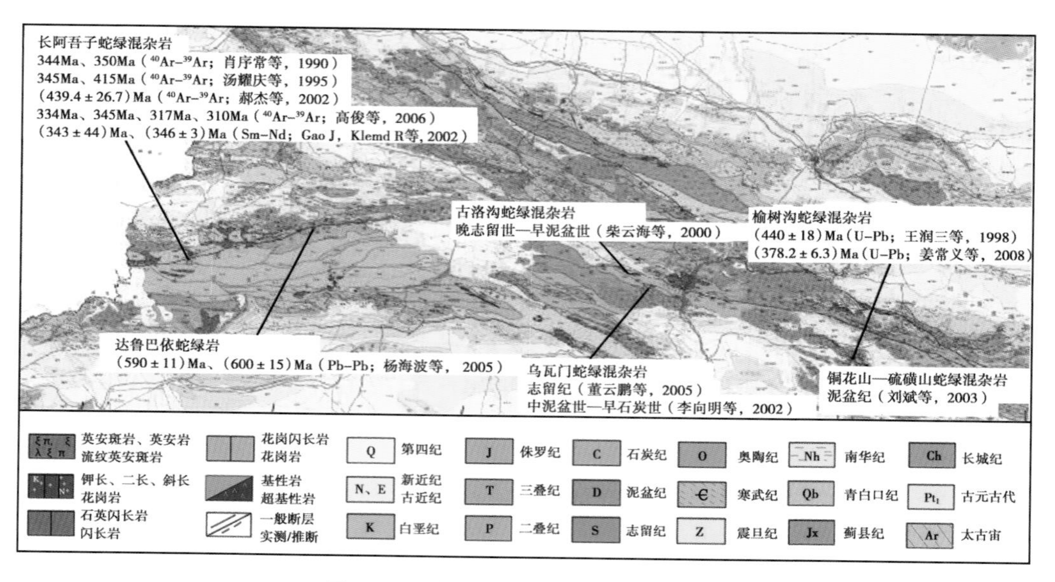

图 1-28 南天山北缘蛇绿岩分布图

型和 OIB 型玄武岩（高俊等，1998；GaoJun 等，1999）。长阿吾子辉长岩辉石$^{40}Ar/^{39}Ar$坪年龄为 439Ma（郝杰和刘小汉，1993）。对蓝片岩和榴辉岩的岩相学和常量、微量、稀土元素地球化学研究表明其原岩有 N—MORB、E— MORB、OIB、基性火山碎屑岩、硬砂岩等类型（Cao Jand，Klemd R，2003；艾永亮等，2005）。

长阿吾子蛇绿混杂岩的形成年代尚有争议，现有研究提供，在蛇绿混杂岩内所夹的大理岩化石灰岩透镜体中含有大量晚志留世珊瑚化石（据 1:20 万区域地质资料）。榴辉岩相岩石（Gao J 等，1999；张立飞等，2000；Klemd R 等，2002；Klemd R，2003），经历了硬柱石—蓝片岩相和绿帘石—蓝片岩相进变质作用，达到峰期榴辉岩相（560～600℃、5.07—4.95GPa），退变质经历了近等温降压过程，由绿帘石、蓝片岩相至绿片岩相（张立飞等，2000，2008）。高俊等（2006）研究含绿辉石榴黝帘蓝闪石岩的蓝闪石$^{40}Ar/^{39}Ar$坪年龄为 345Ma，石榴黝帘蓝闪白云母片岩的白云母$^{40}Ar/^{39}Ar$坪年龄 334Ma，含方解石榴蓝闪白云母钠长片岩的白云母$^{40}Ar/^{39}Ar$坪年龄为 317Ma，石榴白云母黝帘蓝闪石岩的白云母$^{40}Ar/^{39}Ar$坪年龄为 310Ma。蓝闪石的坪年龄与榴辉岩 Sm-Nd 等时线年龄［（343±44）Ma，绿辉石—蓝闪石—石榴石—全岩；（346±3）Ma，石榴石—蓝闪石；Gao J 和 Klemd，2003］一致，白云母坪年龄与白云母 Rb-Sr、全岩等时线年龄（313—302Ma；Klemd R 等，2005）及前人所获得的坪年龄（Cao J 和 Klemd，2003）也相似。此外，高压变质带的长阿吾子蓝片岩蓝闪石$^{40}Ar/^{39}Ar$坪年龄为 350Ma（肖序常等，1992）、科克苏蓝片岩蓝闪石$^{40}Ar/^{39}Ar$坪年龄为 345Ma（汤耀庆等，1995）、穹库什太蓝片岩多硅白云母$^{40}Ar/^{39}Ar$坪年龄为 415Ma（汤耀庆等，1995）、阿克牙子河蓝片岩蓝闪石$^{40}Ar/^{39}Ar$坪年龄为 401—344Ma（高俊等，2000）、多硅白云母$^{40}Ar/^{39}Ar$坪年龄为 381—331Ma（Gao J 和 Klemd，2003；高俊等，2000）。依据肖序常等（1992）的资料，与高压配套高温低压中酸性侵入岩年龄为 344Ma，蓝闪片岩$^{40}Ar/^{39}Ar$年龄为 350Ma。据上述综合分析，认为该带蛇绿岩可能形成于早古生代，在 380—340Ma 期间俯冲洋盆经高压榴辉岩相变质改造，并在 310Ma 左右逆冲抬升，经历多期变形变质。

2. 达鲁巴依蛇绿岩

据杨海波等（2005）研究，达鲁巴依蛇绿岩沿那拉提南缘断裂南侧产出（图1-28），为一套变质基性、超基性岩，变沉积岩组合。

达鲁巴依蛇绿岩包括两套岩石，一套为蛇绿岩组合，包括变质橄榄岩、辉石岩、含长辉石岩、辉长岩、变质玄武岩；另一套为深海沉积的硅质岩、变凝灰质砂岩。其中的辉长岩 SiO_2 含量为 52.21×10^2，玄武岩 SiO_2 含量为 55.88×10^2，稀土总量为 117.13×10^6，其中轻稀土含量为 101.88×10^6、重稀土含量为 15.25×10^6，轻重稀土比值 L/H 为 6.6；La/Yb 为 11.65，反映轻稀土富集，重稀土亏损；La/Sm 为 5.05，反映轻稀土元素分馏程度较高，富集较明显，变质玄武岩稀土元素分布模式为右倾型，与洋岛碱性玄武岩的稀土分布模式近于一致，表明达鲁巴依蛇绿岩中的火山岩产出构造背景为拉张大洋岛屿环境，辉长岩稀土总量为 143.91，接近中基性岩；δEu 为 0.93，显示弱负 Eu 异常，其稀土元素标准化分布模式为右倾型，与变质玄武岩的稀土分布模式几乎一致，表明辉长岩的母岩也源于玄武质岩浆，属于同一岩浆房的产物。据达鲁巴依蛇绿岩岩石组合、岩相及稀土元素特征综合分析，认为达鲁巴依蛇绿混杂岩形成于大洋岛屿环境。

对采自达鲁巴依蛇绿混杂岩中的辉长岩及玄武岩两个样品，采用单颗粒锆石 Pb-Pb 分析方法，经中国地质科学院工程勘探院宜昌分院测定，其年龄值分别为（590±11）Ma、（600±15）Ma。表明其形成时代为晚震旦世—寒武纪。

3. 古洛沟—乌瓦门蛇绿岩、蛇绿混杂岩带

古洛沟蛇绿岩分布于额尔宾山北坡（图1-28），主要由变质橄榄岩、堆晶辉长岩、辉绿岩墙、基性火山岩和放射虫硅质岩组成（汤耀庆等，1995）。乌瓦门蛇绿岩在和静县巴仑台镇南侧乌瓦门地区，该带蛇绿岩以构造岩片逆冲于中天山南缘，呈北西向展布于中天山基底岩系和南天山上古生界之间，南、北两侧分别以断裂或韧性剪切带为界。南侧为南天山中泥盆世萨阿尔明组大理岩、结晶灰岩，夹绿泥石英片岩、绢云石英片岩、绢云绿泥石英片岩。其中结晶灰岩中产丰富的中泥盆世珊瑚和腕足类化石；北侧为中天山新元古代巴仑台群变质岩，主要为斜长角闪岩和片麻岩等。

据董云鹏等（2005）研究，乌瓦门蛇绿混杂岩主要由构造岩块和混杂基质两部分组成。构造岩块包括由玄武岩、辉长岩、强蛇纹岩化橄榄岩等组成的蛇绿岩残块，来源于北侧中天山巴仑台群的变质岩残块和南侧南天山中泥盆世萨阿尔明组大理岩、结晶灰岩残块。混杂基质主要由强烈剪切变形的绿泥石英片岩、绢云石英片岩、千枚岩和变砂岩组成。

乌瓦门蛇绿混杂岩中蛇绿岩残块中的变质橄榄岩主要为蛇纹石化的含辉纯橄榄岩，主要组成矿物为橄榄石、辉石、蛇纹石和铬尖晶石。地球化学特征显示其亏损程度较弱，为部分熔融萃取洋中脊玄武岩（MORB 型）之后的残留物；玄武岩含量具有低 Al_2O_3，高 TiO_2、MgO 性状，并以 LREE 亏损、HFSE 不分异为特征，类似于 MORB 型；部分玄武岩具有 LILE 富集和 Ta、Nb 亏损，以及 Pb 富集特征显示源区受到消减带流体的作用，指示这些蛇绿岩残块形成于弧后盆地构造环境，据古洛沟—乌瓦门蛇绿（混杂）岩带放射虫硅质岩中所夹石灰岩透镜体含晚志留世—早泥盆世珊瑚化石（梁云海等，2000）。

4. 榆树沟高压麻粒岩相蛇绿岩

南天山榆树沟深地壳麻粒岩地体地处新疆托克逊县与和硕县交界的南天山榆树沟地区（图1-29），出露于南天山东段的榆树沟—铜花山—硫磺山蛇绿混杂岩带之中（图1-29）。该地体北邻库米什中—新生界断陷盆地；南侧以剪切带与中—上泥盆统（吴文奎等，1992）

变质火山—沉积地层呈构造接触。

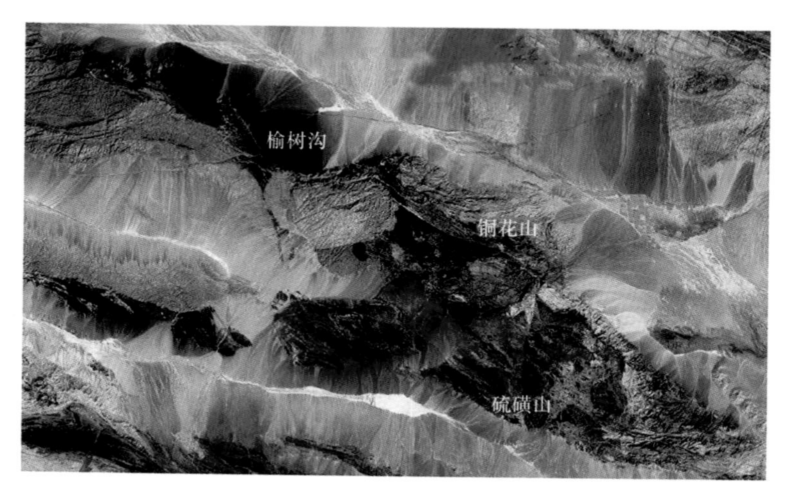

图 1-29　榆树沟麻粒岩地体遥感影像图

榆树沟高压麻粒岩相变质蛇绿岩地体出露长度 11. 2km，宽度 1~2. 75km，为一呈北西—南东向展布的透镜状冲断构造岩片（图 1-30）。该变质地体经历了麻粒岩相条件下强烈的应变作用过程，整体上呈遭受强烈韧性剪切变形的构造岩片出露，主要由变质橄榄岩和中性、基性麻粒岩组成（王润三等，1999a）。野外产状、岩石组合和系统的岩相学、地球化学研究揭示包含 4 个基本岩石单元：(1) 变质橄榄岩单元（Ⅰ)，出露最大厚度约 800m，主体为尖晶二辉橄榄岩（辉石地幔岩），夹有多层尖晶斜长二辉岩；（2）二辉麻粒岩单元（Ⅱ)，出露厚度约 80m，主体为尖晶斜长二辉岩，原岩为超镁铁质—镁铁质堆晶岩；（3）石榴斜辉麻粒岩单元（Ⅲ)，出露最大厚度约 252m，主要由（角闪）斜长石榴斜辉岩和斜长角闪岩组成，原岩主要为洋脊拉斑玄武岩；（4）中性、基性麻粒岩互层单元（Ⅳ)，出露最大厚度约 226m，主要为（角闪）斜长石榴斜辉岩和斜长石榴二辉岩（变质玄武岩)，以及变玄武质砂岩、变杂砂岩、变黏土岩等副变质麻粒岩组成。地体中各单元间以韧性剪切带接触。榆树沟麻粒岩地体Ⅰ、Ⅱ、Ⅲ单元及Ⅳ单元中的变质超镁铁质和镁铁质岩的原岩成分分别相当于方辉橄榄岩(大洋岩石圈地幔岩)、超镁铁质堆晶岩，少量石英拉斑玄武岩。Ⅳ单元中副变质岩的原岩为构造卷入的杂砂岩、黏土质岩和碳酸盐岩（王润三等，1997)。

榆树沟变质橄榄岩的主元素含量稳定，以低 SiO_2、TiO_2、CaO 和 MnO，高 MgO 和 Al_2O_3 为特征。微量元素研究表明，变质橄榄岩富相容元素 Cr，贫不相容元素，同时，大离子亲石元素 Ba 含量较低，代表了地幔残留物特征。该区变质橄榄岩的稀土元素（REE）分布模式为轻稀土元素（LREE）亏损型，REE 含量不大于 2. 5 倍球粒陨石，类似于阿尔卑斯型变质橄榄岩。这种 REE 组成与分布特征表明，榆树沟的变质橄榄岩是原始地幔岩部分熔融萃取洋中脊玄武岩（MORB 型）后的残留物。

榆树沟变镁铁质岩石样品分别定名为斜长二辉岩、斜长石榴二辉岩和斜长石榴斜辉岩，主要由斜长石、单斜辉石和斜方辉石等主要矿物组成，少数样品含有少量的橄榄石，其原岩均为岩浆岩。变镁铁质岩石除极少数岩石具有 REE 平坦型分布模式外，绝大多数岩石的 REE 分布模式为 LREE 亏损型，显示岩石为正变质岩石。综合考虑变镁铁质岩石地球化学和同位素地球化学特征（王润三等，1999；董云鹏等，2005)，认为榆树沟变质基性岩石的岩

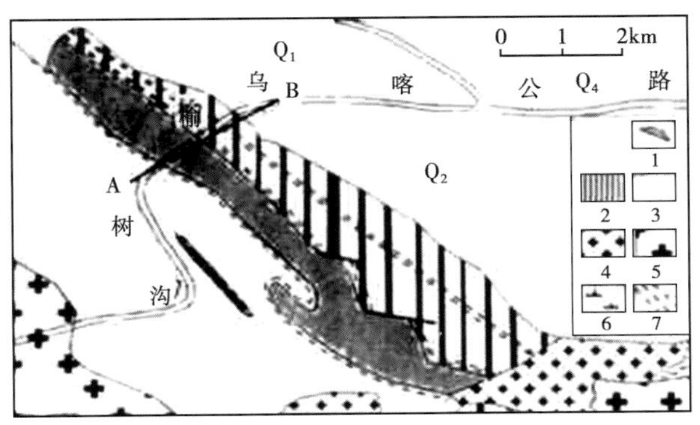

(a)地质略图（据王润三等，1999，修改）

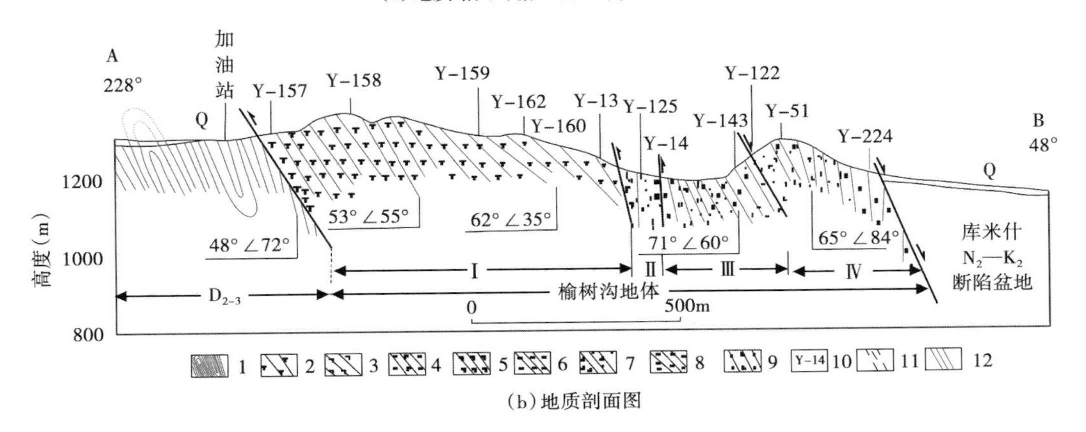

(b)地质剖面图

图 1-30 榆树沟麻粒岩地体地质图

(a)：1—超镁铁质—镁铁质杂岩体，2—中 、基性麻粒岩，3—中 、上泥盆统（?）绢云石英片岩、大理岩及石英角斑岩，4—华力西晚期钾长花岗岩，5 —华力西早期二云母花岗岩，6—华力西早期灰绿色闪长岩 ，7—韧性剪切带；(b)：1—中—上泥盆统（?）绢云石英片岩、大理岩及石英角斑岩，2—变质橄榄岩；3—尖晶斜长二辉岩（变超镁铁质—镁铁质堆晶岩或变橄榄拉斑玄武岩），4—斜长石榴单斜辉石岩（变拉斑玄武岩及个别变玄武质砂岩），5—斜长石榴二辉岩（变拉斑玄武岩），6—夕线石榴片麻岩（变黏土岩），7—斜长石榴紫苏辉石岩（变玄武质砂岩），8—石榴紫苏麻粒岩（变杂砂岩），9—大理岩；10—采样位置及样品编号，11—韧性剪切带，12—构造面理

浆可能经历了两个阶段的演化过程，即上地幔底部或下地幔顶部的 OIB 型原始岩浆形成阶段和软流圈地幔亏损阶段。首先，榆树沟变质基性岩的原始岩浆可能起源于约 650km 之下的上地幔底部或下地幔上部，为 OIB 型的源区，具有类似于 OIB 型的地球化学特征，以富集 Nb、Ta 及适度富集 LILE 和 LREE 为特征。这种类似于 OIB 型的原始岩浆向上运移到软流圈地幔形成岩浆库，在软流圈地幔中经历了足够的时间发生亏损或与强烈亏损的软流圈地幔物质混合，形成现今所具有的地球化学特征，最后沿洋中脊上侵或喷出，构成洋壳。其后，由于伊犁地块与南天山地块之间的南天山古洋盆消减闭合，导致以榆树沟蛇绿岩为代表的古洋壳俯冲消减达下地壳 40~50km 的深度，遭受麻粒岩相变质改造，其后发生构造折返，并最终侵位于板块缝合带。

榆树沟蛇绿岩锆石 U-Pb 上交点年龄为（440±18）Ma，榆树沟蛇绿岩锆石 U-Pb 下交点年龄为（364±5）Ma（王润三等，1998）。另对变基性、中基性岩中的 U-Pb 锆石 SHRMP

法定年（周鼎武等，2003）获得核部年龄为（452±19）Ma、（511±.6）Ma、（604±19）Ma，幔部年龄为（392±7）Ma。核部为继承年龄，可能代表蛇绿岩从源区开始形成的继承年龄；幔部年龄为高压麻粒岩相峰期变质年龄。上述定年数据为该地质体的形成过程提供了重要依据，表明榆树沟蛇绿岩形成于（604±19）Ma至（440±18）Ma，其后俯冲于40~50km的下地壳，在（392±7）Ma至（364±5）Ma期间经历高压麻粒岩相—麻粒岩相变质改造，而后因洋盆闭合后碰撞造山作用逆冲抬升、剥露于地表。

5. 铜花山—硫磺山蛇绿岩、蛇绿混杂岩带

库米什南东的铜花山—硫磺山地区（图1-28）出露不同于榆树沟高压变质蛇绿岩地体的浅变质蛇绿混杂岩（王作勋，1990；吴文奎等，1992；张成立等，2004）。蛇绿混杂岩主要由大小不等的蛇纹石化橄榄岩、堆晶辉长岩、中基性火山岩、放射虫硅质岩等构造岩块组成，以韧性、韧—脆性剪切带相互接触，表现为一强烈变形、浅变质的构造蛇绿混杂岩带。该区蛇绿岩的形成年代据王作勋等（1990）研究，在硅质岩中发现放射虫，将其年代定为晚志留世—早泥盆世。

据张成立等（2004）对区内硅质岩研究，铜花山、硫磺山地区蛇绿混杂岩带不同岩块中的硅质岩高 Al_2O_3 含量和高 Al_2O_3/TiO_2，Zr、Nb、Hf、Ta和Th与 Al_2O_3 等陆源元素具较好正相关性，北美页岩标准化稀土模式呈现无Ce负异常（Ce/Ce^* 为1.05~1.33）的典型大陆边缘硅质岩平坦稀土谱型，它们的 $(La/Ce)_{SN}$ 为0.74~0.98、Ti/V为5.10~122.18、V/Y为0.39~6.03，均与大陆边缘硅质岩值相当，表明这些硅质岩形成在明显受陆源物质影响且与大陆边缘密切相关的环境。但不同岩块硅质岩的物源区仍存在一定差异。其中，与泥岩成互层产出的红色硅质岩的Th/Sc为0.56~4.35，具Eu负异常（Eu/Eu^* 为0.56~0.71）明显的较陡右倾球粒陨石标准化稀土谱型（La_N/Yb_N 为3.92~7.43），与分异岩浆弧源区特征类似，可能形成在相对近陆缘的弧前盆地，其源区物质主要来自分异岩浆弧。而成夹层产出于基性熔岩中的绿色硅质岩呈现为Eu负异常较弱（Eu/Eu^* 为0.72~0.93）右倾较缓的稀土谱型（La_N/Yb_N 为4.15~6.69），其Th/Sc为0.57~0.87，反映有洋内弧物质加入的影响，因此它们可能形成于相对远离大陆，除有未分异基性程度较高的洋内弧物质输入外，仍受到陆缘物质影响的有限洋盆环境。根据硅质岩晚古生代初的放射虫化石推断，该地区硅质岩在晚古生代初期形成，南天山构造带已进入板块会聚俯冲消减、洋盆萎缩的发展演化阶段。

另外，对库米什—铜花山南部的黄尖山岩体进行了岩石学、同位素定年和岩石地球化学的研究。黄尖山岩体为斜长花岗岩，侵位于区内的志留纪地层之中。岩石地球化学的研究表明黄尖石山岩体高Na、Mg和Fe、准铝或过铝质（ACNK为0.91~1.35），它们相对富集K、Rb、Th，贫Zr、Hf等HFSF，略亏损Nb、Ta和P，具典型岛弧钙碱性I型花岗岩的元素地球化学特征。其锆石U-Pb法测定年龄为423Ma、$\varepsilon_{Nd}(t)$ 为-7.32~-3.70、t_{2DM} 为1.45~1.75Ga，表明它们是早志留纪晚期由先存中元古代幔源基性地壳物质熔融的产物。岩体的Ba、Sr和P等弱亏损，Nb和Y丰度及Rb/Zr比值中等则指示是活动大陆边缘俯冲带岛孤演化到正常大陆弧环境的产物。因此，该岩体的形成标志着南天山早古生代洋盆于晚志留世时期已进入俯冲消减的活动大陆边缘演化阶段（张成立和周鼎武，2007）。

七、新疆北部地区古洋盆格局分析

对新疆地区古生代洋、陆格局的研究分析长期存在争议，尤其对准噶尔区块而言分歧更大（李春昱等，1982；肖序常等，1992；何国琦等，1994，2000；任纪舜等，1999；李锦轶等，2004；徐学义，2008）。既涉及对准噶尔盆地基底性质的认识，又涉及对其周缘山系中蛇绿岩、蛇绿混杂岩定时、定性、定位的认识。

依据上述准噶尔区块蛇绿岩、蛇绿混杂岩定时、定性、定位的现有研究可对区域古洋盆格局做如下分析：

（1）准噶尔盆地周缘山链中蛇绿岩、蛇绿混杂岩不同岩类、不同方法的同年龄统计研究表明：准噶尔区块残留626—325Ma期间（图1-31）不同时代、不同构造环境的蛇绿岩、蛇绿混杂岩，它们绝大多数是被构造肢解的非层序性蛇绿岩，以构造关系就位于区域前寒武纪到石炭纪不同年代地层之中，常沿逆冲断层带或韧性剪切带呈断续带状分布，并发生强烈变形和不同程度变质，记录了该区震旦纪至石炭纪洋盆扩张形成、俯冲消减增生，陆陆碰撞增生的过程。

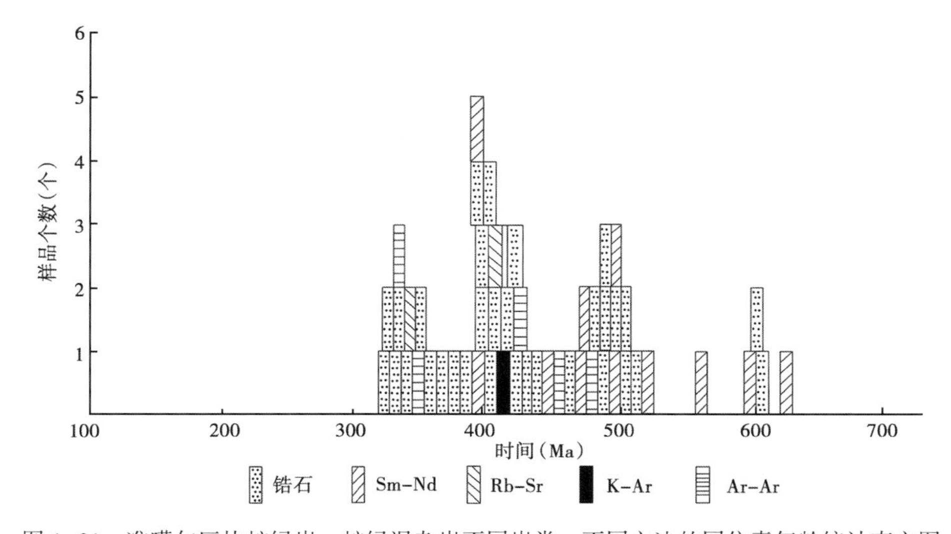

图1-31　准噶尔区块蛇绿岩、蛇绿混杂岩不同岩类、不同方法的同位素年龄统计直方图

（2）该区蛇绿岩、蛇绿混杂岩的时空分布和相互关联长期存在争议，依据前人资料系统分析，可将其自北而南划分为如下六带（图1-32），即额尔齐斯带（库尔提—布尔根带）、塔尔巴哈台—洪古勒楞—阿尔曼泰—北塔山带、达尔布特—克拉美丽带、玛依勒—唐巴勒—干沟—米什沟带（北天山带）、康古尔塔格塔带、长阿吾子—达鲁巴依—古洛沟—乌瓦门—铜华山带（南天山北缘带）。

（3）以洋脊蛇绿岩（MORB型）、俯冲杂岩、洋壳俯冲上盘蛇绿岩（SSZ）及高压—超高压变质岩带为判断主洋盆发育的标志，准噶尔区块存在三条代表主洋盆发育的蛇绿岩、蛇绿混杂岩带（图1-32）。分别是准北和准东北地区的塔尔巴哈台山—洪古勒楞—阿尔曼泰—北塔山带；中天山北缘的唐巴勒—玛依勒—冰达坂—干沟—米什沟带；南天山北缘的长阿吾子—古洛沟—乌瓦门—榆树沟带，分别代表消失了的北准噶尔洋、北天山洋和南天山洋，它们是统一古亚洲洋的分支，其余则为主洋盆俯冲衍生的岛弧、弧后盆地和边缘海蛇绿岩、蛇绿混杂岩。

（4）准噶尔区块已分别在准东北扎河坝—阿尔曼泰蛇绿岩、北天山唐巴勒—干沟—米什沟蛇绿岩和南天山北缘长阿吾子—榆树沟蛇绿岩中发现了高压—超高压变质岩，进一步证

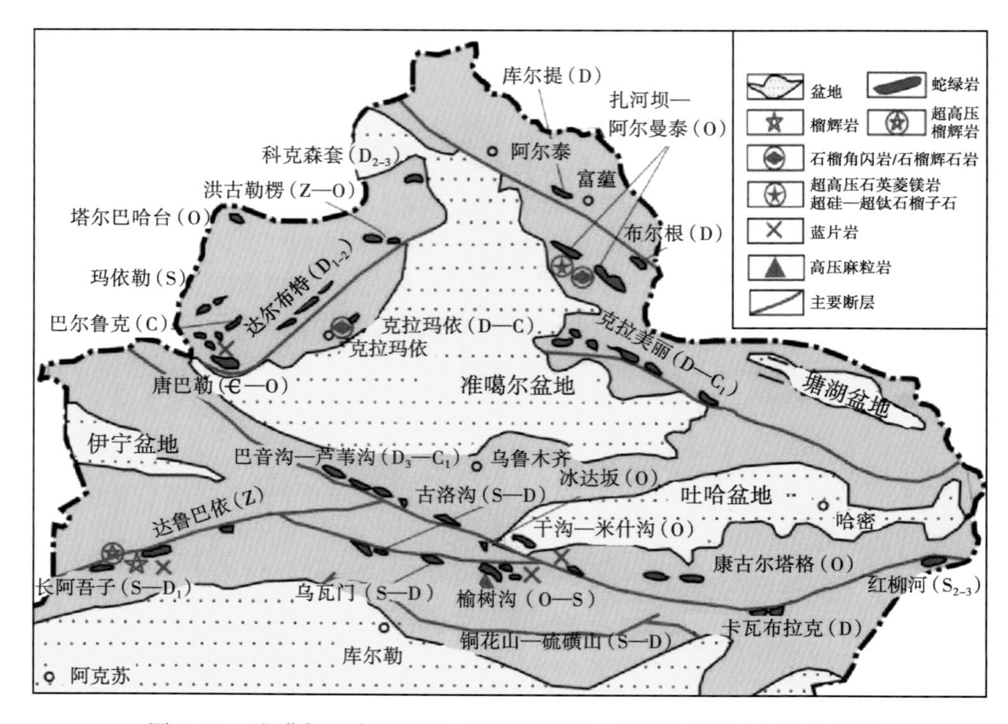

图 1-32 准噶尔区块蛇绿岩、蛇绿混杂岩、高压变质岩时空分布略图

蛇绿岩带自北而南分为：1—科克森套—库尔堤—布尔根弧后增生蛇绿岩带；2—塔尔巴哈台—洪古勒楞—阿尔曼泰俯冲、碰撞蛇绿岩带；3—达尔布特—克拉美丽弧后增生蛇绿岩带；4—唐巴勒—巴音沟—干沟—米什沟俯冲、碰撞蛇绿岩带；5—康古尔塔格弧后增生蛇绿岩带；6—长阿吾子—达鲁巴依—乌瓦门—榆树沟俯冲、碰撞蛇绿岩带

实上述三条蛇绿岩带为洋盆消失的板块缝合带。而且准噶尔周缘山链中虽有加里东期洋盆俯冲消减的蛇绿岩增生和岩浆活动、变质作用及构造变形信息，但均不具有碰撞造山反映反复开合的过程。据此推测该区自震旦纪到石炭纪可能存在连通性的统一多陆块洋域（古亚洲洋），该洋盆的分支洋分隔了西伯利亚板块、准噶尔微板块、伊宁—中天山微板块和塔里木板块，构成洋陆间杂的复杂洋域。

（5）有关准噶尔区块古生代洋盆最后闭合的时限争议颇大。但从现有蛇绿岩、蛇绿混杂岩伴生古生物形成时期和同位素定年以及高压、超高压变质定年等（图1-32）综合分析，笔者赞同肖序常等（2001）认为是石炭纪中期闭合的认识。

其主要证据是来自天山及其邻区不同蛇绿岩残片所含硅质岩中放射虫化石所指示的蛇绿岩最晚形成年代信息。如东准噶尔克拉美丽蛇绿岩带硅质岩中曾发现有晚泥盆世—早石炭世放射虫化石，北天山巴音沟蛇绿岩带硅质岩中曾发现有晚泥盆世—早石炭世放射虫化石，南天山库勒湖蛇绿岩的硅质岩块中曾发现有晚泥盆世—早石炭世放射虫化石等。

（6）上述表明该区块从震旦纪开始古陆块伸展裂解，寒武—奥陶纪已扩张为多分支洋分隔多陆块的统一大洋。该洋盆晚奥陶世—泥盆纪俯冲消减，早石炭世晚期闭合结束洋盆发育，并控制了该区块以海相沉积为主体的沉积盆地形成演化历史。

第四节 区域地质结构构造特征与基底关系分析

准噶尔盆地及邻区区域地质特征显示，准噶尔盆地及邻区现今的盆地、造山带银嵌构造是经历海西期准噶尔洋闭合的主造山期板块作用及其之后板内盆地形成与构造改造综合作用的结果。准噶尔盆地是叠加在海西构造带之上的晚石炭世—中新生代沉积盆地。由于博格达山的隆升始于晚侏罗世，定型于新生代，为典型的中新生代板内造山的构造带，因此准噶尔盆地和吐哈盆地在前晚侏罗世是相关的统一盆地，并具有统一的盆地基底。准噶尔盆地周缘构造带的走向显著呈围绕盆地的弧形展布特征，说明准噶尔—吐哈盆地前二叠纪基底是一刚性的稳定地块。该特征在准噶尔盆地北部更显突出，形成向北突出的弧形构造带，显然暗示盆地基底有相对刚性块体的存在。

在上述现今盆山结构构造整体特征基础上，若追踪准噶尔区块露头区构造带的地质构造特征、区域岩浆分布特征以及蛇绿岩、蛇绿混杂岩时空分布特征综合分析，可恢复准噶尔区块前晚石炭世古亚洲洋盆闭合、陆陆碰撞主造山期区域构造的基本格架（图 1-33）。该构造格架非常突出的显示，区域构造—岩浆岩带均呈弧形没入盆地之下。而且准噶尔盆地西北部的塔尔巴哈台蛇绿岩—洪古勒楞蛇绿岩与其东侧的阿尔曼泰—北塔山［扎河坝 503Ma 至（493±9）Ma］蛇绿岩可能相连构成准噶尔洋盆消减的碰撞带。准噶尔盆地东侧的克拉美丽蛇绿岩、蛇绿混杂带［(336±4) Ma；SHRIMP］向西没入盆地，推测经三个泉再向西经过乌尔禾，与准噶尔盆地西部露头区的达尔布特蛇绿岩和向西南延伸的白涧滩—克拉玛依蛇绿岩、蛇绿混杂岩［(414.4±8.6) Ma 至（332±14）Ma；徐新，2006］等相连，共同组成弧后盆地消减增生的蛇绿岩、蛇绿混杂岩增生带（图 1-33）。上述两蛇绿岩带之间的带状区，即为洋盆消减俯冲、闭合的地壳横向增生带。准北的乌伦古应是卷入该增生带中的微陆块。显然，准噶尔盆地实质上是叠加在古生带褶皱基底上的上叠盆地，褶皱基底包括两个重要组

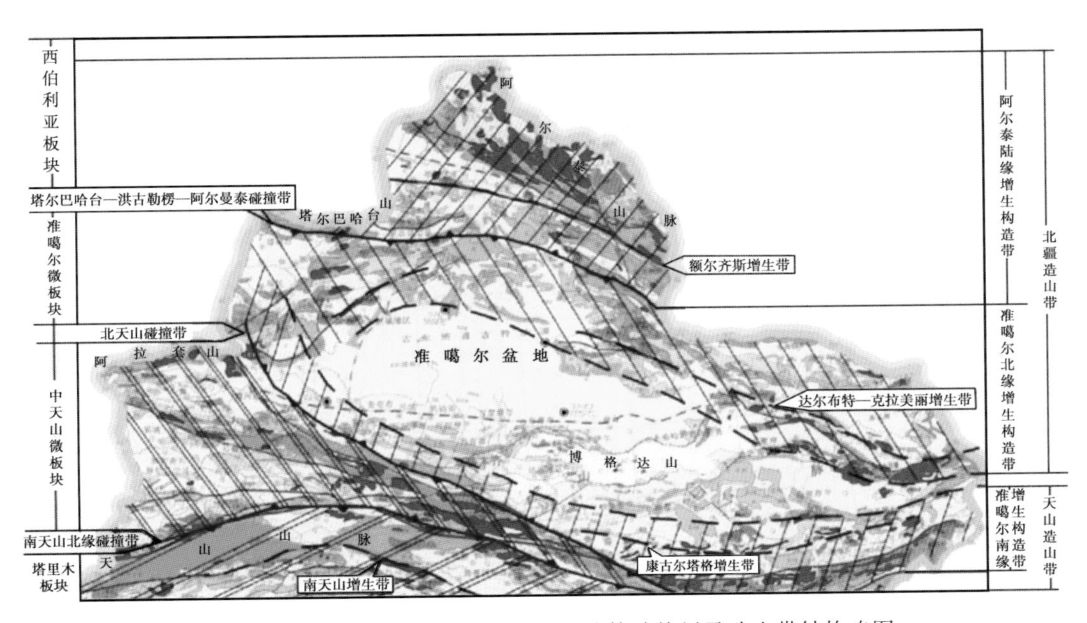

图 1-33 准噶尔盆地及邻区海西期板块构造格局及造山带结构略图

成部分，即北部的岛弧、微陆块、地体增生带，南部的准噶尔褶皱基底（古生代陆壳基底）陆块（图 1-34）。

图 1-34　准噶尔盆地海西期褶皱基底结构略图

上述表明准噶尔盆地及邻区区域地质结构造构造特征、同位素定年证据和地球物理证据均不支持有关研究者认为的准噶尔盆地基底为洋壳基底的认识。另外目前国际地球科学家对大陆地质的研究表明，大陆地质中只有出露于造山带（包括古造山带）中的蛇绿岩和蛇绿混杂岩才是古洋壳的直接代表，这些特征岩石组合呈构造残片断续残留于板块的缝合带中，“绝大多数（约 99. 98%）的大洋岩石圈已被消减掉了，能够仰冲上来的必然是其异常的部分”（周国庆，1996）。世界上至今尚无在大陆中保存具一定规模基底岩块的所谓“洋壳基底”的报道，而且按上述认识似乎也难以存在此类规模的洋壳基底。基于此笔者认为准噶尔盆地存在前震旦纪结晶基底和古生代褶皱基底（陆壳基底）双重基底，并在褶皱基底形成过程中经历过陆壳基底的拼合过程，则不仅作为有陆壳基底的古生代沉积盆地的沉积组合为油气生成提供了可能，而且相对稳定的陆壳基底作为弱变形区块为油气聚集、成藏提供了良好条件。特别是准噶尔盆地褶皱基底拼合形成统一盆地基底的过程造成了基底结构构造的差异性，控制了南北有差异的基底类型，对造山带的结构构造有重要影响。

第二章　区域地质演化与盆山结构特征

第一节　准噶尔盆地及邻区区域地质演化

以板块构造理论和大陆动力学研究新思想、新认识为指导，在广泛吸收近年来国内外最新研究成果，全面掌握准噶尔盆地及邻区区域地质特征基础上，综合本次造山带与沉积盆地密切结合的多学科研究，对准噶尔盆地及邻区显生宙区域地质演化做如下分析（表 2-1 和图 2-1）。

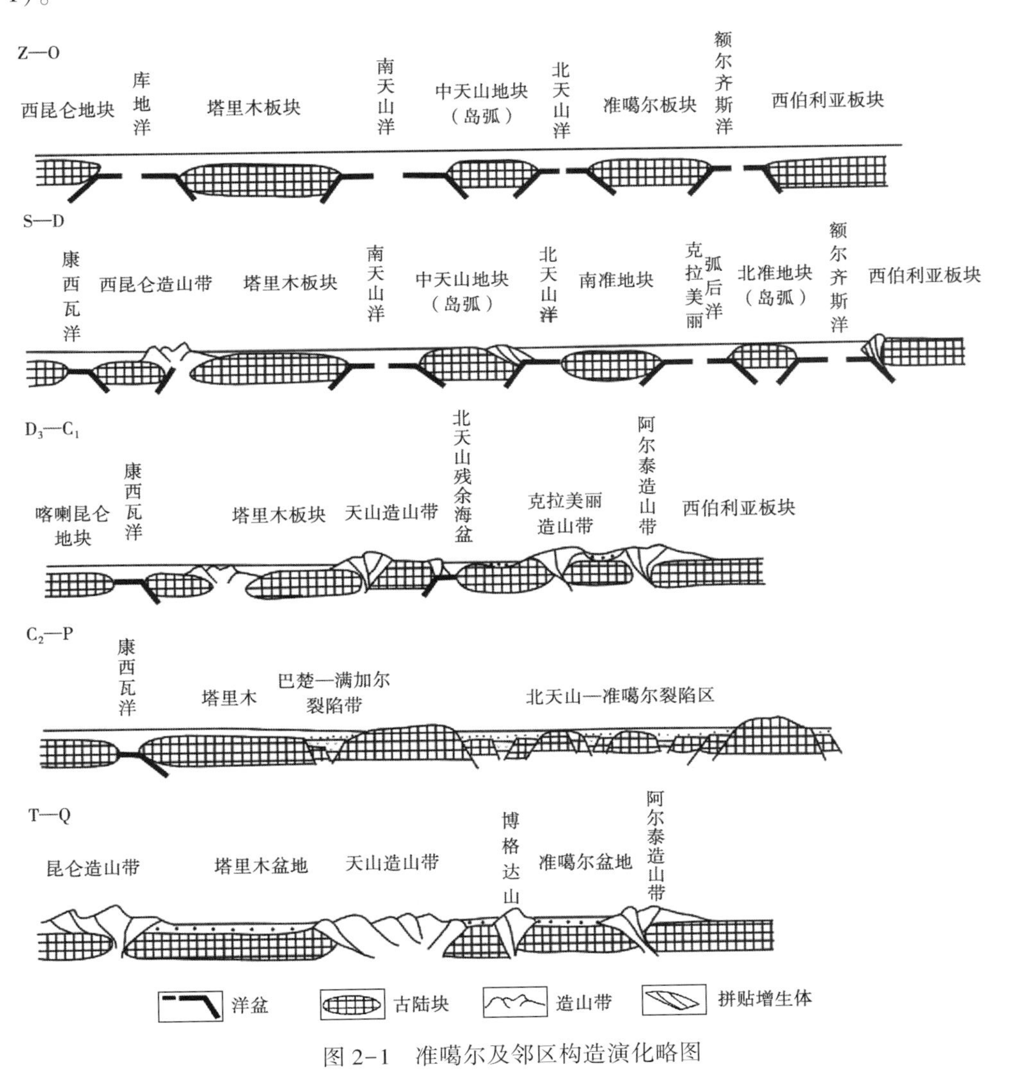

图 2-1　准噶尔及邻区构造演化略图

表 2-1　准噶尔盆地及邻区构造沉积阶段及特征一览表

地质年代					构造事件	构造层	成盆作用	沉积建造	构造动力学背景
代	纪	世	代号	Ma					
新生代	第四纪		Q			喜马拉雅构造层	冲断坳陷盆地	河湖相碎屑沉积	特提斯洋俯冲消减，岛弧、陆块拼贴，陆—陆碰撞不同阶段构造；动力远程作用的叠加、改造作用
	新近纪		N						
	古近纪		E	65	喜马拉雅运动（挤压冲断）				
中生代	白垩纪	晚白垩世	K_2			燕山构造层	陆内坳陷广盆		
		早白垩世	K_1	145	燕山运动				
	侏罗纪	晚侏罗世	J_3					河湖相碎屑夹煤系沉积煤	
		中侏罗世	J_2						
		早侏罗世	J_1	201.3	印支运动（挤压）				
	三叠纪	晚三叠世	T_3			印支构造		河湖相碎屑沉积	
		中三叠世	T_2						
		早三叠世	T_1	252.17					
古生代	二叠纪	晚二叠世	P_3		晚海西（挤压）	海西构造层	坳陷盆地—伸展盆地	陆相碎屑—火山夹	
		中二叠世	P_2						
		早二叠世	P_1	298.9	早海西晚期伸展				
	石炭纪	晚石炭世	C_2					海相、海陆交互相	洋陆转换
		早石炭世	C_1	358.9	早海西早期碰撞				
	泥盆纪	晚泥盆世	D_3				活动陆缘多类型盆地及克拉通陆表浅海盆地	以海相为主的陆源碎屑、碳酸盐岩、火山岩沉积组合	古亚洲洋俯冲、陆块拼贴，陆—陆碰撞作用
		中泥盆世	D_2						
		早泥盆世	D_1	419.2					
	志留纪	晚志留世	S_3			加里东构造层			
		中志留世	S_2		加里东运动（俯冲增生）				
		早志留世	S_1	443.8					
	奥陶纪	晚奥陶世	O_3						
		中奥陶世	O_2						
		早奥陶世	O_1	485.4			被动大陆边缘盆地、克拉通陆表浅海盆地	海相陆源碎屑、碳酸盐岩沉积组合	古陆块裂解、古亚洲洋扩张、洋盆形成作用
	寒武纪	晚寒武世	$Є_3$						
		中寒武世	$Є_2$						
		早寒武世	$Є_1$	541.0					
元古宙	震旦纪		Z	680	震旦纪统一基底古陆形成、固结				
	南华纪		Nh	800					
	青白口纪		Qb	1000					
	蓟县纪		Jx	1400					
	长城纪		Ch	1800					
	滹沱纪		Ht	2300					
太古宙	五台纪		Wt	2800					
	阜平纪		Fp	3200					
	迁西纪		Qx	3800					

一、前南华纪古陆形成时期（>800Ma）

尽管准噶尔盆地及邻区前震旦纪结晶基底岩系只出露于中天山构造带，但胡霭琴等（2001）依据不同岩类的同位素示踪信息，认为新疆北部地区存在前震旦纪不同时期的陆壳基底。并将其划分为 4 个分区：塔里木北缘地块具太古宙—古元古代基底（3200—2200Ma）；天山造山带具古—中元古代基底（2100—1700Ma）；阿尔泰造山带具古元古代、中—新元古代复合基底（2600—2300Ma、1400—700Ma）；准噶尔具中—新元古代基底（1200—600Ma）。笔者则依据本次对准噶尔盆地及邻区不同年代、不同岩类锆石 U-Pb 法定年示踪研究确定，该区不同构造区带存在 3073—3068Ma、2682— 2182Ma、1883—1387Ma、1116—979Ma、827—708Ma 多阶段的古老锆石年龄组，表明准噶尔盆地及其邻区是在前震旦纪古老地块基础上经历复杂演化发展形成现今状态。

中天山构造带出露的结晶基底岩系，在中天山西段北部博罗科努和南部特克斯附近的古元古界分别称温泉群和那拉提群，岩性为黑云斜长片麻岩、云母石英片岩夹大理岩、角闪岩。中天山东段和北山地区的古元古界分别称中天山群和北山群，岩性为黑云片岩、二云石英片岩、含石墨片岩、斜长角闪岩、二云变粒岩、黑云斜长片麻岩、斜长角闪片麻岩、角闪片岩夹铁硅质岩。恢复原岩为杂砂质碎屑岩、黏土质砂岩、铁硅质岩及基性、酸性火山岩夹碳酸盐岩。依据王银喜、李惠民等（1991）资料，中天山东段的平顶山、选矿场和天湖东三处花岗岩体 Sm-Nd 模式年龄在 20.5 亿—18.1 亿年之间，该模式年龄可以解释为陆壳形成年龄或地幔分异年龄。这表明，中天山东段最老的基底年代或陆壳主要形成时期为古元古代，当然不排除在古元古代陆壳增生过程中也可能有太古宙陆壳物质的参与。

博罗科努带长城系称哈尔达瓦群，与下伏古元古界温泉群呈不整合接触关系。

下部以白云钾长变粒岩、石英岩为主，夹角砾状结晶灰岩、云母石英片岩；上部为绢云母板岩、绢云千枚岩及含砾砂岩、粉砂岩夹大理岩。蓟县系称库西姆其克群，岩性为变质砂岩、粉砂岩、硅质砂岩、片理化灰岩夹石英岩。原岩为单陆屑碳酸盐岩组合，属稳定环境沉积。中天山西段特克斯地区长城系称特克斯群，与古元古界那拉提群呈不整合接触关系，岩性为千枚岩化粉砂岩、变质砂岩、千枚岩、流纹岩、玄武岩，上部夹含藻大理岩。中天山东段和北山的长城系分别称星星峡群和白湖群，与古元古界中天山群、北山群呈不整合接触关系，岩性主要为黑云角闪变粒岩、二云变粒岩、黑云斜长混合片麻岩夹少量黑云石英片岩和大理岩。原岩为中基性火山岩夹杂砂岩、碳酸盐岩、硅质岩。星星峡群和特克斯群火山岩大多为钙碱性。中天山西段特克斯地区蓟县系称科克苏群，不整合或平行不整合于特克斯群之上，岩性主要为硅质白云大理岩、藻白云岩、大理岩夹少量凝灰岩，底部有砾岩。中天山东段和北山蓟县系分别称喀瓦布拉克群和平头山群，与中元古界呈整合或平行不整合接触，岩性为白云质大理岩、大理岩、白云岩夹片岩、变质石英砂岩，局部含磷。上述表明，中天山—北山长城纪为陆内裂陷阶段的深—半深海环境；蓟县纪地壳趋于稳定，为陆缘浅海环境。客观记录了准噶尔区块前南华纪古陆壳形成的物质组成特征。

通过对研究区及邻区元古宇地质、地球化学资料的系统分析，根据该构造阶段不同时期的沉积组合、分布范围、岩浆活动等方面的差异，可将该构造演化期划分为长城纪裂谷阶段、蓟县纪坳陷阶段、青白口纪萎缩闭合阶段这三个不同的构造演化阶段。发生在 800Ma 左右的晋宁运动（塔里木运动）对研究区及邻区的地壳演化十分重要，强烈的构造变动、岩浆活动、混合岩化、变质作用，使原始古陆进一步扩大、固结，形成了规模宏大的新疆统一元古宙古大陆，它们是同期中国古大陆的重要组成部分。

二、南华纪—石炭纪古亚洲洋形成与闭合时期（800—310Ma）

南华—石炭纪是古亚洲洋形成与闭合的关键板块构造作用时期，并可进一步划分为南华—早奥陶世古陆块裂解、洋盆扩张、多陆块古大洋形成阶段；中奥陶世—中泥盆世洋盆俯冲、多岛古大洋发育阶段；晚泥盆世—石炭纪古大洋闭合阶段。

1. 南华—早奥陶世古陆块裂解、洋盆扩张、多陆块古大洋形成阶段（800—470Ma）

南华纪—震旦纪含冰成沉积的沉积—火山岩系是中国西北地区元古宙古大陆上的第一套沉积盖层。该套陆源碎屑沉积地层中夹有数层基性火山岩，如中天山西部的伊犁霍城果子沟—精河科古琴山地区的凯拉克拉群，准噶尔盆地北缘哈巴河地区的哈拉斯群和塔里木盆地北缘库鲁克塔格、柯坪地区的库鲁克塔格群等。其中塔里木北缘库鲁克塔格、柯坪地区库鲁克塔格群的贝义西组发育由玄武岩和流纹岩组成的双峰式火山岩，火山岩同位素年龄数据为（814.1±97.3）Ma至760Ma（陆松年等，2003；高振家等，2003）。徐备等（2008）最新获得的贝义西组锆石SHRIMP法定年为740—732Ma，照壁山组火山岩同位素年龄为（753±30）Ma（陆松年等，2003；高振家等，2003），显示了古陆块伸展、裂解的裂谷发育信息。

准噶尔盆地及邻区不同区带现已确定的蛇绿岩、蛇绿混杂岩的同位素定年研究显示：准西北的洪古勒楞蛇绿岩中的橄长岩、辉长岩、斜长岩、斜长花岗岩和辉绿岩的Sm-Nd等时线定年，获得该蛇绿岩的形成年龄为（626±25）Ma（黄建华等，1996）；准西的唐巴勒蛇绿岩堆晶岩中斜长花岗岩墙中榍石的U-Pb同位素年龄为（508±20）Ma，斜长石单矿物U-Pb同位素年龄为520—480Ma（肖序常等，1992）；南天山北缘的达鲁巴依蛇绿混杂岩中的辉长岩及玄武岩两个样品，采用单颗粒锆石Pb-Pb分析方法，测定其年龄值分别为（590±11）Ma、（600±15）Ma（杨海波等，2005）。表明准噶尔区块不同区带在南华纪古陆块伸展、裂解形成裂谷并进一步扩张背景下，晚震旦世—寒武纪扩张形成古洋盆。以洋脊蛇绿岩（MORB）、俯冲杂岩、洋壳俯冲上盘蛇绿岩（SSZ）及高压—超高压变质岩带为判断主洋盆发育的标志，准噶尔区块存在三条代表主洋盆发育的蛇绿岩、蛇绿混杂岩带。分别是准西北和准东北地区的塔尔巴哈台山—洪古勒楞—阿尔曼泰—北塔山带（北准噶尔洋）、中天山北缘的唐巴勒—玛依勒—冰达坂—干沟—米什沟带（北天山洋）、南天山北缘的长阿吾子—古洛沟—乌瓦门—榆树沟带（南天山洋），分别代表消失了的北准噶尔洋、北天山洋和南天山洋，它们是统一古亚洲洋的分支。这些分支洋分隔了西伯利亚陆块、准噶尔微陆块、中天山微陆块和塔里木陆块，早古生代古亚洲洋已扩张为多陆块发育的古大洋，并控制了洋盆分隔水下古陆块滨浅相的稳定性沉积盆地的发育。

2. 中奥陶世—中泥盆世洋盆俯冲、多岛古大洋发育阶段（470—360Ma）

奥陶纪古亚洲洋开始俯冲、消减发生洋内俯冲和陆缘俯冲，部分洋域已发育岛弧岩浆作用和火山作用，形成俯冲的洋内岛链和陆缘岛链，甚至发生消减洋壳板片的增生。如在准西，形成于与消减作用相关的岛弧环境的唐巴勒蛇绿岩、蛇绿混杂岩带中，蓝闪石片岩和钠质角闪石获得的$^{40}Ar/^{39}Ar$同位素年龄变化于（473±2.04）Ma至（440±7.1）Ma（张驰等，1992；张立飞，1997）；中天山北缘由属于洋中脊、岛弧、弧前火山—沉积岩系的混杂基质及其裹胁的构造岩块组成干沟蛇绿岩、蛇绿混杂岩带，被发现了丰富笔石和少量腕足类、腹足类的下志留统米什沟组复理石沉积不整合覆盖（车自成等，1994），显示了洋盆的俯冲增生作用。

中天山构造带、阿尔泰构造带、准东构造带分别发育490—340Ma、466—338Ma、462—335Ma的钙碱系列深成花岗质花岗岩，特别是在阿尔泰南部沿额尔齐斯断裂带南北侧相继发现了与洋盆俯冲密切相关的苦橄榄岩、埃达克岩、富铌玄武岩、高镁火山岩、玻安岩。另外在准噶尔区块分别发育额尔齐斯蛇绿岩、蛇绿混杂岩（372—352Ma）；克拉美丽—塔克札勒带蛇绿岩、蛇绿混杂岩带（388—392Ma）；克拉玛依蛇绿岩、蛇绿混杂岩［（414.4±86）Ma至（332±14）Ma］代表在早古生代古亚洲洋俯冲背景下形成的弧后扩张洋盆。同时期准噶尔区块广泛发育泥盆纪—早石炭世岛弧型钙碱系列火山岩。上述综合反映，准噶尔区块自中奥陶世开始洋盆俯冲、消减，伴随洋内俯冲岛链和陆缘俯冲岛链的形成并发育深成岩浆作用，泥盆纪已发展成多岛古大洋。该时期受区域复杂构造背景的控制，除各大陆块相对保持稳定性盆地沉积外，其陆缘活动带普遍发育火山—沉积建造。

3. 晚泥盆世—石炭纪古大洋闭合阶段（360—300Ma）

晚泥盆世—石炭纪是古亚洲洋俯冲、微板块（地块）拼贴、弧陆碰撞，多岛洋闭合陆陆碰撞，发生地壳横向、纵向增生的构造作用阶段。该阶段准噶尔区块的北准噶尔洋、北天山洋、南天山洋及相应的弧后洋盆相继闭合。近年来相继在准东北的阿尔曼泰—扎河坝蛇绿岩、蛇绿混杂岩中发现了退变质的超高压变质榴辉岩、二辉橄榄岩、石榴辉石岩、石英菱铁岩、石榴角闪岩和超硅—超钛石榴石等。在确定扎河坝蛇绿岩中发现超高压石英菱镁岩基础上，对该类岩石中多硅白云母的$^{40}Ar/^{39}Ar$定年获得（281.6±2.5）Ma的定年信息。矿物化学研究表明，扎河坝石英菱镁岩中多硅白云母曾经历退变质作用改造，该年龄值代表超高压石英菱镁岩的折返年龄（牛贺才等，2006，2007，2009），显然高压—超高压变质的形成时期要早于（281.6±2.5）Ma。在南天山造山带长阿吾子—科克苏—榆树沟—铜花山蛇绿岩、蛇绿混杂岩中，发现了由超高压榴辉岩、高压麻粒岩和蓝片岩组成的高压—超高压变质岩，它们密切与蛇绿岩、蛇绿混杂岩伴生。高压、超高压不同岩类的同位素定年在415—310Ma之间（汤耀庆等，1995；高俊等，2000；Gao J 和 Klemd，2003；刘斌等，2003；Klemd R 等，2005），榴辉岩和高压麻粒岩的峰期变质年龄在360—346Ma之间。表明上述不同蛇绿岩、蛇绿混杂岩带是经历洋盆俯冲、陆陆碰撞的高压—超高压变质改造和构造抬升而折返的增生地质体。

另据对准噶尔盆地东缘古生代构造带形成时期的研究分析，认为该构造带形成时期确定的关键决定于克拉美丽—塔克札勒—大黑山蛇绿岩、蛇绿混杂岩的增生时期。根据现有资料，尽管蛇绿岩、蛇绿混杂岩尚缺乏精确的同位素定年资料，但据舒良树等（2003）对南明水地区与蛇绿岩相关的红色硅质岩研究，发现丰富的放射虫，将其年代定为晚泥盆世法门期—早石炭世杜内期。另据李锦轶（1989，1990，2009）研究，在不整合覆盖蛇绿岩的石炭纪南明水组陆间残余海盆沉积岩系的灰黑色泥质粉砂岩中，发现含有晚石炭世早期的菊石化石，可能说明该区蛇绿岩增生于早石炭世，其后经历短暂的残余海盆过程，于晚石炭世早期造山并被300Ma左右的老鸦泉后碰撞花岗岩侵入（韩宝福等，2006）。在研究区可直接观察上石炭统山梁砾岩组以不整合关系覆盖于下石炭统园湖岩群（蛇绿混杂岩）和下石炭统哲兰德岩群（构造混杂岩）之上。山梁砾岩组为一套由砾岩、砂砾岩夹砂岩、粉砂岩薄层组成的陆相粗碎屑岩，采自其中的古植物化石盛产于下石炭统维宪阶顶部—上石炭统底部（新疆维吾尔自治区地质调查院，2000）。将该套地层视为造山期的磨拉石建造，并将准噶尔盆地东缘古生代山链的造山时期确定为早石炭世—晚石炭世早期。对准噶尔盆地西缘古生代构造带花岗质侵入岩类的最新研究（陈家富，2010）获得一批SHRIMP和LA-ICP-MS锆石 U-Pb 年龄表明，该区发育三期岩浆侵入事件。第一期岩浆活动发生在晚志留世—早泥盆世（约为 422—405Ma），形成的侵入体包括 A 型花岗岩（含霓石、霓辉石和钠铁闪石）、闪长岩和钾长花岗岩，形成于俯冲岛弧相关环境；第二期岩浆活动发生在早石炭世（约为 346—321Ma），形成的侵入体包括花岗闪长岩、闪长岩、二长花岗岩和钾长花岗岩等，与俯冲有关；第三期岩浆活动发生在晚石炭世—中二叠世（约为 304—263Ma），侵入体以碱长花岗岩、钾长花岗岩为主，为后碰撞花岗岩。

依据上述综合分析，认为准噶尔盆地及邻区在 360—320Ma 期间经历了洋盆闭合、陆陆碰撞造山的构造作用过程。但是值得重视的是，新疆北部地区该时期的造山作用比较特殊。具体表现为：其一，到目前为止，新疆北部地区尚未发现该时期公认的具有前陆盆地性质的沉积盆地和前陆褶断构造带；其二，该区碰撞型花岗岩类无显著发育；其三，北天山地区保存有早石炭世的巴音沟蛇绿岩，依林黑比尔根—博格达一带和科古琴—博罗霍洛山一带尚处于浅海环境；其四，320—300Ma 期间，准噶尔区块较普遍发育伸展环境的以碱性花岗岩为特征的岩浆组合。上述可能表明，新疆北部地区晚泥盆世—早石炭世处于洋盆俯冲消减、陆陆弱碰撞（软碰撞）阶段，在晚期又叠加了后造山的伸展作用，形成区域残余海盆发育，海相、陆相盆地共存的古地理面貌。

三、晚石炭世—二叠纪陆内裂谷和断陷、坳陷盆地发育时期（300—250Ma）

晚石炭世—二叠纪是新疆北部地区早海西期洋盆闭合、陆陆碰撞造山形成统一地块之后的强烈活化时期，突出表现在准噶尔区块形成若干个陆内裂谷或断陷盆地，广泛发育火山喷发和深成岩浆侵入，包括碱性花岗质岩浆和基性岩浆（岩墙）等，控制了区域成盆作用和成岩、成矿作用。就现有资料分析，石炭—二叠纪的陆内伸展作用，在整个新疆地区都有出现。这个阶段的重要构造事件包括博格达石炭—二叠纪裂谷盆地的形成、觉罗塔格裂谷盆地的形成、伊宁石炭—二叠纪裂谷盆地的形成、准噶尔盆地及邻区石炭—二叠纪隆坳（断）相间的构造格局都是这个阶段地壳扩张作用的结果与产物。值得关注的是，本次对三塘湖地区的解剖研究表明，三塘湖地区是准噶尔区块若干陆内裂谷之一。该区的晚石炭世—二叠纪发育一套巨厚的火山—沉积地层。火山岩以陆相基性、中酸性喷发溢流堆积为特征；沉积地层在 270—265.8Ma 期间（芦草沟组发育期间）是一个有多个地幔热液喷口的深水湖泊，湖泊中形成了由各种强碱性、碳酸岩浆和不同成分地幔热液交替喷流构成的“白烟囱”型纹层状岩石组合。湖泊内会有岩浆溢流或喷发形成方沸石响岩（温度 620～640℃甚至更高）和凝灰岩。在岩浆呈半固结状况下，方沸石响岩被喷出的地幔热液流体“爆破”并被“磨圆”，随后被泥晶白云石或泥晶石英胶结。白云石是地幔超基性岩体溶解放出的铁镁离子浓度充足时的产物，为原生热液成因。在白色岩石组合的上、下部为富含藻席的厚层黑色泥岩，含丰富的草莓状和立方体黄铁矿、钛铁矿、铬铁矿等金属矿物。喷流岩的上部出现厚层状粗玄岩、橄榄岩和碳酸盐组合。橄榄岩电子探针分析表明，橄榄石的氧化物百分含量中 Mg^{2+} 介于 37%～39%、Fe^{2+} 介于 20%～22%、Si^{4+} 介于 36%～38%，缺乏环带，成分均匀，为苦橄质岩石。上述特征表明，三塘湖地区二叠纪沉积盆地可能是与地幔柱活动相关的陆内裂谷盆地。

综合上述认为，在石炭纪早期区域弱碰撞造山、局部有残余海盆发育的区域背景下，晚石炭世，特别是早、中二叠世区域范围不仅发生板内伸展作用的显著深成岩浆活动和火山活动，而且在北疆地区控制了主体为河湖相沉积盆地的形成，发育近源快速的粗碎屑沉积和火山堆积，构成北天山—准噶尔裂陷带。目前的研究表明，准噶尔区块晚石炭世—二叠纪已经成为中国资源、能源形成发育的重要时期。

晚二叠世—早三叠世准噶尔区块普遍经历了一次区域性挤压收缩构造过程，不仅造成三叠系与下伏地层的角度不整合关系，而且下伏地层发育褶皱、冲断构造变形。

四、三叠纪一中新世陆内断—坳型广盆形成演化阶段

二叠纪之后，准噶尔区块因受特提斯域多阶段、不同动力学背景板块活动远程效应的影响，形成三叠纪—新近纪不同时期、不同类型的陆内分隔沉积盆地及盆地闭合的构造变形改造，尤其是喜马拉雅期的板内挤压、走滑作用，铸成了现今盆山共存的基本构造格局。

通过对准噶尔盆地及邻区中三叠统—中新统不同沉积时期物质组成和构造变形的综合分析，认为在这一构造发展时期，研究区大体经历了以下几个构造发展阶段。

1. 中—晚三叠世稳定坳陷阶段

本次研究认为，经过晚二叠世和早三叠世冲断抬升和削高填低的构造作用，准噶尔区块的地形高差逐渐趋于一致，整个准噶尔盆地、伊犁盆地、吐哈盆地和三塘湖盆地都程度不同地处于稳定坳陷状态，为以坳陷沉降为主体的盆地类型，它们作为各自相对统一的中—晚三叠世盆地分别接受了小泉沟群的沉积。准噶尔盆地西北缘中—上三叠统超覆不整合在石炭系之上，准噶尔盆地东北缘滴水泉北一带可见中—上三叠统超覆不整合在泥盆系和石炭系之上；吐哈盆地的了墩南、科牙依、艾维尔沟和托参 1 井等处均可见中—上三叠统小泉沟群不整合覆于石炭—二叠系之上；三塘湖盆地可见中—上三叠统超覆不整合在石炭系和下二叠统之上；伊犁盆地可见中—上三叠统超覆不整合于石炭系之上。这些现象均说明，在中—晚三叠世准噶尔南缘及邻区整体处于相对平静的构造环境，形成了几个规模较大且相对统一的稳定坳陷型盆地，至今还没有资料可以证实这个时期的沉积盆地具前陆或类前陆性质。

2. 早侏罗世断陷盆地形成阶段（208—178Ma）

早侏罗世断陷盆地形成的确定，主要依据是：（1）准噶尔盆地和吐哈盆地内一些控制侏罗系沉积的早期正断层的存在；（2）区域上，克拉玛依—白碱滩地区年龄值为 190—170Ma 的早—中侏罗世玄武岩发育；（3）准噶尔南缘及邻区同位素年龄值为 214—176Ma 的非造山型小型花岗岩体的形成。这些现象均反映在早侏罗世，包括准噶尔南缘在内的整个新疆北部地区确实经历了一次弱的地壳扩张作用，正是这次地壳扩张作用形成了一些早侏罗世的断陷或断超盆地，它们成为今天侏罗系油气勘探的重点地区。

3. 中侏罗世早期（西山窑组沉积时期）坳陷盆地形成阶段

这里将中侏罗世早期（西山窑组沉积时期）确定为准噶尔及盆地邻区的坳陷期，主要考虑到西山窑组沉积时期的沉积物大范围地超覆沉积在前中生代地层之上。准噶尔南缘及邻区广泛分布的侏罗系，主要是这个时期的沉积产物。至今还没有资料能够证实它们的沉积是受区域性边界断层控制的。

4. 中侏罗世晚期—晚侏罗世挤压型盆地形成阶段

这个构造时期的主要特点是准噶尔南缘及邻区与盆地相邻的一些海西期形成的褶皱带开始程度不等地冲断隆升，导致水西沟群沉积时期曾经统一的准噶尔地区的泛侏罗系盆地开始解体，形成众多分隔残存的中—晚侏罗世盆地。准噶尔南缘山前带头屯河组与下伏地层之间的局部角度不整合，吐哈盆地中侏罗统三间房组与西山窑组之间的平行不整合都是西山窑组沉积期末构造带再次回返的直接产物。

5. 白垩纪盆地萎缩阶段

通过对准噶尔南缘及邻区白垩系岩性、岩相研究表明，这里的白垩系是在四周环山，盆地不断萎缩、气候干燥的沉积背景下形成的一套滨浅湖相红色碎屑岩系。就现有资料分析，在白垩纪时，准噶尔盆地的周缘山体为极其低缓的丘陵地貌，盆地大规模萎缩的主因可能是干燥的气候条件和研究区地壳的整体上升，并非是由盆地周边山体冲断隆升所致。

6. 古新世—中新世盆地坳陷阶段

准噶尔南缘及邻区的古新统—中新统发育良好，分布甚广，皆为陆相红色碎屑岩系。岩性、岩相研究表明，在这个构造发展时期，盆地沉积区和物源区之间地形高差甚少，其古地貌形态已接近准平原。就已有资料分析，这个时期的准噶尔及其相邻盆地皆以稳定坳陷沉降为其主要形式，这些盆地基本都为稳定构造环境的湖泊河流相沉积，盆地沉降的地球动力学原因，可能主要与大陆板块内部的均衡调整作用有关，并非断陷、前陆或挤压型山间盆地类型。

7. 上新世—第四纪挤压型山间盆地形成阶段

准噶尔南缘及邻区现今构造面貌形成于上新世以来。这个时期的主要构造事件是与盆地相邻的诸山体均表现为程度不等的强烈冲断降升，在与山体相邻的盆地周缘形成规模宏大的冲断山前坳陷。准噶尔南缘厚达5500m以上的上新统和下更新统巨厚磨拉石组合反映山体上升速度很快，逆冲抬升高度很大。就现有资料分析，天山相对于南北两侧的盆地或坳陷至少抬升了7~8km甚至达万米。总体分析，这个构造时期的准噶尔南缘及邻区具挤压型山间盆地特点。该类型盆地形成的地球动力学原因主要是由于上地幔的差异升降和物质对流导致幔隆区地壳物质向幔坳区蠕变流动以及地壳物质（尤其是下地壳物质）的重新分配所致。印度板块与欧亚板块碰撞及持续向北推移的远程效应也是其主因之一。

新疆区域的上述地质演化，提供了不同时期、不同体制（板块、板内）、不同动力学（伸展、挤压、走滑）构造作用特征，控制了不同类型沉积盆地及其相应沉积建造的形成，制约着盆山的转换和耦合，造成现今复杂的盆山结构。

第二节 准噶尔盆地东部构造单元划分

准噶尔盆地是典型叠合改造型沉积盆地，在盆地形成演化的地质历史过程中，自石炭纪以来，先后经历了晚海西、印支、燕山和喜马拉雅多期次构造运动的伸展、挤压、剪切交替的构造转换过程，在不同构造时期形成了不同类型、不同性质的沉积盆地。这些不同时期、不同性质、不同类型盆地的复合叠加，使其具有以晚古生代和中新生代陆相沉积为主体的复合叠加盆地性质。特别是喜马拉雅期强烈的构造改造作用奠定了现今盆山结构构造的基本面貌（图2-2）。

准噶尔盆地东部北邻克拉美丽山，南接博格达山，现今呈现“两山夹一盆”、近东西向分布的盆山构造格局（图2-2）。准噶尔盆地构造单元划分中，准东地区构成重要的一级构造单元，称准东隆起区。准东隆起区包括南部的博格达山北缘山前带、北部的克拉美丽南缘山前带和它们之间的准东坳陷三大区带（图2-2）。准东坳陷带内按白垩系以下各地震反射构造层呈现的凸凹相间、错落有致的构造特点可进一步划分出如图2-3所示的不同次一级构造单元。

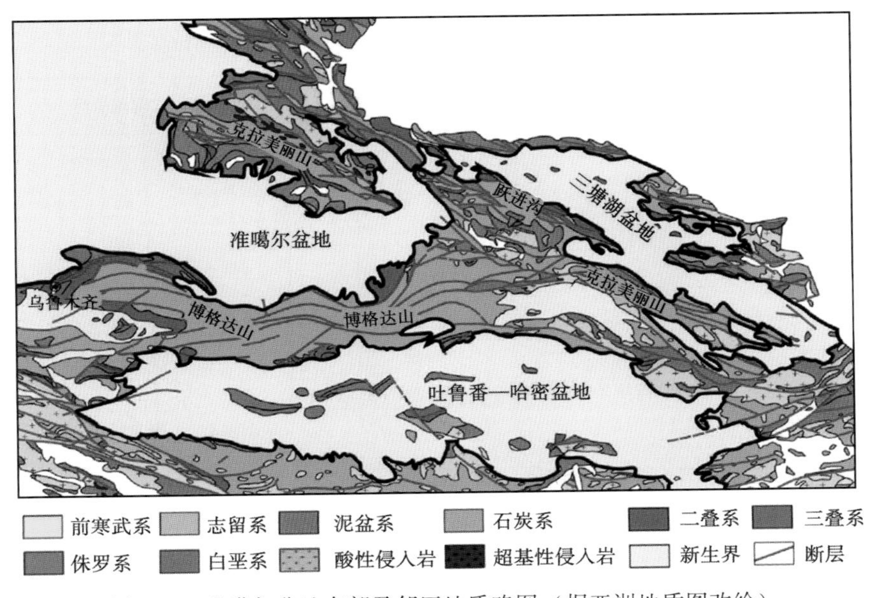

图 2-2　准噶尔盆地东部及邻区地质略图（据亚洲地质图改绘）

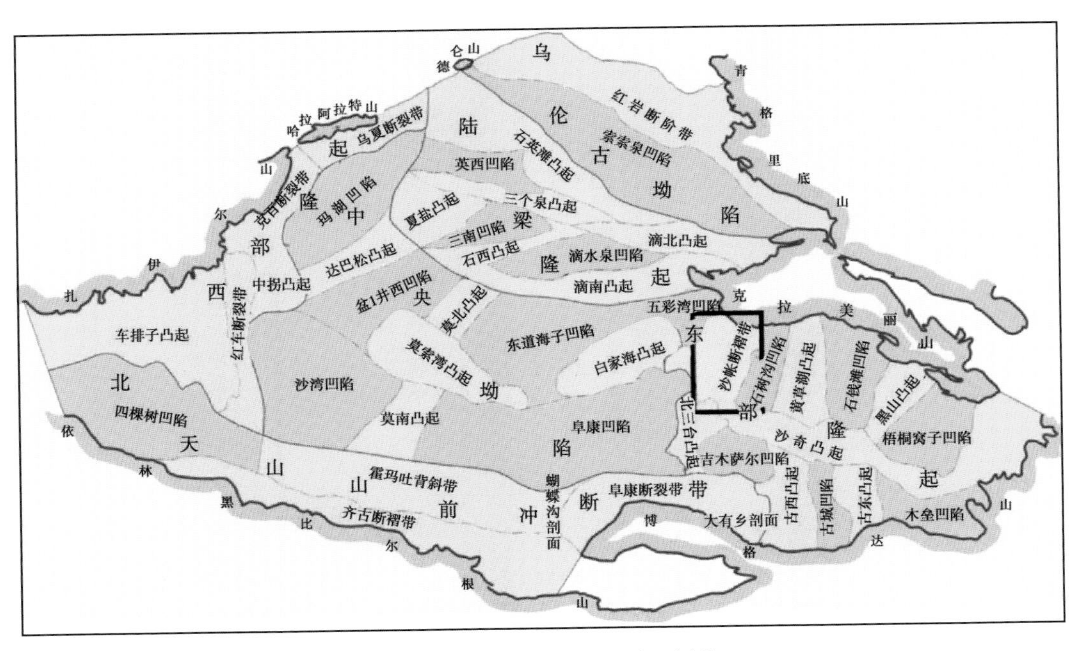

图 2-3　准噶尔盆地构造单元划分

第三节　准噶尔盆地东部及邻区构造层序及其划分

准噶尔盆地东部及邻区出露泥盆—第四纪不同年代地层（表 2-2），依据构造层序划分的基本原则，从研究区的实际地质情况出发，综合考虑区域沉积建造、岩浆活动、构造变形的差异和地层不整合接触关系，将准噶尔盆地东部及邻区泥盆纪以来的构造演化和成盆及沉积作用自下而上划分为如表 2-2 所示的构造旋回及相应构造层与沉积响应沉积过程。

表 2-2　准噶尔盆地东部地区构造事件及其构造层划分

地层			准噶尔盆地南缘		克拉美丽南缘	年代(Ma)	构造运动	构造事件		构造层	
新生界	第四系	全新统		Q_4	西域组 Q_1x			逆冲造山和前陆坳陷阶段	陆内盆地演化期	喜马拉雅构造层	亚构造层
		上更新统		新疆群 Q_3xj			喜马拉雅运动3				
		中更新统		乌苏群 Q_2ws			喜马拉雅运动2 喜马拉雅运动1				
		下更新统		西域组 Q_1x		2.0	燕山运动3				亚构造层
	新近系	上新统		独山子组 N_2d	昌吉河群 $N_{1-2}c$	5.1					亚构造层
		中新统		塔西河组 N_1t							
	古近系	渐新统		沙湾组 N_1s		24.6					
		古新统		安集海河组 $E_{2-3}a$	安集海河组 $E_{2-3}a$	38	燕山运动2	稳定坳陷阶段			亚构造层
		古新统		紫泥泉子组 $E_{1-2}z$	紫泥泉子组 $E_{1-2}z$	65					
中生界	白垩系	上统		东沟组 K_2d	红砾山组 K_2h	97.5	燕山运动1 印支运动2	盆地坳陷萎缩阶段		燕山构造层	亚构造层
		下统	吐谷鲁群	连木沁组 K_1l	吐谷鲁组 K_1t		印支运动1				
				胜金口组 K_1sh							
				呼图壁河组 K_1h			晚海西运动				
				清水河组 K_1q		144					
	侏罗系	上统	艾维尔沟群	喀拉扎组 J_3k				盆地萎缩阶段			亚构造层
				齐古组 J_3q	齐古组 J_3q	163					
		中统		头屯河组 J_2t	头屯河组 J_2t						
			水西沟群	西山窑组 J_2x	西山窑组 J_2x	188		广盆形成阶段			亚构造层
		下统		三工河组 J_1s	三工河组 J_1s		早海西运动				
				八道湾组 J_1b	八道湾组 J_1b	213					
	三叠系	上统	小泉沟群	郝家沟组 T_3h	小泉沟群 $T_{2-3}x$	231		准平原化阶段		印支构造层	亚构造层
				黄山街组 T_3hs							
		中统		克拉玛依组 T_2k		243					
		下统	上仓房沟群	烧房沟组 T_1sf	尖山沟组 T_3js			稳定坳陷阶段			亚构造层
				韭菜园组 T_1j		248					
古生界	二叠系	上统	下仓房沟群	锅底坑组 P_3g				弱坳陷阶段			亚构造层
				梧桐沟组 P_3w							
				泉子街组 P_3q		253					
		中统	上芨芨槽群	红雁池组 P_2h	平地泉组 P_2p			萎缩阶段		海西构造层	亚构造层
				芦草沟组 P_2l							
				井井子沟组 P_2j	将军庙组 P_2j			稳定坳陷阶段			
				乌拉泊组 P_2wl		258					
		下统	下芨芨槽群	塔什库拉组 P_1f	胜利沟组 P_1sl			晚期发展阶段			
				石人沟组 P_1s		286					
	石炭系	上统		奥尔吐组 C_2a	六棵树组 C_2l			坳陷—萎缩阶段			亚构造层
				祁家沟组 C_2q	石钱滩组 C_2s						
				柳树沟组 C_2l	巴塔玛依内山组 C_2bt	296		早期伸展阶段			
		下统		七角井组 C_1q	山梁砾石组 C_1s 塔木岗组 C_1t			洋盆闭合陆陆碰撞造山阶段	板块作用期	褶皱基底构造层	
	泥盆系	上统			克拉美丽组 D_1kl　蛇绿岩带						
		中统									
		下统									

一、海西旋回及构造层

准噶尔盆地东部及邻区的海西构造旋回主要包括早海西、晚海西两个不同阶段。

1. 早海西构造旋回

以克拉美丽地区的中泥盆统克拉美丽组与下石炭统塔木岗组之间的角度不整合关系为标志，代表了由克拉美丽蛇绿混杂岩带蕴含的古生代古亚洲多岛洋盆闭合，西伯利古板块与准噶尔古微板块碰撞造山过程的结束，还有准东及邻区古生代褶皱基底统一古陆块的形成信息。塔木岗组和山梁砾石组以粗碎屑沉积为特点的陆相、海相沉积组合则记录了造山过程的前陆盆地沉积响应，其上以碎屑和火山沉积为组合特征的上石炭统应为褶皱基底之上区域伸展作用下新一轮以海相沉积为主的沉积纪录。

2. 晚海西构造旋回

晚海西构造旋回以准噶尔盆地东部及邻区的中二叠统与上二叠统（博格达山北缘的泉子街组和红雁池组与克拉美丽山南缘的尖山沟组和平地泉组）之间的角度不整合或平行不整合关系为标志（表 2-2）。中—下二叠统为一套陆相河流、湖泊沉积组合。

二、印支期构造旋回

上二叠统泉子街组与中二叠统红雁池组之间的角度不整合或平行不整合对应着海西构造旋回的结束和印支旋回构造的开始，与印支构造旋回相对应的构造层序包括上二叠统和三叠系，为一套陆相河流、湖泊沉积组合。区域地层资料研究表明在下三叠统与中—上三叠统之间，中—上三叠统与下—中侏罗统之间均表现为角度不整合接触关系，最显著的区域性角度不整合主要出现在下侏罗统八道湾组和上三叠统之间。根据地层的展布及岩性、岩相组合特征，综合考虑印支构造层序形成的区域背景差异及其上下接触关系，可进一步划分出亚构造层序（表 2-2）。

三、燕山旋回构造层序

印支运动造成的中—上三叠统与中—下侏罗统之间的低角度或平行不整合标志着研究区印支旋回的结束和燕山旋回的开始，与燕山构造旋回相对应的构造层序包括侏罗系和白垩系。根据地层之间的接触关系和岩性、岩相特征差异以及形成的区域背景差异，可将该构造层序划分为如表 2-2 所示的三个亚构造层序。

四、喜马拉雅旋回构造层

古近纪以来发生的喜马拉雅运动，其构造变形剧烈程度前所未有，使得研究区总体表现为造山带整体抬升和盆地整体沉降。盆地周边造山带向盆地方向推挤所产生的山前带冲断构造系统及其伴生的断层相关褶皱为研究区的基本构造样式。根据地层之间的接触关系和岩性、岩相特征差异以及形成的区域背景差异，可将该构造层序划分为如表 2-2 所示的三个亚构造层序。

正是由于该区石炭纪以来，先后经历了海西、印支、燕山和喜马拉雅多期次构造运动的演化过程，铸成了该区现今褶皱基底和沉积盖层共存、海相和陆相地层发育、盆地和构造带山链相间的地质面貌（图 2-2）。

第四节　博格达山北缘山前带基本构造特征

一、博格达总体特征

博格达构造带以博格达山脉为主体，北以阜康断裂带与准噶尔盆地相邻，南以吐哈盆地北缘断裂带与吐哈盆地相接，西南邻依林黑比尔根构造带，东接哈尔里克构造带（图 2-4）。

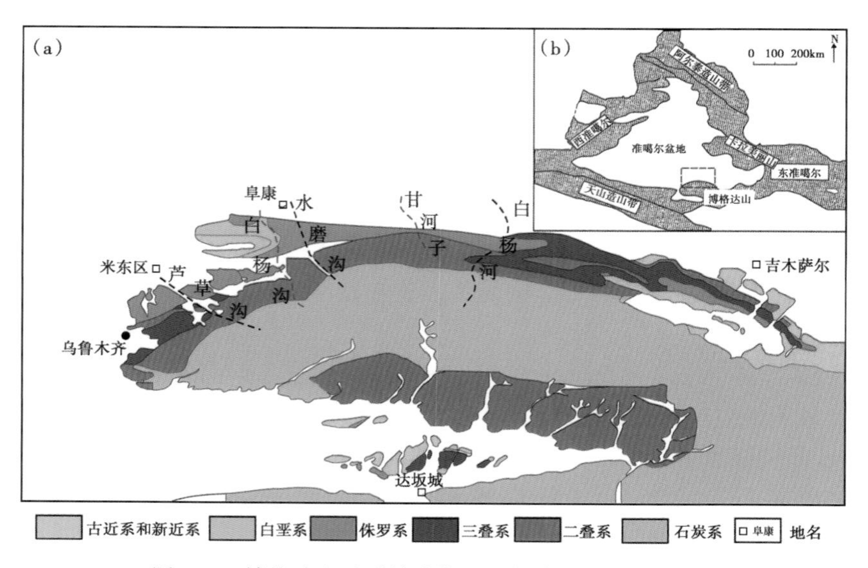

图 2-4　博格达山地质构造简图（据郑有伟等，2016）

博格达构造带南北两侧分别由向外缘单向逆冲的叠瓦状逆冲断层系组成，整体呈现为一背冲型逆冲推覆构造系统（图 2-5）。该构造带核部为石炭系，两翼广泛发育二叠系和三叠系，在形式上类同一复背斜构造，故有人将其称博格达复背斜。并具如下特征：

（1）构造带核部地层倾角一般在 10°~30°之间，开阔的背向斜构造多处可见；

（2）南北两缘构造变形较为强烈，主要表现为地层产状较陡且常发育一些褶皱轴面向构造带核部倾斜的紧闭褶皱和倒转褶皱，断层也具相应特点，多属高角度逆断层，但也见一些低角度的逆冲推覆构造发育；

（3）褶皱多与断层相伴而生，凡断层不发育区，地层产状平缓或仅发育一些开阔的褶皱构造；

（4）主要以由边缘逆冲断层系引起的块断差异升降运动为特点，形成一长条状背冲型隆起山链，高耸于准噶尔盆地与吐哈盆地之间（主峰海拔高达 4350m；图 2-6），形成中国大陆内新生代典型板内造山的构造山链。

位于准噶尔盆地南缘东段的博格达山北缘区域构造呈近东西向波状延展，在乌鲁木齐—吉木乃萨尔区段向北突出构成弧形山前褶断带（图 2-4）。

在综合前人对该带研究成果（吴庆福，1986；伍致中，1986；张国俊，1989）的基础上，通过对博格达山北缘多条地震剖面地层组成、结构构造的对比研究，将博格达山北缘地区自南向北依次划分为：博格达山核部背冲断块、山缘断褶带、山前断褶带和盆内稳定区块（图 2-7）。

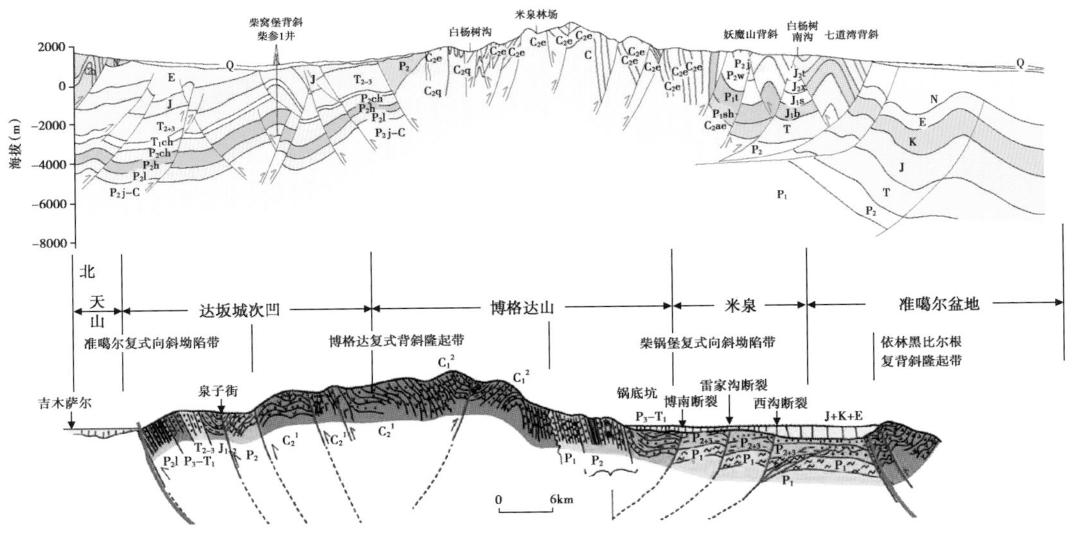

图 2-5　横过博格达山的南北向剖面图

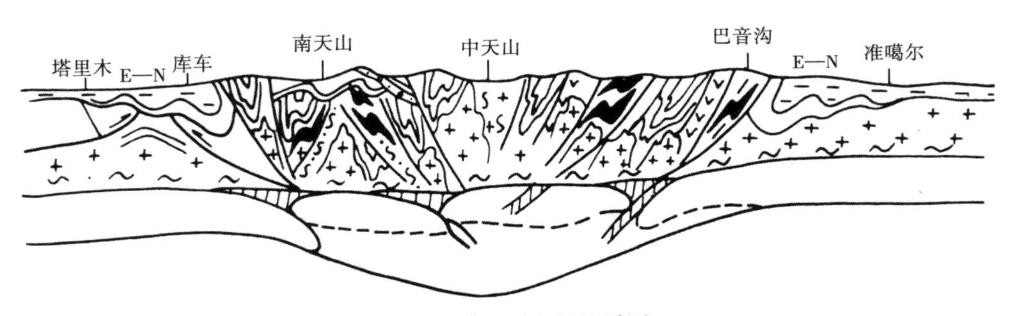

图 2-6　横过天山的地质图

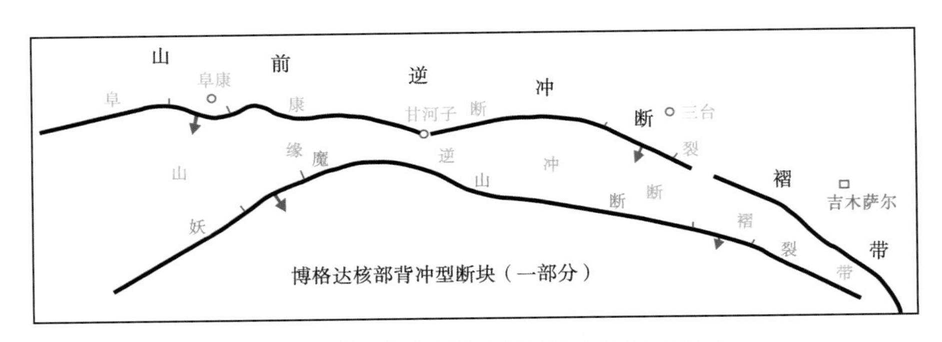

图 2-7　准噶尔盆地南缘东段地区构造单元划分图

二、北缘地震剖面揭示的盆山结构特征

1. 大龙口地区地震剖面

准噶尔盆地南缘大龙口地区贯穿博格达山的北东向地震（DLK034、DLK040、DLK052 测线）剖面解释（图 2-8）显示，分隔博格达山核部背冲断块与山缘逆冲断褶带的为妖魔山断裂。妖魔山断裂之南的博格达山核部背冲断块主要出露石炭系海相地层系统，并可见辉绿岩、辉长岩岩株、岩脉侵入其中。

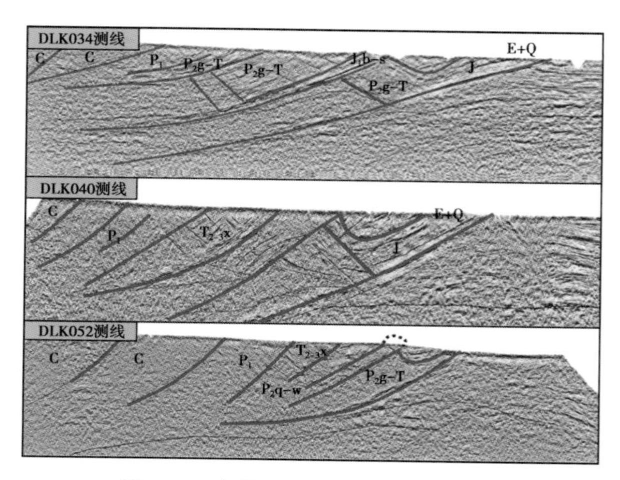

图 2-8　大龙口地区地震解释剖面图

该断裂以北的博格达山缘以发育南倾北冲的逆冲断裂为主，并由断裂和石炭—二叠系褶皱组成冲断叠置的褶皱断片构成山缘逆冲断褶带；妖魔山断裂与阜康断裂之间为博格达山前逆冲断褶带，其结构构造特征与山缘逆冲断褶带类似，但影响的地层则为二叠—三叠—侏罗系；阜康断裂之北即为新生界发育，构造变形弱的准噶尔盆地稳定区，总体显示自南而北逆冲抬升和构造变形依次递减的构造特征。

2. 阜康—甘河子地震剖面

阜康—甘河子一带在米泉区块的二维地震解释剖面上（图 2-9），山前构造带的构造变形最为强烈，主要表现为二叠—侏罗系多呈紧闭褶皱形式，由阜康断裂和妖魔山断裂划分出的三排构造均有显示。另外妖魔山断裂以南的二叠系形成第一排滑脱楔，其断层倾向向南，地层向北倾斜；侏罗系在妖魔山断裂与阜康断裂之间形成第二排滑脱楔；阜康断裂以北的第三排构造带表现为双层结构，上部的滑脱体以白垩—新近系为主，下部侏罗系逆冲形成局部背斜，倾向与主断裂方向相反。

北三台—吉木萨尔构造带构造变形相对较弱，主要以南倾北冲叠瓦状冲断构造为其基本构造样式（图 2-10 和图 2-11）。

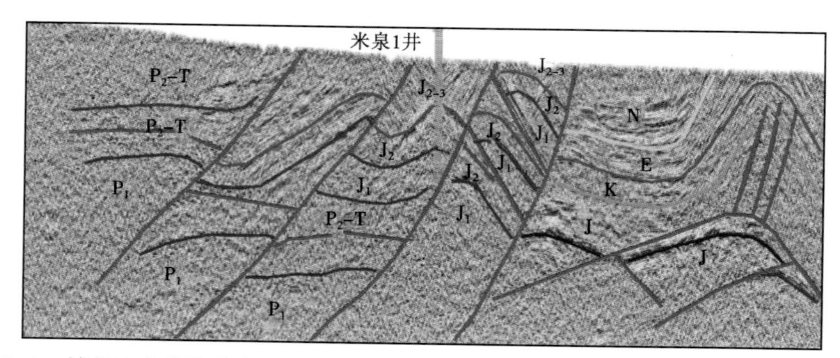

图 2-9　博格达山北缘阜康断裂带阜康—甘河子构造带米泉 Z05-MQ005 地震解释剖面

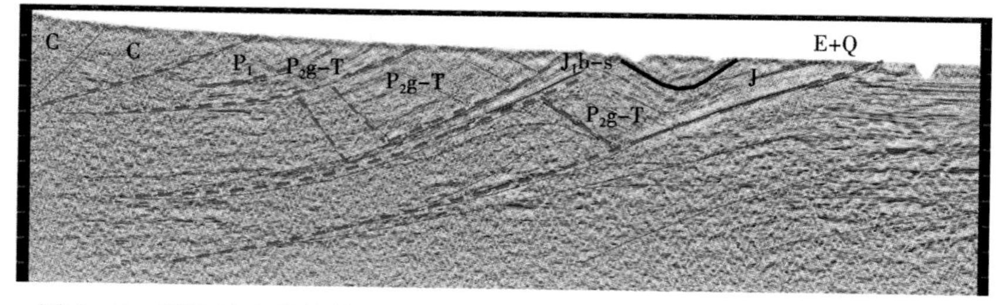

图 2-10　博格达山北缘甘河子—大龙口构造带 Z05N-DLK034 地震解释剖面

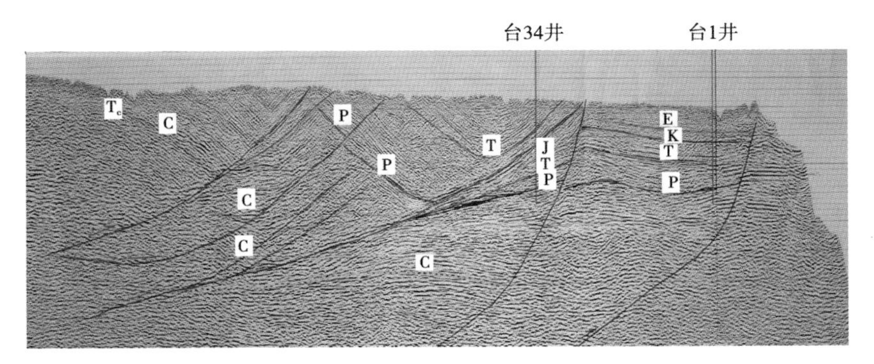

图 2-11　大龙口构造带 DLK1 地震解释剖面图

3. 三台地区地震剖面

博格达北缘三台地区过台 3 井—北 23 井（图 2-12）冲断构造显示，妖魔山断裂上盘的石炭—二叠系逆冲于下盘的二叠—三叠—侏罗系构造岩片之上，该构造岩片则沿阜康断裂逆冲于其下盘的二叠—三叠—侏罗系乃至新生界之上。阜康断裂是博格达北缘断褶带与准噶尔盆地间的边界断裂，孚远断裂应为阜康断裂的前缘次级断裂。该区段断裂逆冲幅度大，且北 23 井钻井确定孚远断裂切穿了新生界，表明了断层的最新活动。

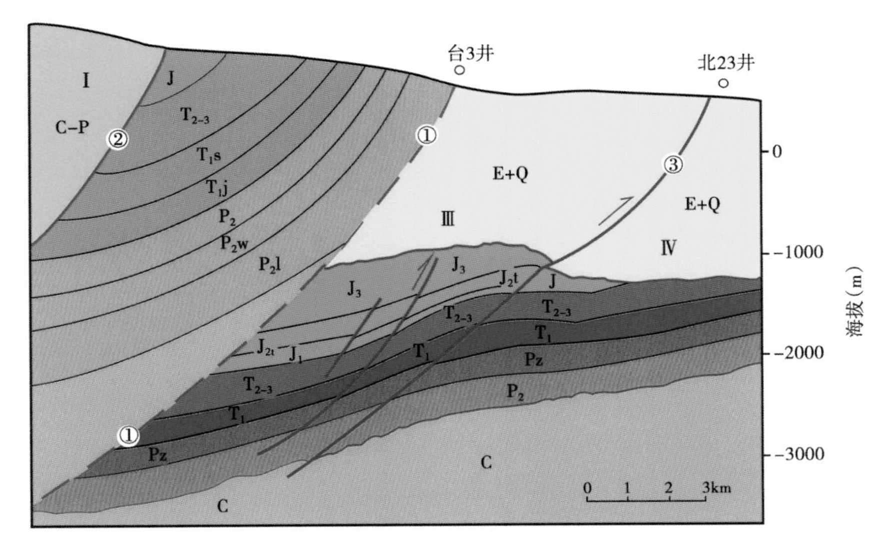

图 2-12　博格达北缘三台地区过台 3 井—北 23 井冲断构造系统剖面图

Ⅰ—博格达山背冲型断块；Ⅱ—山缘逆冲断带；Ⅲ—山前逆冲断带；Ⅳ—盆地稳定构造区；①阜康断裂；②妖魔山断裂；③孚远断裂

三、露头地质剖面揭示的盆山结构特征

博格达山北缘小龙口地区露头地质剖面（图 2-13 和图 2-14）揭示，石炭系、二叠系、三叠系自南向北依次逆冲推覆，推覆体为二叠系和三叠系，推覆体的下盘存在侏罗系。该区与阜康—甘河子地区构造的重要区别就是下伏的侏罗系倾向向南，与主冲断层方向相同。该构造区在吉木萨尔渭户沟河和肖霍鲁克—小龙口地质构造剖面图上同样可以看到，南倾北冲

单断叠瓦状构造为其基本构造样式（图 2-13 和图 2-14）。因此，南倾北冲叠瓦状冲断构造为北三台—吉木萨尔构造区的基本构造样式。

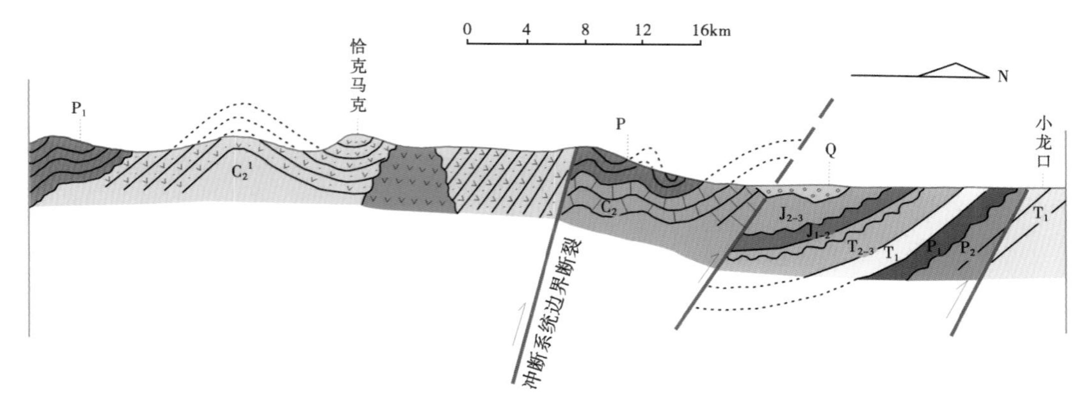

图 2-13　博格达北缘北三台—吉木萨尔构造区吉木萨尔渭户沟河地质构造剖面图

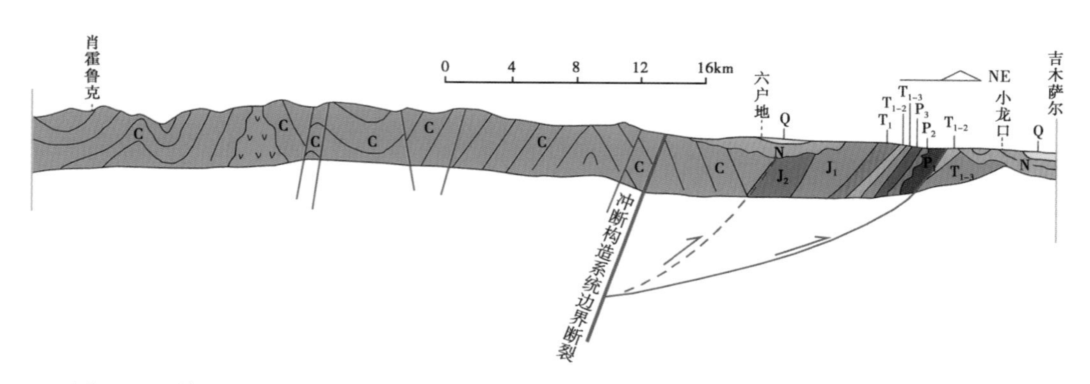

图 2-14　博格达北缘北三台—吉木萨尔构造区吉木萨尔肖霍鲁克—小龙口地质构造剖面图

四、博格达山北缘盆山结构特征

综合博格达山北缘山前上述地震剖面和露头地质剖面分析，可将博格达山北缘冲断推覆构造的基本特征总结如下（图 2-15 和图 2-16）。

（1）博格达山北缘以南倾北冲的逆冲断层和其间所夹的褶皱断块、断片组成逆冲断褶带为其主要构造特征。逆冲断层系统主要受三工河断裂、妖魔山断裂和阜康断裂共同控制（图 2-15 和图 2-16）。按其断裂上、下盘地层组成和变形特征的不同，可将博格达山北缘冲断褶带划分为博格达山核部背冲型断块、山缘逆冲断褶带和山前逆冲断褶带三个组成部分。阜康断裂为博格达山逆冲断褶带与准噶尔盆地的重要分界断裂，该断裂之上为博格达山强烈挤压褶皱、冲断变形的逆冲推覆体，之下为准噶尔盆地弱变形的俯冲壳。

（2）博格达山北缘冲断推覆构造的核部背冲型断块、山缘逆冲断褶带和山前逆冲断褶带三个组成部分从南向北，老地层依次向北侧的新地层之上逆冲，即石炭系逆冲于二叠—三叠系之上，二叠—三叠系逆冲于侏罗系及其更新地层之上，从南到北逆冲断层上盘地层逐渐变新，推覆构造强度逐渐变弱，这种逆冲特点在各个剖面上均可见及。揭示出博格达山与盆地之间的关系表现为山体隆升向北逆冲推覆的盆山结构关系。

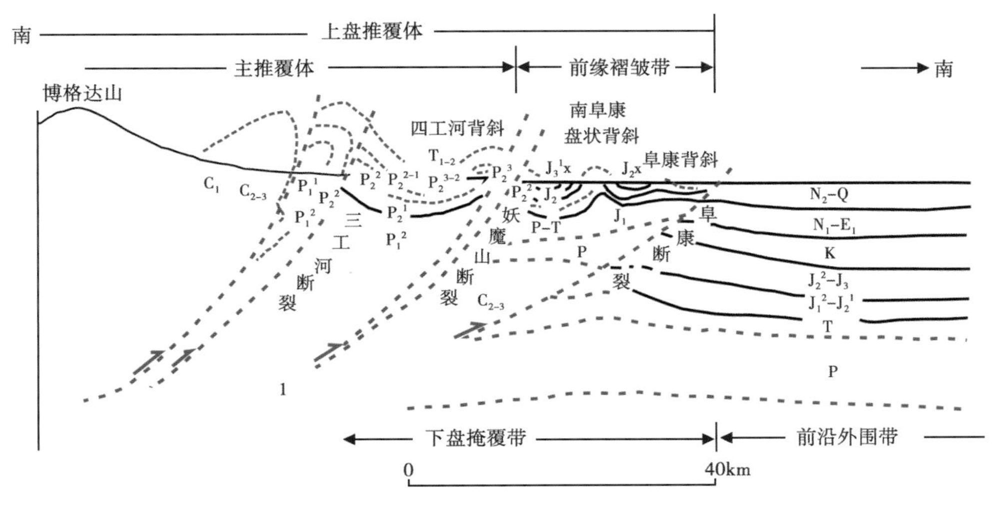

图 2–15　博格达山北缘推覆构造模式图（据吴庆福修改）

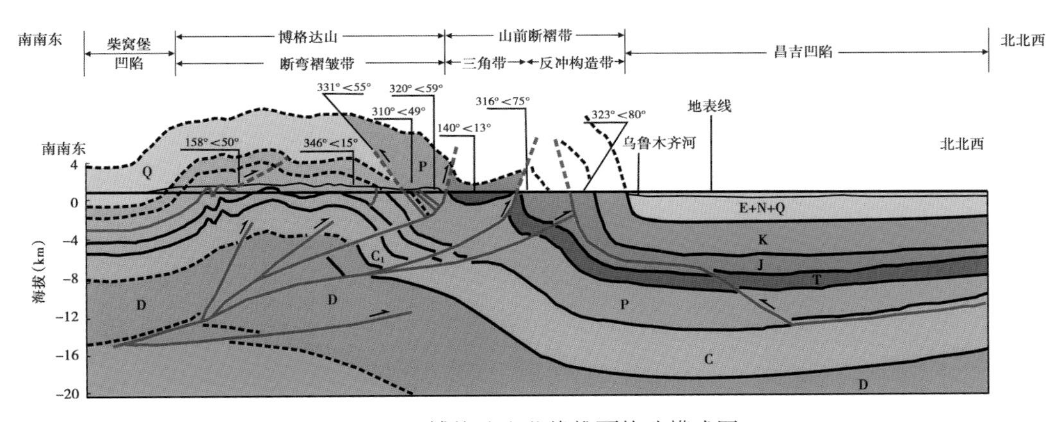

图 2–16　博格达山北缘推覆构造模式图

（3）核部背冲型断块主体由石炭系海相地层系统组成，构造变形转换较为宽缓；山缘逆冲断褶带和山前逆冲断褶带主要由二叠—三叠—侏罗系陆相地层系统组成，以强烈挤压褶皱、断裂变形为特征，断裂以单冲叠瓦状逆冲断层系为特点，褶皱多为宽缓对称的褶皱构造，紧闭倒转褶皱所见甚少。

（4）博格达北缘逆冲推覆构造主要是燕山运动和喜马拉雅运动作用的综合结果。侏罗纪末期的燕山运动奠定了冲断构造的雏形，上新世以来，兼具逆冲—走滑特征的喜马拉雅期构造作用形成了现今见到的博格达北缘冲断构造系统。

第五节　克拉美丽南缘山前带基本构造特征

位于准噶尔盆地北缘东段的克拉美丽山呈北西西向延展（图 2–17），该区主要出露奥陶纪以来的海相（奥陶系、志留系、泥盆系）、海陆交互相（下石炭统）和陆相（上石炭统、二叠系、三叠系和中—新生界）地层系统，特别是发育与古生代海相地层呈断层关系相接

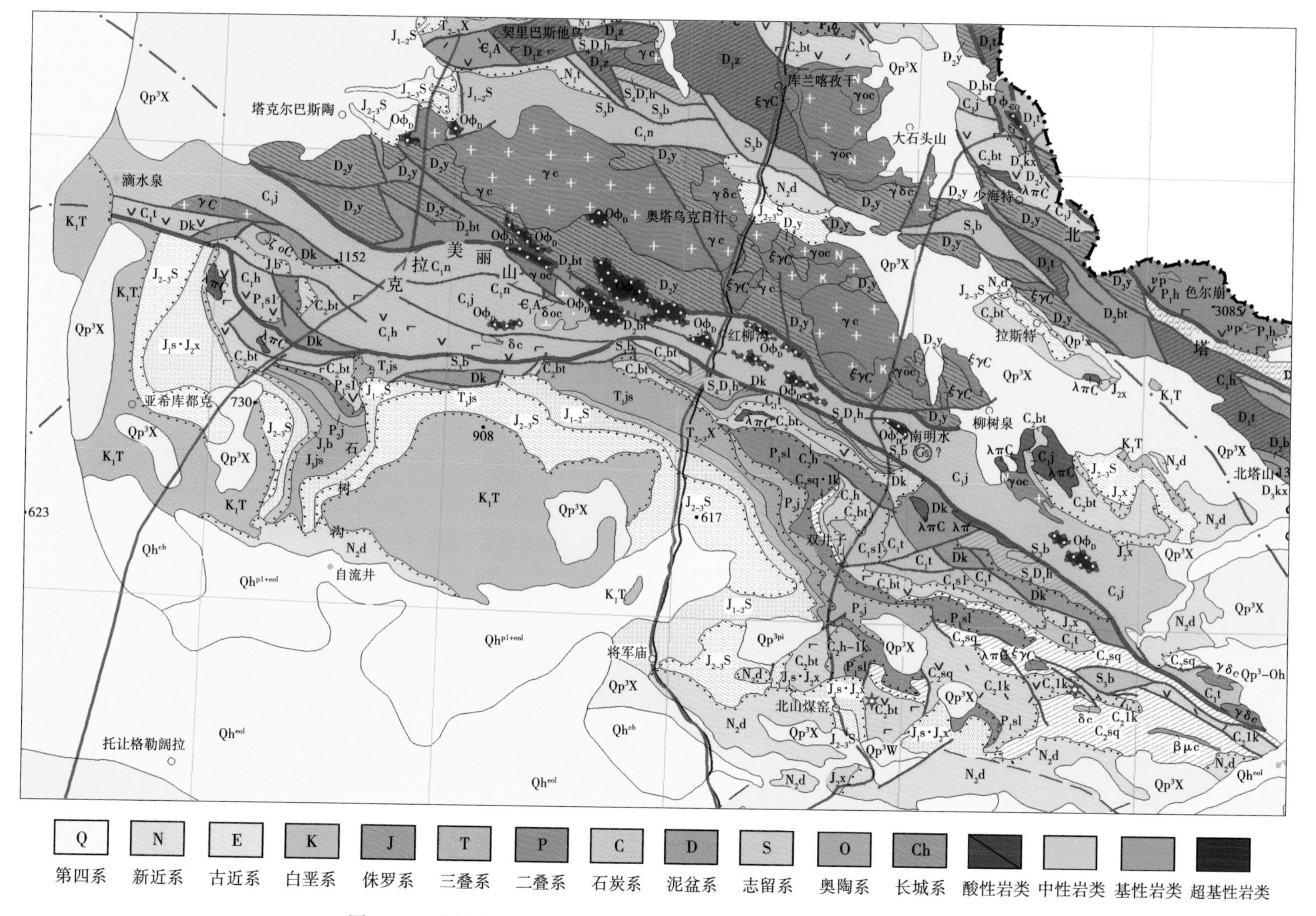

图 2-17　克拉美丽山及邻区地质图（改自准噶尔区块地质图 1：100 万）

触的蛇绿岩和蛇绿混杂岩带，客观记录了该区古生代的板块构造作用和晚古生代—中新生代的板内构造作用。

克拉美丽断裂带是准噶尔盆地东北缘一条重要的区域性大断裂带（图 2-17 和图 2-18），该断裂西起清水泉（再向西没入准噶尔盆地古尔班通古沙漠），向东南经南明水之南直达喀那尔后被第四系覆盖。在 ETM 卫星影相图（图 2-18）上，显示为一条北西走向的线性构造带贯穿准噶尔盆地东北缘的克拉美丽山（李锦轶等，2009）。

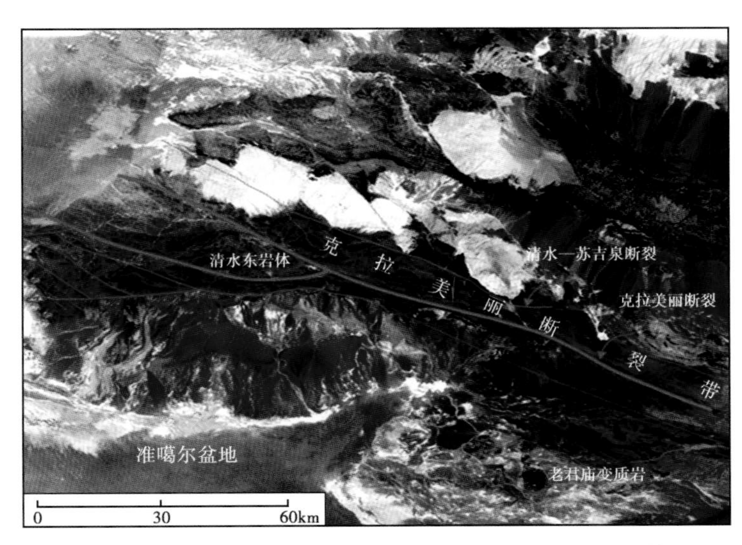

图 2-18　克拉美丽断裂 ETM 卫星影相和地质解释（据李锦轶等，2009）

克拉美丽断裂带呈北西向波状延展，其北主要广泛出露泥盆系—下石炭统及蛇绿岩和蛇绿混杂岩带，并发育花岗质岩的侵入。断裂带之南除断续零星出露志留—泥盆—石炭系外，主要广泛发育二叠—三叠—侏罗—白垩系（图 2-18）。据李锦轶等（2009）对克拉美丽断裂带的解剖研究提供，该断裂带构造变形历史可分为三期，早期以向南逆冲为特征，中期以左行走滑为特征，晚期为向南的逆冲运动。

一、山前带西段盆山结构特征

WH8701 地震剖面（图 2-19）和帐北断裂带—石浅滩凹陷—克拉美丽山构造剖面（图 2-20）位于克拉美丽山西端，北东部接克拉美丽山，南西侧与五彩湾凹陷相邻。该区段露头区和地震剖面显示主要发育泥盆系、石炭系、二叠系、侏罗系和古近—新近系，并发育一系列向北倾、向南逆冲—走滑的断层及其间所夹的褶皱断块、断片，构造变形强烈，构造样式呈叠瓦式，可以区域性的克拉美丽大断裂为界，将其划分为克拉美丽核部背冲型断块和山前逆冲推覆断褶带两大部分。

二、山前带中段盆山结构特征

克拉美丽南缘山前带中段是指石浅滩凹陷一带，通过该区段的 D8425 测线地震剖面（图 2-21）显示，该区段构造变形明显较弱，但仍可根据山前石炭系、二叠系急剧变陡推测，该区段应与西段构造样式相似，区域性的克拉美丽大断裂应由此经过，也可划分出核部

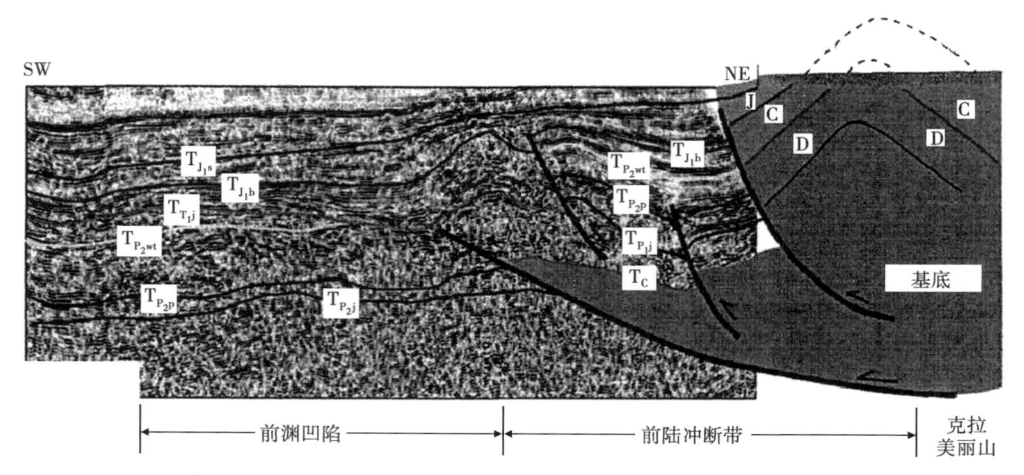

图 2-19　克拉美丽南缘山前带西段北东向地震剖面图（WH8701 测线；据袁航，2010）

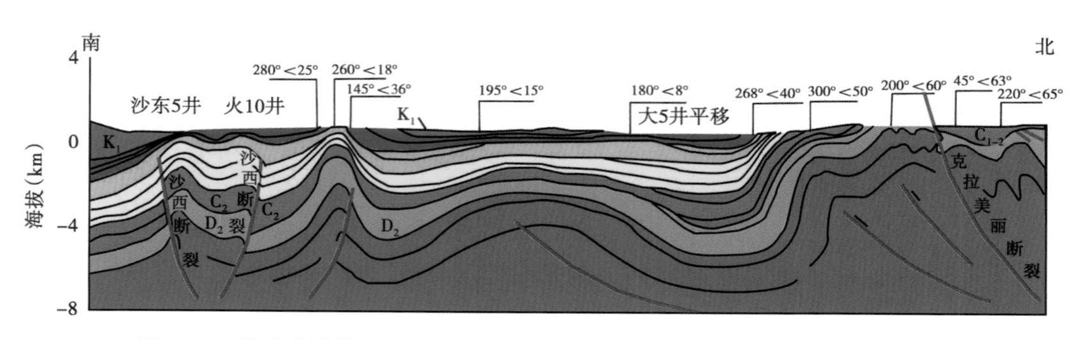

图 2-20　帐北断裂带—石浅滩凹陷—克拉美丽山构造剖面（据李涛等，2008）

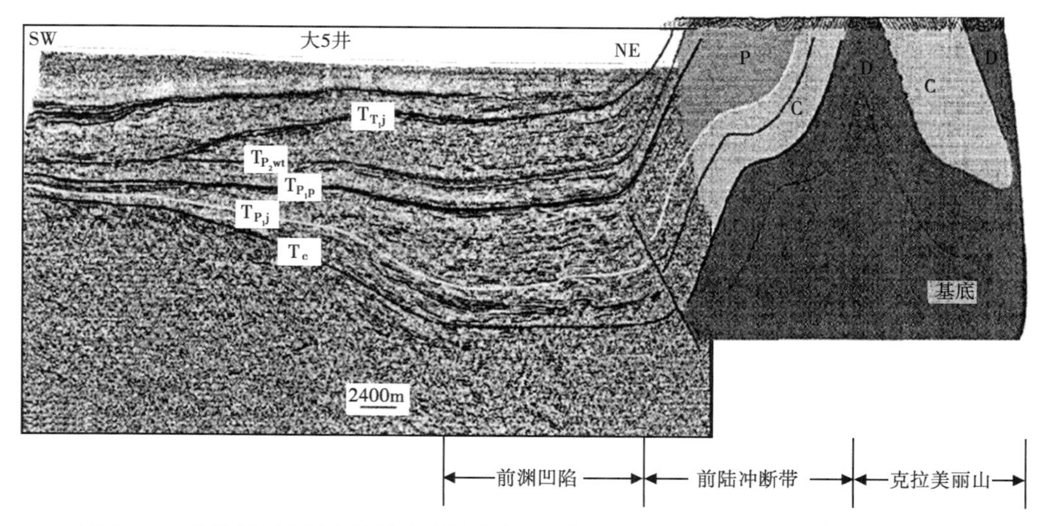

图 2-21　克拉美丽南缘山前带中段北东向地震剖面图（D8425 测线；据袁航，2010）

背冲型断块和山前逆冲推覆断褶带两部分，只是由于构造变形较弱，山前逆冲推覆断褶带发育较差。石树沟凹陷—克拉美丽山构造剖面（图 2-22）为此提供了佐证。

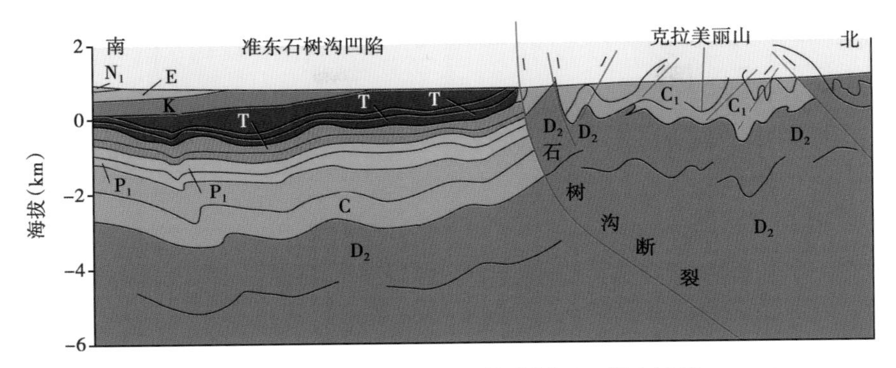

图 2-22　石树沟凹陷—克拉美丽山构造剖面（据李涛等，2008）

三、山前带东段南北向地震剖面

克拉美丽山南缘山前带东段指准噶尔盆地最东部的梧桐窝子凹陷一带，其北接克拉美丽山，西邻黑山凸起，东南被沙奇凸起围绕。该区段南北向 D8904 测线地震剖面（图 2-23）显示，该区段仅发育上石炭统、侏罗系和古近—新近系，构造变形更弱，北倾南冲的断层只影响了晚石炭世地层，推测该剖面未通过克拉美丽大断裂，亦即克拉美丽大断裂应在该剖面北东，现在图面展示的地质特征，应是逆冲断褶带前的结构构造面貌。

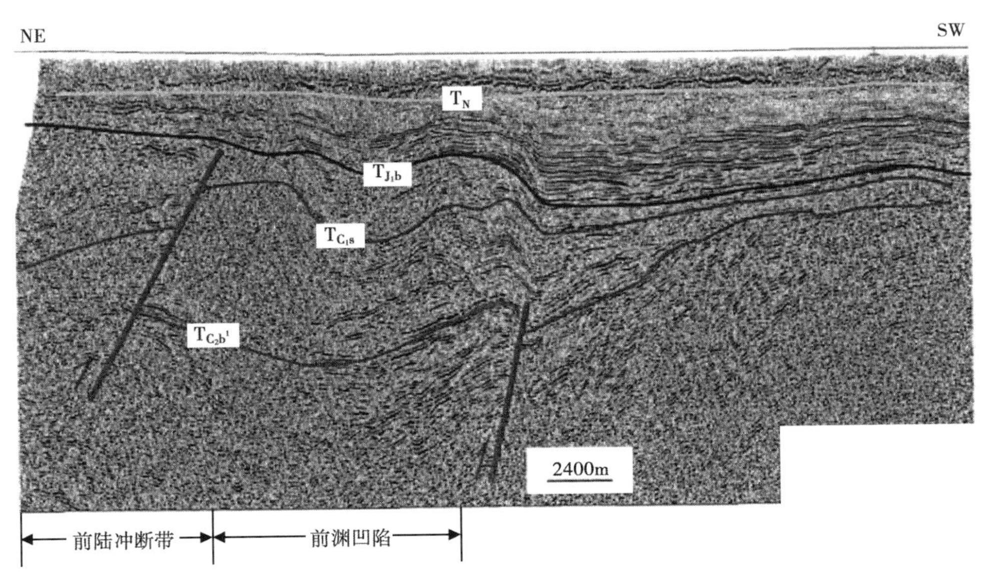

图 2-23　克拉美丽南缘山前带东段南北向地震剖面图（D8904 测线；据袁航，2010）

第六节　准噶尔盆地东部盆内结构构造特征

依据准噶尔盆地东部盆地内不同区段的地震剖面（图 2-24 至图 2-26）地层组成、构造变形特征综合分析，准噶尔盆地东部盆地内在前二叠界（或前上石炭统）褶皱基底之上，残留着被不同时期构造作用叠加改造的二叠—三叠—侏罗—白垩界和新生界，构成典型叠合改造型盆地的结构构造特征。其主体构造受控于燕山期的区域性南北向挤压构造作用，造成前白垩纪地层形成区域整体呈东西走向的宽缓复式向斜构造，其内次级背向斜和冲断发育，显示相对稳定褶皱基底地块之上沉积盖层的弱构造变形，奠定了区域内的基本构造格架，其后的喜马拉雅期构造作用最终形成了现今南北两山向盆地对冲的盆山格局。需要说明的是，准噶尔盆地东部北段邻接克拉美丽山的火烧山—梧桐窝子凹陷地区现今的基本构造样式呈现

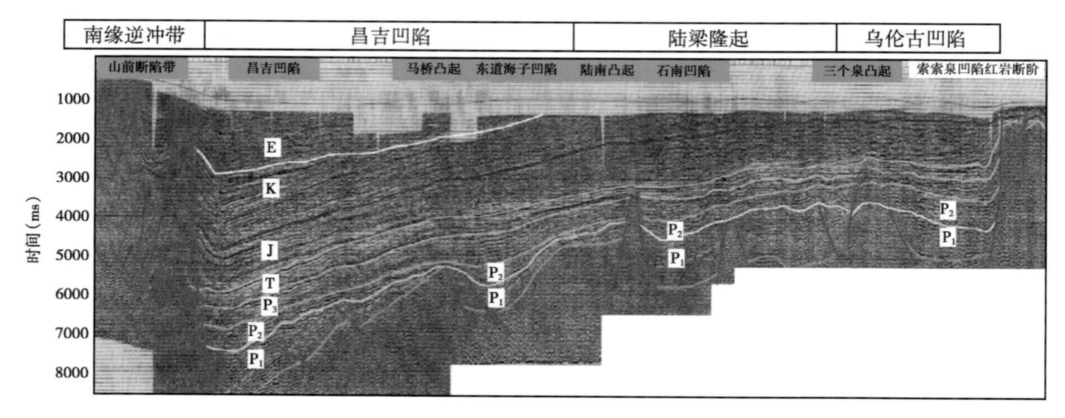

图 2-24　准噶尔盆地 SN4 测线地震解释剖面

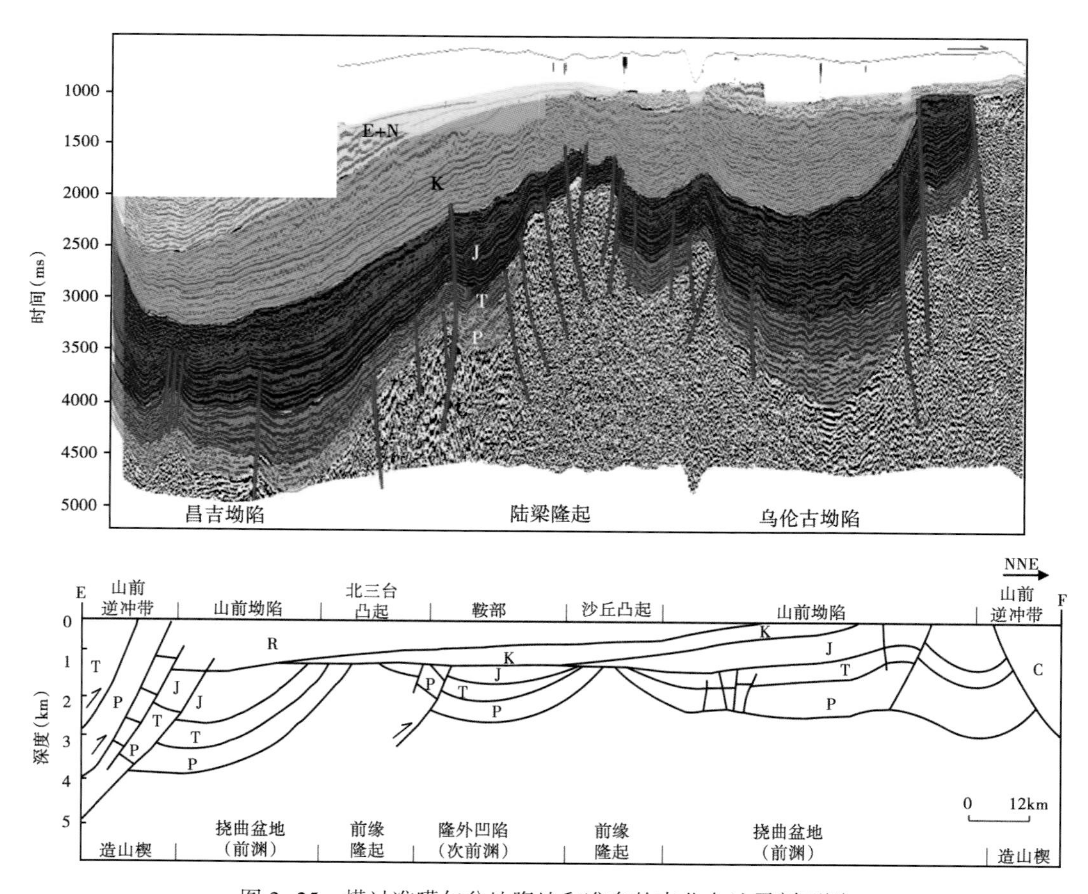

图 2-25　横过准噶尔盆地腹地和准东的南北向地震剖面图

北北东向的褶皱、冲断构造组合（图2-27），且构造变形较强，明显不同于准东及盆地腹地的东西走向构造面貌，依据该区段构造紧邻克拉美丽断裂带分析，该区构造的形成应该是受克拉美丽断裂带中期左行走滑作用的叠加改造所致。

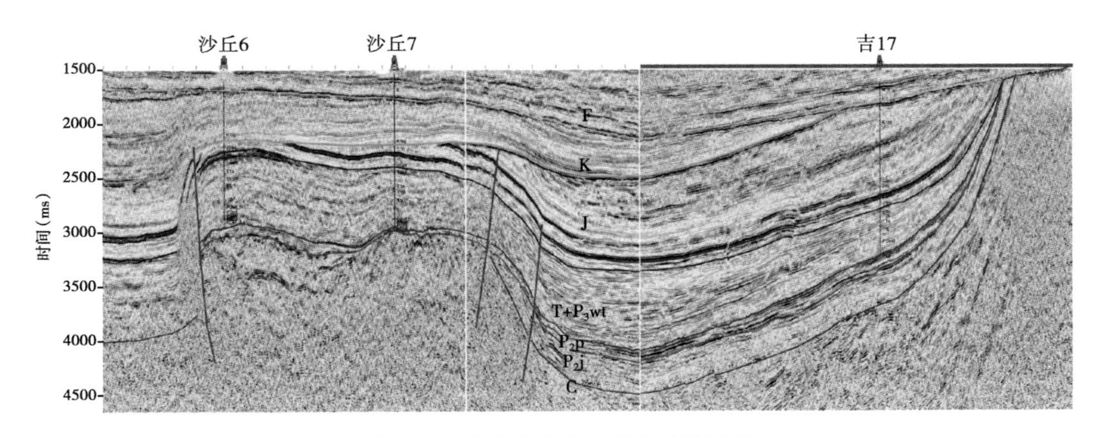

图 2-26　准东吉木萨尔凹陷地震剖面

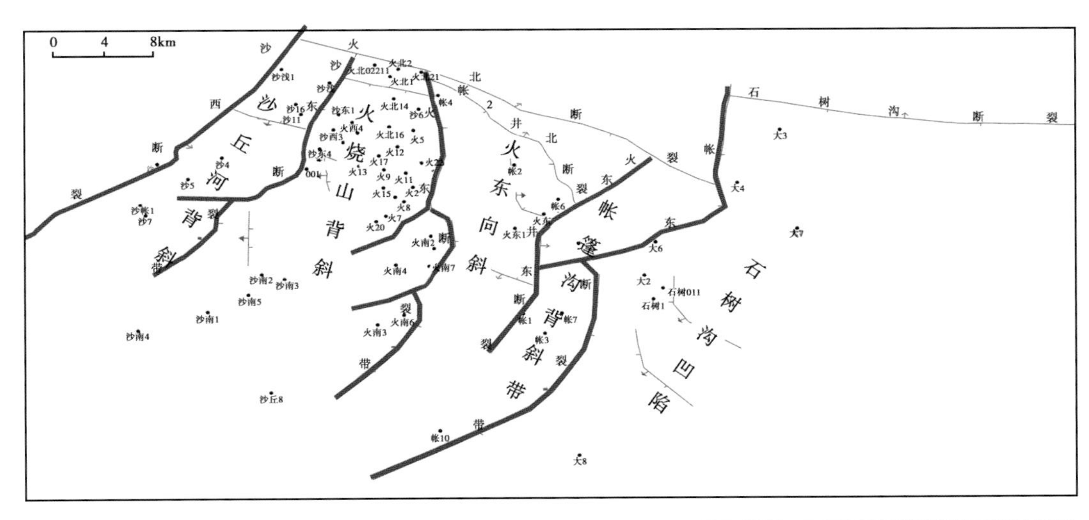

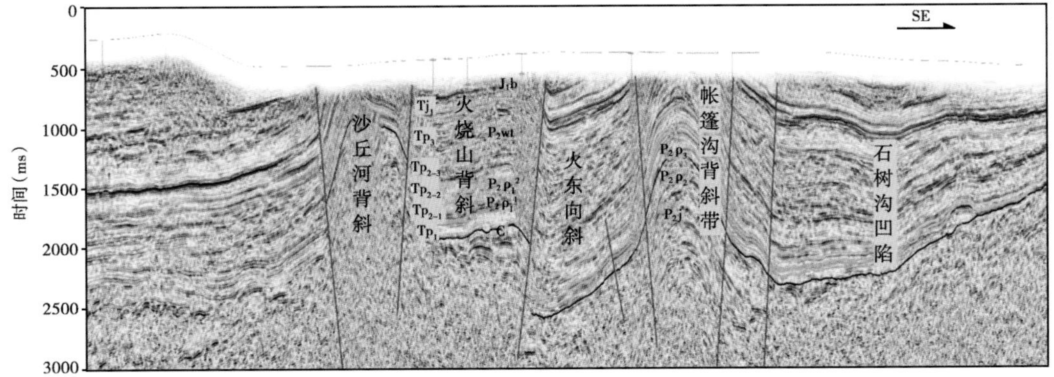

图 2-27　火烧山地区构造单元略图（M9709 测线）

第三章　大龙口地区基本地质特征

新疆维吾尔自治区吉木萨尔县三台镇大龙口地区，在构造上位于准噶尔盆地东南部，或准东隆起南部。该区南靠博格达山，北接准东盆地，恰处于盆山结合部（图3-1）。区内石炭系（海相沉积）、二叠—三叠—侏罗—新近系（陆相河、湖沉积）不同地层系统出露良好，尤其是陆相二叠—三叠纪地层发育连续完整，构造变形特征、古生物化石丰富，地质现象多彩，具有丰富的地质内涵和外延，受到国内外地学工作者的关注，是进行露头剖面系统开展沉积盆地分析、石油地质研究的理想天然实验室。针对准噶尔盆地及其相邻地区长期以来油气勘探开发的实际，以现代地质科学理论和油气勘探开发理论及技术方法为指导，在全面搜集石油、地矿系统及院校、科研单位研究成果，多学科综合研究分析区域地质研究现状，科学、客观认识区域地质基本问题，构建准噶尔盆地古生代以来区域地质特征及其形成演化的基础上，以大龙口剖面为解剖对象深入开展盆山结合、多学科综合的基础地质研究，建立野外和室内相结合的大龙口二叠—三叠系石油地质综合研究基地，持续性调研、不断丰富积累研究成果并进行国内外科研交流，有效地指导油气勘探开发。

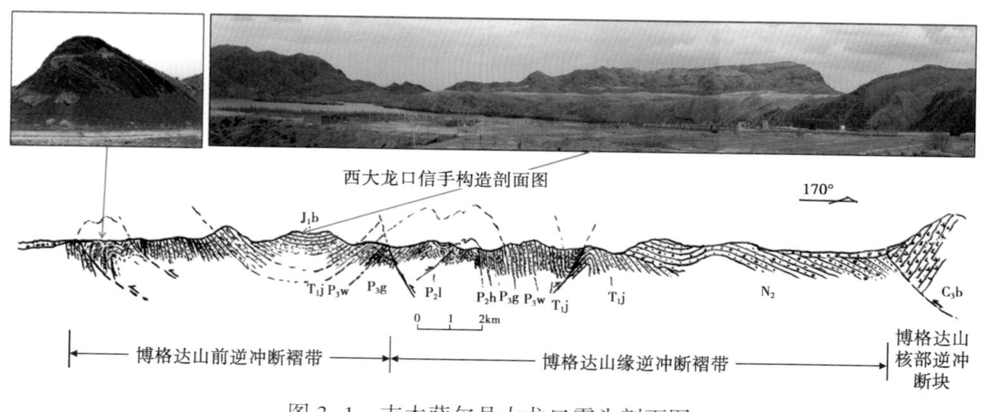

图3-1　吉木萨尔县大龙口露头剖面图

第一节　大龙口地区野外地质剖面地层组成

吉木萨尔县三台镇南约8km的大龙口剖面出露石炭系、二叠系、三叠系、侏罗系、新近系（图3-1），1:20万奇台幅、达坂幅和吉木萨尔县幅地质图区调建立了该区完整的地层序列和地层岩石组合（表3-1）。其后又经历了进一步深入区域调研对比、补充、修改、完善的过程。其中石炭系、二叠系、三叠系，特别是二叠—三叠系，在区域内具典型性和代表性，而且是上二叠统与下三叠统发育良好的经典剖面，在前人工作基础上（表3-2），经历众多研究者的辛勤努力，几经修改形成了现今的地层格架。

表 3-1 吉木萨尔地区综合地层柱状剖面图（据吉木萨尔县幅 1∶20 万，1978）

地层区划			年代地层单位			岩石地层单位及代号			厚度（m）	沉积岩建造柱	岩性岩相简述	化石组合或同位素测年方法与年龄值
区	分区	小区	系	统	阶	群	组	段				
北疆地层区	准噶尔北天山地层分区		新近系	上新统	高云阶—麻则沟阶		独山子组（N_2d）		441		砂砾岩、泥岩	微体古生物：*Candona* sp. *Ostracoda* sp.,*Chara* sp., *Candonilla supellestoda*（*sharapora*）
				古—始新统	上湖阶—阿山头阶		紫泥泉子组（$E_{1-2}z$）		383		紫红色砂质泥岩夹砂岩	介形虫：*Eucypris*, *Darwinula ablica limnacythere scrabicula*
		博格达地层小区	侏罗系	下侏罗统	三工河阶		三工河组（J_1s）		255		泥岩、砂岩夹碳质页岩及菱铁矿、底部为复矿砂岩夹砾岩	
					八道湾阶		八道湾组（J_1b）		350		上部：灰色、黄绿色砂岩、砾岩、泥岩夹煤线 下部：褐色砾岩，褐黄色岩屑砂岩夹泥岩	植物：*Ginkgoites* sp., *phoenicopsis* sp., *P.tangustifoia Heer. Pspeciosa Heer Podozamites distans(presl)*
			三叠系	上中—三叠统	永坪阶		黄山街组（T_3hs）	$T_{2-3}k+T_3h$	310		浅灰色泥岩、泥质粉砂岩夹细砂岩和菱铁矿扁豆体；底部夹碳质泥岩，含硅化木	植物：*Neolalmites* sp.
					二马营阶—胡家村阶		克拉玛依组（$T_{2-3}k$）					
				下三叠统	和尚沟阶		烧房沟组（T_1sf）	P_3g+T_1sh	507		暗红色、黄绿色泥岩、粉砂岩、细砂岩、长石砂岩夹细砾岩和石灰岩透镜体	介形虫：*Darwinula brova Gal.Charophyta* sp., *Darwinula* aff. *lainioda Mand.*；鱼：*Sinoomiontus vrumchill Ruankon.* 爬形动物：*Lrstrosaurus broomi young chasmatosnurus yuani young santaisannurus yuant Kon.Dtcyondon stnkiangnensis young aadyuan*
					大龙口阶		韭菜园子组（T_1j）		396		黄绿色暗红色砂质泥岩夹长石砂岩、粉砂岩、细砾岩	
			二叠系		孙家沟阶—大龙口阶		锅底坑组（P_3g）				黄绿色、灰绿色夹红色条带状泥岩、岩屑砂岩、粉砂岩	
				中—上二叠统	孙家沟阶		梧桐沟组	P_3w+P_3q	242		黄绿色、暗红色、杂色泥岩、粉砂岩夹中粗粒长石砂岩、砾岩，含砾粗砂岩薄层石灰岩	介形虫：*Darwinwla salgna* sp., *D.breva Gal*
					孙家沟阶		泉子街组		152		黄绿色、暗红色杂砂岩、泥岩夹粗粒长石岩屑砂岩、砾岩	植物：*Callipter zelleri Zal. Lincpteris.sibirica Zal* 介形虫：*Darwiula kuznetskiensis*
					上石河子阶	芨芨槽群（$P_{1-3}j$）	塔尔郎组（P_2t） / 芦草沟组（P_2l）		293.78		黑灰色碳质泥岩、结晶灰岩、砂岩、砂砾岩、粉砂岩 / 黑灰色页岩、油页岩、粉砂岩夹白云岩及少量砂岩	*Paracatamites* sp. *Neggerathiopsis* sp.
					上石河子阶		大河沿组（P_2dh） / 井子沟组（P_2j）		747 / 540~1989		暗褐色巨厚层状砾岩、棕红色含砾粗砂岩、下部有一层安山岩 / 黄灰色、灰绿色钙质粉砂岩、岩屑砂岩、石灰岩	植物：*Calamite* sp.
					上石河子阶							
				下二叠统	栖霞阶—冷坞阶		塔什库拉组（P_1t）		1201~172		灰黑色、灰绿色粉砂岩与长石质硬砂岩互层	腕足类：*Puqilise* sp. 瓣鳃类：Septimyalima sp. 腹足类：Mesocanucaria sp.
					紫松阶—隆林阶		石人子沟组（P_1s）		1738.25		灰色、灰绿色长石质硬砂岩、长石砂岩韵律层；有时夹砂质灰岩、细粒长石质硬砂岩	腕足类：Choristites sp. 珊瑚：Lophophyllidium sp.
			石炭系	中石炭统	达拉阶—消遥阶		祁家沟组（C_2qj）	二段（C_2qj^2）	2150~3916		灰色、灰黑色厚层状砂岩、粉砂岩、泥岩、火山灰凝灰岩，局部夹安山玢岩、橄榄玄武岩	植物：Linizophoria resupinata（Mart）Neospirifer sp.,Marqinifera sp.,瓣鳃类：Myalina sp.,植物：Calarmesgigans Brogngninrt,大量松柏、蕨类，个别鳞木
								一段（C_2qj^1）	114~302		灰色、灰黑色粉砂质泥岩、粉砂岩夹钙质长石质硬砂岩及石灰岩透镜体	
					罗苏阶—滑石板阶		奇尔古斯套组（C_2q） / 柳树沟组（C_2l）		1501~1245		暗红色、灰黑色中厚层—块状泥质粉砂岩、粉砂质泥岩、碳质泥岩夹硬砂岩、霏细岩、硅质岩 / 上部灰绿色、灰紫色凝灰角砾岩、凝灰砂岩、辉石安山玢岩、玄武岩火山灰凝灰、硅质岩；下部：灰紫色凝灰岩、凝灰质钙质砂岩、凝灰角砾岩、粉砂岩、层凝灰岩，沿走向可相变为中基性熔岩、辉石安山玢岩、霏细岩、珍珠岩等，化石丰富	腕足类：Choristies cf.Liangchanesis 珊瑚：Caninira sp. 腹足类：Omphalotrochus 瓣鳃类：Avichlopecien 苔藓：Nicklesoporo sp. 珊瑚：Nurtithecopora sp.
					罗苏阶							
				下石炭统	岩关阶—德坞阶		七角井组（C_1q）		3400		杏仁状安山玢岩、流纹状英安斑岩、玄武玢岩及相应的火山碎屑岩为主；下部夹火山灰凝灰岩、凝灰粉砂岩、长石岩屑砂岩	腕足类：*Marginifera* sp.; *Echinoconokus* sp.; *Choristites* sp.; *Spririfer* sp.; *Linopro Ductus* sp.
		吐鲁番地层小区	古近—新近系		高庄阶—麻则沟阶		葡萄沟组（N_2p）		20~1075		上部灰绿色砾岩；下部灰黄色砾岩、砂岩、砂泥岩含钙质结核	*Lineotyprisadvena Schnedided.Herepectocypres* sp.
					乌兰布拉克阶—保德阶		桃树园组（E_3N_1t）		261~522		浅桔黄、棕灰、灰白色砂岩、泥岩、泥砂岩夹石膏	*Limnocythere* aff. *arquiata* Mara
					五图阶—乌兰戈楚阶		巴坎组+台子村组（E_1lz+E_2b）		170~300		褐红色、桔红色、土黄色砂岩、钙质粉砂岩、泥岩，底部有一层钙质砾岩	*Lipnocythere* sp.
			侏罗系	上侏罗统	土城子阶—钦莫利阶		喀拉扎组+齐古组（J_3qk）		177		黄绿、紫红色砂岩、泥岩、砾岩、含砾砂岩	*Qstheria* sp., *Eplorepis* sp.
				中侏罗统	头屯河阶		头屯河组（J_2t）		860		灰黄绿色长石石英砂岩、泥岩—细砂岩、灰绿色、紫、桔红色砂质泥岩，底部夹砾岩	*Coniopteris* sp., *Pseudocardinia. Podoranles* sp.
							西山窑组（J_2x）		359		砂岩、碳质页岩夹砾岩，煤层含菱铁矿透镜体	*Codoranltes* sp.,*Crinso* sp.
				下侏罗统			三工河组（J_1s）		294		黄褐色长石砂岩、粉砂质泥岩、泥岩夹砂砾岩	*Podornctes* sp.
							八道湾组（J_1b）		351		黄褐、黄绿色砂岩、长石砂岩夹碳质页岩褐层，含菱矿透镜体	*Comioptris* sp.
			二叠系				哈尔加乌组（P_1h）				灰绿色、紫灰岩、玄武岩、玄武安山岩、玄武安山质集块角砾岩、安山质火山角砾岩，上部夹粉红色流纹质角砾凝灰岩	

表 3-2　北天山二叠—三叠系划分革沿表（1989 年）

作者（年份）	统（系）	群（岩系、统）	组（层）
袁复礼（1935 年）	中三叠统 / 下三叠统 / 上二叠统		烧房沟层 / 东红山层 / 大龙口层
王恒升（1948 年）	侏罗系 / 三叠系	红盐池砂页岩系 / 仓房沟红色层	
马夏庚（1952 年）	中—下侏罗系 / 三叠—二叠系 / 下二叠统	下煤层 / 乌鲁木齐叠系	
莫依先科（1952 年）	中—下侏罗系 / 三叠—二叠系 / 下二叠统	第四无煤层	紫红色泥岩及砂岩层 / 浅灰绿色灰色泥岩及砂岩层 / 紫红色泥岩及砂岩层
胡厚文（1955 年）	中—下侏罗系 / 三叠系 / 上二叠统	下灰绿色层 / 仓房沟岩系 / 妖魔山岩系	
唐祖奎（1957 年）	上三叠统 / 中三叠统 / 下三叠统	小泉沟岩系 / 仓房沟岩系 / 上芨芨槽岩系	烧房沟层 / 东红山层 / 韭菜园层 / 锅底坑层 / 梧桐沟层 / 泉子街层
谢宏（1959 年）	上三叠统 / 中—下三叠统	小泉沟统 / 仓房沟岩系 / 上芨芨槽统	T^4_{1+2} / T^3_{1+2} / T^2_{1+2} / T^1_{1+2}
潘钟祥（1959 年）	上—中三叠统 / 中—下三叠统 / 上二叠统	小泉沟统 / 仓房沟统 / 上芨芨槽岩系	烧房沟层 / 韭菜园层 / 梧桐沟层 / 泉子街层
扬时中（1960 年）	上三叠统 / 中—下三叠统 / 上二叠统	小泉沟群 / 仓房沟统 / 上芨芨槽统	烧房沟层 / 韭菜园层 / 梧桐沟层 / 泉子街层
唐文松（1962 年）	上三叠统 / 中—下三叠统 / 上二叠统	小泉沟群 / 上芨芨槽群	烧房沟组 / 韭菜园组 / 梧桐沟组 / 泉了街组
新疆地层表（1977 年）	上—中三叠统 / 下三叠统 / 上二叠统	小泉沟群 / 上仓房沟群 / 下仓房沟群 / 上灰绿色层	上仓房沟群 → 烧房沟层 / 韭菜园层；下仓房沟群 → 梧桐沟层 / 泉子街层
赵喜进（1980 年）	上—中三叠统 / 下三叠统 / 上二叠统	小泉沟群 / 上仓房沟群 / 下仓房沟群 / 上芨芨槽群	上仓房沟群 → 烧房沟层 / 韭菜园层；下仓房沟群 → 锅底坑组 / 梧桐沟层 / 泉子街层
中国地质科学院、新疆地矿局（1984 年）	上—中三叠统 / 下三叠统 / 上二叠统	小泉沟群 / 仓房沟群 / 上芨芨槽群	烧房沟层 / 韭菜园层 / 锅底坑组 / 梧桐沟层 / 泉子街层
新疆地矿局、中国地质科学院（1989 年）	上—中三叠统 / 下三叠统 / 上二叠统	小泉沟统 / 仓房沟群 / 上芨芨槽群	烧房沟层 / 韭菜园层 / 锅底坑组 / 梧桐沟层 / 泉子街层

第二节　大龙口地区野外地质剖面盆山结构构造特征

吉木萨尔县三台镇大龙口野外地质剖面整体的结构构造基本与区域博格达山前带相类似，但仍有其自身特征。

吉木萨尔大龙口区段出露石炭系—新生界（该剖面缺失白垩系）不同年代的海相、陆相地层，依据地层岩石组合、沉积特征、地层间的角度不整合关系（图 3-2）、构造变形特征及岩浆活动特征，可将其划分为属海相地层系统的石炭系构造层（海山期），以及陆相地层系统的二叠—三叠系构造层（印支期）、侏罗系构造层（燕山期）和古近—新近系构造层（喜马拉雅期），显示该区域具有多期构造作用过程和沉积盆地形成演化过程。

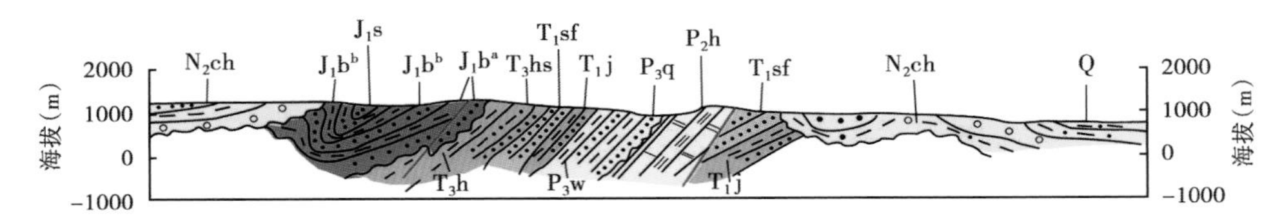

图 3-2　吉木萨尔县大龙口西沟剖面图（据吉木萨尔县幅 1∶20 万地质图，1978）

N_2ch—昌吉河群；J_1b—八道湾组；T_3h—郝家沟组；T_3hs—黄山街组；T_1sf—烧房沟组；T_1j—韭菜园组；P_3w—梧桐沟组；P_3q—泉子街组；P_2h—红雁池组；Q—第四系

该区现今的基本构造面貌主要以石炭纪—二叠纪—三叠纪的褶皱、断裂为特征，该构造面貌虽然是海西期以来长期构造演化的综合结果，但其基本构造格架应为燕山期构造作用铸成，并受到喜马拉雅期构造的叠加改造。大龙口剖面自南而北可依据野外观察到三条主要断裂，分别为博格达山缘断裂、水库南背斜北侧断裂和水库向斜北侧断裂。在大龙口剖面南端，博格达山缘断裂分隔了石炭系和古近—新近系，并被第四系坡积物覆盖。该区段基岩露头较差，但仍可依据石炭系的变形强烈判断，该处发育向南倾斜的逆冲断层。

水库南背斜北侧断裂位于以芦草沟组为核心的复式背斜北翼，断层分隔了芦草沟组和泉子街组，并造成红雁池组缺失。断裂北侧泉子街组显著变陡，而且其顶部的紫红色砂泥岩特别是古土壤及球粒赤铁矿层断续分布或缺失（图 3-3），断层产状向南倾斜向北逆冲。该断裂应对应于博格达山北缘区域中的妖魔山断裂。

水库向斜北侧断裂位于大龙口剖面北端，野外观察显示，位于大龙口水库的向斜构造整

图 3-3　水库南背斜北侧断裂下盘泉子街组上部的古土壤及球粒赤铁矿层

体呈现为直立宽缓特征，但其北翼的三叠—二叠系地层产状愈往北愈陡，并发育轴面南倾北倒的褶皱和同产状小型逆冲断层（图3-4）。预示该区段应为大型逆冲断层的上盘，其北侧应存在规模向北逆冲的断层。

图3-4 大龙口水库北二叠系芦草沟组中的紧闭倒转褶皱

值得关注的是，顺该断层走向向东在石场沟北部，野外可见二叠系芦草沟组逆冲于侏罗系之上，断层带向南倾，宽约50m，为一规模较大的逆冲断层（图3-5）。该断裂应对应于博格达山北缘区域中的阜康断裂，为博格达山前逆冲断褶带的前锋断裂。

图3-5 吉木萨尔县南石场沟逆冲大断层（由东向西望）

大龙口剖面中的博格达山前断裂、水库南背斜北侧断裂和喇嘛昭断裂三条断裂均具逆冲性质，为浅表层脆性断裂，并以这三条断裂为界，将该剖面区段划分为博格达山核部逆冲断块、博格达山缘逆冲断褶带和博格达山前逆冲断褶带三个组成部分。

（1）博格达山核部逆冲断块：以海相（发育石灰岩、砂岩、火山熔岩、火山角砾岩等，并可见侵入其中的辉绿岩、辉长岩）地层的褶皱、断裂为特征，其中的断裂突出可见规模较大的褶皱基底韧性剪切带（基性火山岩的透入性劈理化带，显示较深层次的变形特征）（图 3-6）。

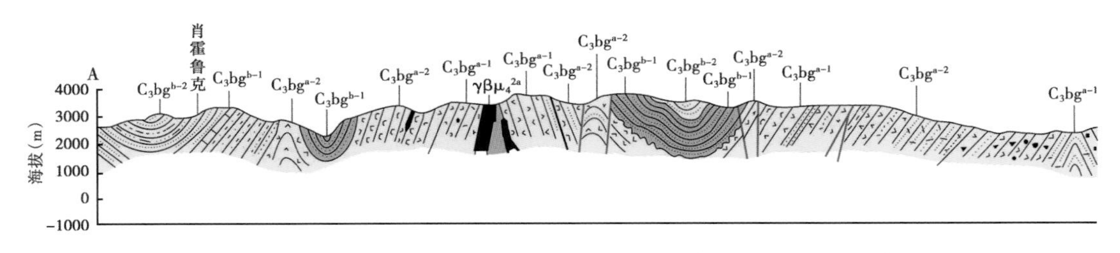

图 3-6　博格达山核部逆冲断块与构造变形（据吉木萨尔县 1∶20 万地质图，1978）

（2）博格达山缘逆冲断褶带：博格达山前断裂和水库南背斜北侧断裂之间为山缘逆冲断褶带（图 3-1）。该带内自南而北出露古近—新近系和二叠系—三叠系，古近—新近系呈开阔褶皱明显角度不整合于三叠系之上。二叠系—三叠系发育一系列直立等厚背向斜，尤以水库南复式背斜最具特征。

该复式背斜（俗称大龙口背斜）以芦草沟组软弱岩层（暗色泥页岩为主）为核心，以二叠—三叠系的其他组段的强硬岩层为其两翼，两翼岩层分别向南、向北倾斜，呈简单单斜（图 3-7），核部的芦草沟组软弱岩层则形成一系列次级背向斜，均呈直立状，以直立宽缓褶皱为主（图 3-7），并可见直立紧闭褶皱。局部区段褶皱样式复杂，小型冲断（图 3-8）和节理发育（图 3-9），显示构造变形强烈。以芦草沟组软弱岩层为背斜核部的构造变形之所以复杂、强烈，既可能与该区段恰处于强硬岩层与软弱岩层相邻的背斜转折端部位有关，也可能受到该区主期构造形成于燕山期，但也受到其后（喜马拉雅期）构造变形的叠加改造的影响。

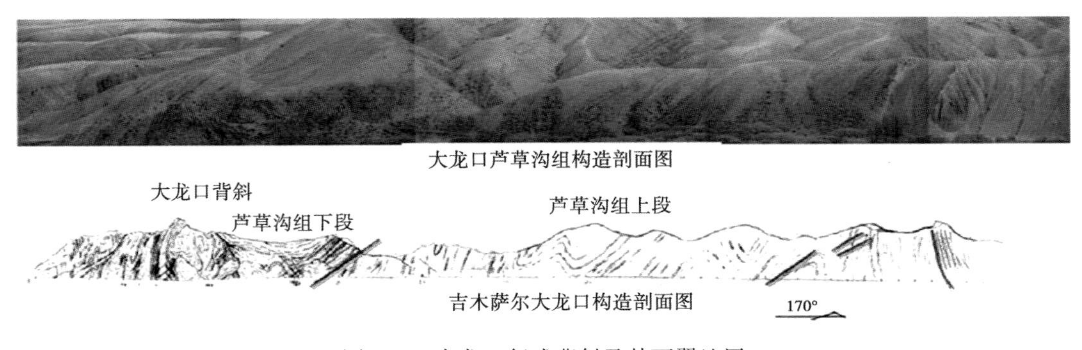

图 3-7　大龙口复式背斜及其两翼地层

（3）博格达山前逆冲断褶带：水库南背斜北侧断裂和水库向斜北侧断裂之间为山前逆冲断褶带（图 3-1）。该带内自南而北出露侏罗系和二叠—三叠系，由侏罗系和三叠系组成

图 3-8　水库南背斜北侧芦草沟组构造变形特征

图 3-9　芦草沟组复杂变形及节理发育特征

的水库向斜尤为完整，其核部为下侏罗统八道湾组，两翼为三叠系。侏罗系卷入该区褶皱是分析大龙口剖面主期构造形成于燕山期的重要证据，当然也与区域构造作用的基本特征相一致。水库向斜具直立开阔等厚褶皱特征。水库向斜之北地层产状明显变陡，局部地层倒转（图 3-4）形成轴面南倾的褶皱，且断面南倾的小型逆冲断层发育，代表了主断裂上盘的相应构造变形，预示水库向斜北侧断裂的存在（图 3-10）。

大龙口剖面的上述结构构造面貌主要奠基于燕山期，并受到喜马拉雅期构造的叠加改造。

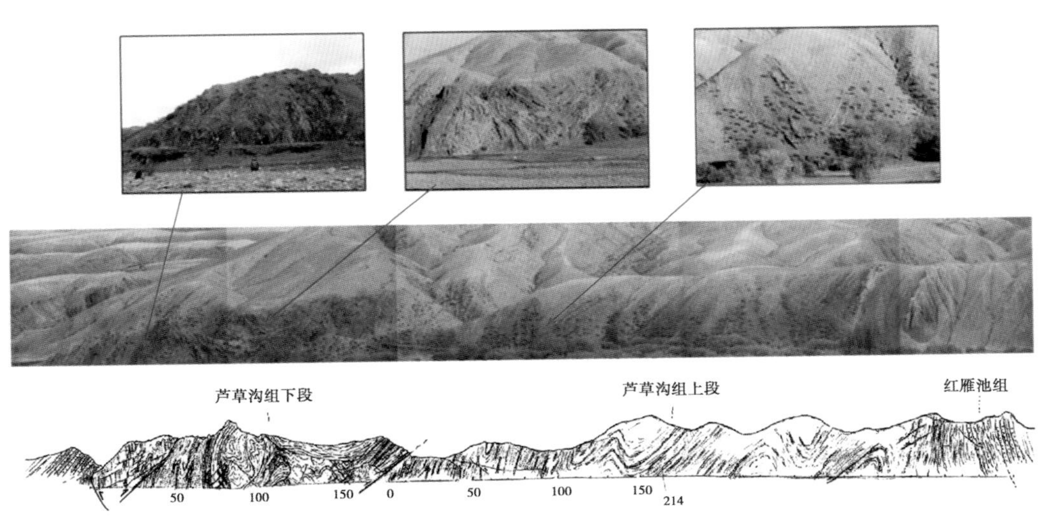

图 3-10　水库南复式背斜核部芦草沟组构造变形特点

第四章 大龙口地区露头层序地层学研究

露头层序地层学研究首先必须准确识别各层组的分界面，然后才能根据不同级别的层序界面，划分层序级别，明确各层序界面的构造属性。

西大龙口剖面自下而上发育中二叠统芦草沟组（P_2l）、红雁池组（P_2h），上二叠统下仓房沟群泉子街组（P_3q）、梧桐沟组（P_3w）、锅底坑组（P_3g），下三叠统上仓房沟群韭菜园组（T_1j）、烧房沟组（T_1sf），中三叠统克拉玛依组（T_2k）和上三叠统黄山街组（T_3hs）、郝家沟组（T_3h）。剖面连续、地层出露清晰、岩石类型多样、接触关系清楚，非常适合二叠—三叠系陆相露头层序地层学精细研究。

第一节 组间地层界面识别

组间地层界面识别，以及地层单元“组”的划分是一切地质研究的基础。本次研究在参考前人研究成果的基础上，对西大龙口剖面二叠—三叠系的大部分组间界线进行了重新确认。其中对几个重要界线，根据岩石组合、沉积相、旋回沉积、古生物、沉积环境等，进行了重新划分与识别，如 $P_2l/P_2h/P_3q$、P_3q/P_3w、$T_2k/T_3hs/T_3h$ 等。

一、上芨芨槽群各组分界

1. 井井子沟组与芦草沟组的分界

在水库北面公路旁出露了井井子沟组与芦草沟组的接触界线（图 4-1）。界线之下的井井子沟组为灰绿色泥岩，发生了较强烈的构造变形（图 4-2），而芦草沟组为深灰色页岩，含鱼化石，属于深湖相沉积。因此该界线属于相转换界面。

图 4-1 水库北公路旁井井子沟组与芦草沟组接触界线

2. 芦草沟组/红雁池组/泉子街组的分界

在大龙口背斜南翼剖面，中二叠统芦草沟组与中二叠统红雁池组、中二叠统红雁池组与上二叠统泉子街组之间的界线清楚（图 4-3）。

1）芦草沟组与红雁池组侵蚀不整合分界

中二叠统芦草沟组顶部为一套深灰色页岩，夹薄层灰色石灰岩；中二叠统红雁池组底部

图 4-2　水库北公路旁强烈变形的井井子沟组

图 4-3　中二叠统芦草沟组、中二叠统红雁池组、上二叠统泉子街组的地层层序与分界

为一套厚度几十厘米不等的砂砾岩，两者之间为一个侵蚀不整合分界（图 4-4）。芦草沟组顶部页岩被部分侵蚀。红雁池组底部的砂砾岩成分成熟较高，砾石成分主要包括变质岩、中基性火山岩、单晶石英、岩屑等，小大混杂，分选中等，砾石呈次圆状到次棱角状，磨圆中等—好（图 4-5），说明该碎屑砂砾岩的物源相对较远，为邻区古老变质岩和火山岩风化剥蚀产物，经历了较强水动力作用的搬运和分选，属于远源快速沉积。

图 4-4　芦草沟组与红雁池组侵蚀不整合界线

图 4-5　红雁池组底部砾岩特征

2）红雁池组与泉子街组的构造不整合边界

红雁池组（P_2h）与泉子街组（P_3q）之间为不整合边界（图 4-6），这也是大龙口剖面最大一级的不整合边界之一。

图 4-6　泉子街组与红雁池组构造不整合接触关系

在边界的下部为红雁池组的砂砾岩、深灰色泥岩、砂岩组合；边界之上为泉子街组巨厚层暗红色砂砾岩。红雁池组为三角洲至半深湖相的沉积，暗色泥岩中的有机碳可达 16.8%；而泉子街组为泥石流形成的冲积扇沉积，砾石的粒径虽较小（厘米级），磨圆中等，但分选极差，显然属于近源快速堆积，在界面上下明显存在相不连续。

该不整合界面反映了芦草沟组—红雁池组沉积末期发生了构造抬升作用，结束了芦草沟组—红雁池组沉积时期的湖盆发育历史，并使部分红雁池组和芦草沟组遭到剥蚀，成为上覆泉子街组的部分物源（图 4-7）。另一方面，泉子街组的沉积预示着新一期沉积盆地开始发育。

图 4-7　泉子街组砾岩中含有较多下伏地层中的芦草沟组泥质砾石

在水库北剖面见泉子街组直接覆盖于芦草沟组之上（图 4-8），缺失红雁池组，这也表明在泉子街组沉积之前（或芦草沟组沉积之后）确实存在一次构造运动，致使红雁池组部

图 4-8　水库北剖面上二叠统泉子街组直接覆于中二叠统芦草沟组之上

分剥蚀，部分芦草沟组也被剥蚀。

二、下仓房沟群各组分界

1. 泉子街组与梧桐沟组之间的湖侵分界

前人均将梧桐沟组最下部的一套厚层砂岩作为梧桐沟组与泉子街组之间的地层分界（中华人民共和国地质矿产部地质专报·二·地层古生物·第3号，1986）。但是通过本次研究认为，泉子街组（P_3q）与梧桐沟组（P_3w）之间的分界为一湖侵界面。其分界面位于湖侵面的底部。其下的泉子街组上段由下部的分流河道砂砾岩和上部的河漫滩紫红色泥岩组成，构成二元结构单元（图4-9），为辫状河沉积体系，其顶部遭受了较强烈的古土壤化作用，可以成为分界及对比的良好标志。

图4-9　泉子街组上段辫状河沉积的二元组合结构

梧桐沟组下段为一套灰色泥岩，夹中—薄层细砂岩，偶含细砾的岩石组成，属于滨浅湖沉积（图4-10）。其分界线之上的梧桐沟组为一厚约30cm的含砾砂岩，属于湖侵开始的标志（图4-11）。

图4-10　梧桐沟组下段的滨浅湖相沉积组合

在该界面之下为辫状河沉积体系，位于湖平面之上，属于高位体系域；该界面之上为滨浅湖沉积体系，位于湖平面之下，属于湖侵体系域。因此该界面是一个相转换界面，代表地

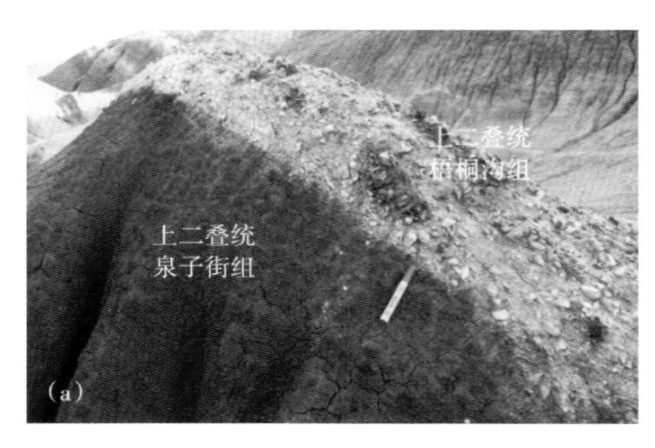

图 4-11　梧桐沟组底部湖侵沉积的砂砾岩(a) 和湖滨沉积的含砾砂岩 (b)

壳沉降和湖盆的扩张。

在大龙口背斜北翼，泉子街组上段为一套发育非常完好的古土壤，主要有三层，分别由深紫红色泥岩、含豆粒铁质结核和主要垂直于层面的钙质条带组成（图 4-12），反映了多期次古土壤作用形成的上、中、下三元结构组合，但三者之间并没有截然的分界。由于古土壤是古气候和古水文环境综合作用的产物，泉子街组顶部的古土壤可以作为地层层序划分与对比的良好标志。

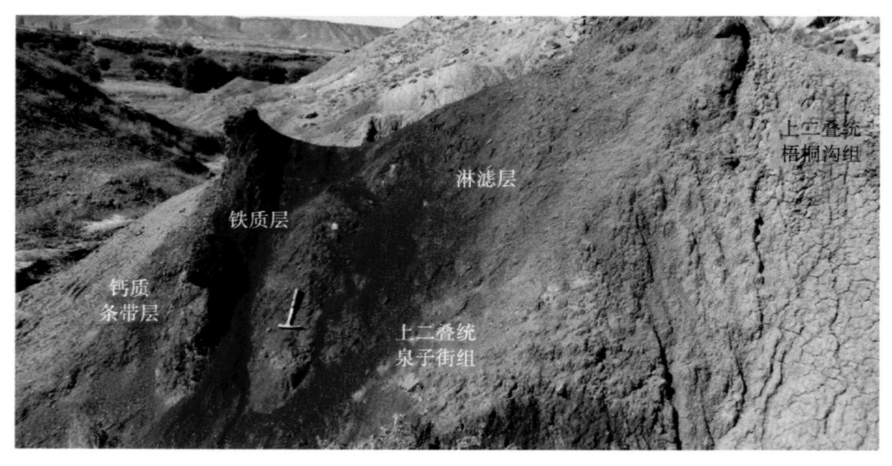

图 4-12　泉子街组顶部古土壤组成特征

2. 梧桐沟组与锅底坑组分界

上二叠统梧桐沟组（P_3w）与锅底坑组（P_3g）的地层分界前人将其放在梧桐沟组顶部厚层砂岩顶面（图 4-13）。而通过本次研究，把梧桐沟组（P_3w）与锅底坑组（P_3g）的分界放在锅底坑组一套湖泊砂岩的底部（图 4-14），代表从梧桐沟组三角洲沉积体系向锅底坑组湖泊沉积体系的过渡。

锅底坑组的底界砂岩厚 40~50cm，横向稳定，以中粗粒为主，分选磨圆好，胶结致密，风化后呈铁锈褐红色，显然与下伏的梧桐沟组三角洲砂岩明显不同。锅底坑组底部砂岩属于湖侵滨湖砂岩，这与其上覆的滨浅湖泥岩是一致的。因此该分界线比前人划分的界线更合理。大龙口背斜北剖面也有类似特征（图 4-15）。

图 4-13　梧桐沟组与锅底坑组分界线对比

图 4-14　大龙口背斜南剖面梧桐沟组与锅底坑组的分界线

图 4-15　大龙口背斜北剖面梧桐沟组与锅底坑组的分界线

3. 锅底坑组与下三叠统韭菜园组分界

锅底坑组属于一套跨二叠—三叠纪地质年代的地层，是年代地层学研究的重点，前人做过大量的研究工作。根据微体古生物介形虫、陆地动物、磁性地层、地球化学划分过不同的二叠—三叠系界线（图 4-16）（Ouyang Shu 等，1999；李永安等，1999，2003；Metcalfe

等，2009；Clinton B. Foster 等，2006；Changqun Cao 等，2008；Liu Jun 等，2017）。

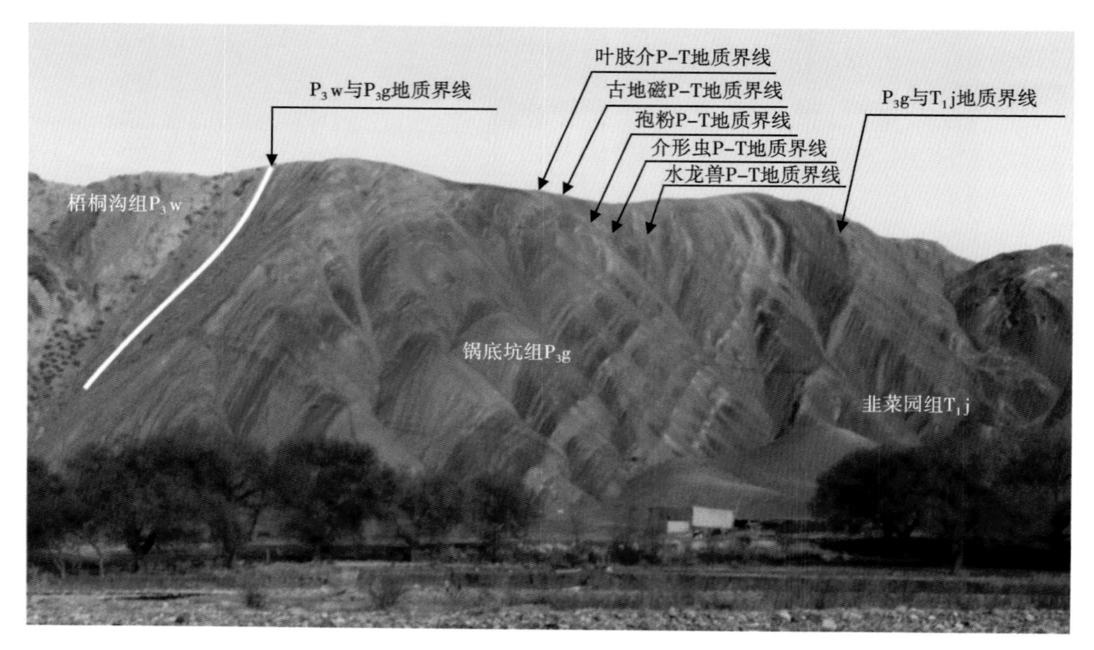

图 4–16　锅底坑组中不同方法确定的二叠—三叠系年代地层界线

本次研究主要从岩石地层学的角度，从岩石组合、岩性特征上讨论了锅底坑组与韭菜园组的分界。从野外观察来看，锅底坑组顶部发育 2 层草绿色细砂岩，可以作为良好的分界标志和区域对比标志（图 4–17）。

图 4–17　锅底坑组与韭菜园组岩石地层分界

同时在草绿色细砂岩的底部发育许多大型的干裂构造（图 4–18），反映古气候由锅底坑组沉积时期的半干旱环境转为韭菜园组沉积时期的干旱环境。

图 4-18　韭菜园组砂岩底部的大型干裂构造

三、上仓房沟群各组分界

1. 韭菜园组与烧房沟组分界

下三叠统为一套红色沉积，在大龙口背斜南翼剖面界线不清楚，在大龙口背斜北翼剖面，两者的分界为一套厚层三角洲前缘中细砂岩（图 4-19），其中还发育硅化木（图 4-20），推测该硅化木可能是河流作用把梧桐沟组中的硅化木携带而来的。该界线在河对面也比较清楚，韭菜园组底部发育两套大型厚层分流河道中粗砂岩。

图 4-19　下三叠统韭菜园组与烧房沟组岩石地层分界

2. 烧房沟组与中三叠统克拉玛依组分界

下三叠统烧房沟组与中三叠统克拉玛依组的分界在大龙口背斜北翼剖面清楚。下三叠统烧房沟组与中三叠统克拉玛依组为一截然的岩性分界（图 4-21），烧房沟组为一套紫红色泥岩，克拉玛依组为一套浅灰色三角洲前缘分流河道砂岩，因此在本剖面，从克拉玛依组开始了湖相沉积。

在西大龙口河东西两侧及大龙口水库北侧均见到中三叠统克拉玛依组与下三叠统烧房沟组之间为一清楚的岩性分界面（图 4-22）。在该界面之下的下三叠统烧房沟组为一套紫红色

图 4-20　下三叠统烧房沟组底部中的植物化石

图 4-21　大龙口背斜北翼下三叠统烧房沟组与克拉玛依组岩石地层分界

(a) 西大龙口河西侧

(b) 大龙口水库北侧

(c) 西大龙口河东侧

图 4-22　大龙口地区下三叠统烧房沟组与克拉玛依组岩石地层分界

较纯的泥质岩石，为强氧化干旱环境的滨浅湖沉积，水体较浅；在该界面之上为中三叠统克拉玛依组底部的厚层含砾中粗砂岩，发育大型的前积层理，为三角洲前缘沉积环境，说明此时期雨量开始增多，由干旱逐渐转为半干旱的气候环境。因此该界面为一个沉积相及气候转换界面。

四、小泉沟群各组分界

1. 中三叠统克拉玛依组与上三叠统黄山街组分界

由于中三叠统克拉玛依组与上三叠统黄山街组的界线不是很容易识别，目前还存在争论。

本次研究认为中三叠统克拉玛依组与上三叠统黄山街组的分界紧邻大龙口水库东侧上游处，其界面之下为克拉玛依顶部灰色、褐灰色泥岩，界面之上为灰色、浅灰色泥岩，分界处为一薄层灰色细砂岩（图 4-23）。其中黄山街组有如下几个特点，可以与克拉玛依组相比较。

图 4-23　大龙口剖面水库东侧中三叠克拉玛依组与上三叠统黄山街组岩石地层分界

（1）黄山街组岩石风化后呈蓝灰色，与克拉玛依组岩石的风化色截然不同；

（2）黄山街组发育近等间距的薄层灰色灰岩，克拉玛依组基本不发育灰岩；

（3）黄山街组的灰岩中多发育叠锥构造；

（4）黄山街组主要为细粒岩石，抗风化能力弱，主要为负地形；而克拉玛依组由于含有多层砂岩，且泥岩不纯，多含砂，抗风化能力强，主要为正地形。

该界线在大龙口剖面东侧石场沟也清晰出露（图4-24），二者为整合接触，但岩石颜色明显不同，表明黄山街组与克拉玛依组的沉积环境差异较大，因此该界线为一环境转变界线。

图4-24　石场沟剖面克拉玛依组与黄山街组岩石地层分界

2. 上三叠统黄山街组与郝家沟组分界

上三叠统黄山街组与上三叠统郝家沟组之间的界线位于水库东侧约700m的剖面处。该界线分层是本次研究新确定的。界线之下为黄山街组深湖相页岩，界线之上为郝家沟组三角洲前缘水下分流河道砂岩（图4-25）。因此上三叠统黄山街组与上三叠统郝家沟组之间的分界是一个相转换界面。

图4-25　大龙口剖面上三叠统黄山街组与上三叠统郝家沟组岩石地层分界

在石场沟剖面也可以清楚地见到上三叠统黄山街组与上三叠统郝家沟组之间的分界，同样表现为半深湖相与三角洲相的转换界面（图 4-26）。

图 4-26　石场沟剖面上三叠统黄山街组与上三叠统郝家沟组岩石地层分界

第二节　地层划分与对比

根据各层组分界标志，以及实测剖面结果，对大龙口背斜南北两翼地层进行了对比（表 4-1、图 4-27），其结果有如下几个特点。

表 4-1　大龙口背斜南北两侧二叠—三叠系实测剖面厚度对比表

地层	组　名	地层代码	厚度（m）	
			北剖面	南剖面
上三叠统	郝家沟组	T_3h	258.9	—
	黄山街组	T_3hs	299.4	—
中三叠统	克拉玛依组	T_2k	365.5	—
下三叠统	烧房沟组	T_1sf	224.7	—
	韭菜园组	T_1j	346.7	403.1
上二叠统	锅底坑组	P_3g	145.4	148.6
	梧桐沟组	P_3w	221.8	200.5
	泉子街组	P_3q	43.2	177.3
中二叠统	红雁池组	P_2h	—	62.0
	芦草沟组	P_2l	225.8	306.6
总　　计			2131.4	1298.1

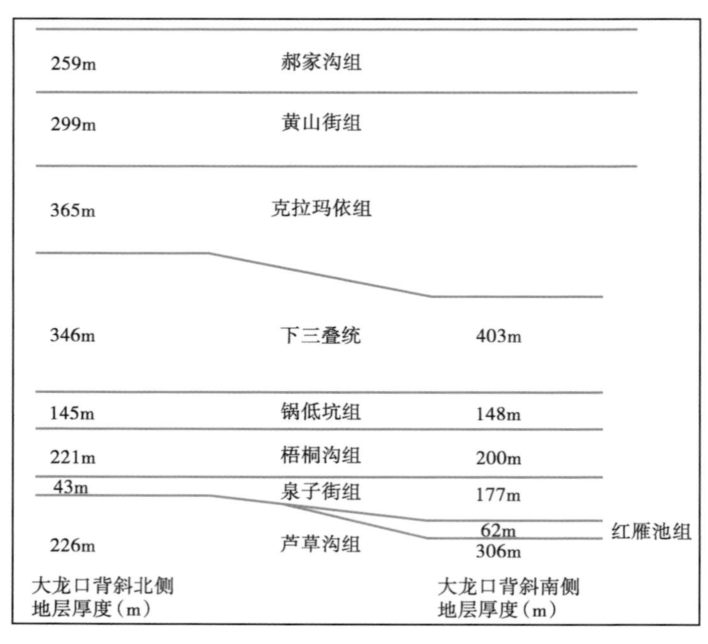

图 4-27　大龙口背斜南北两侧二叠系—三叠系实测剖面厚度对比图

(1) 芦草沟组在背斜两翼厚度相差较大，这主要是由大龙口复式背斜以及芦草沟组内部褶皱和断层的影响造成的。

(2) 红雁池组在南翼剖面厚 62.0m，在北翼剖面缺失，而且与区域地层分布也不匹配，说明红雁池组沉积之后，本地区遭受了较强烈的构造运动和剥蚀作用，向北方向剥蚀作用更强烈，这一点在水库北剖面（缺失红雁池组）也可以得到证实。另一方面，红雁池组以及芦草沟组的岩石已经成为上覆地层沉积的物源之一。

(3) 泉子街组厚度在南北翼剖面相差较大，其主要原因：一是泉子街组属于构造运动之后的填平补齐沉积，受古地貌的影响较大；二是在泉子街组沉积之后，经历了较长时间的风化淋滤和古土壤化作用，导致一部分地层被淋失，尤其是在地形较高部位淋失更多，导致地层厚度减薄。

(4) 经过泉子街组沉积末期的准平原化以后，梧桐沟组和锅底坑组沉积稳定，构造活动也不强烈，地层厚度基本一致。但其岩石组合具有向北岩性变细、砂岩厚度减小、砂层变薄的特点，表明此时期的盆地沉积中心更靠近准噶尔盆地方向。

(5) 下三叠统韭菜园组和烧房沟组在背斜南北两侧岩相特征一致，但其厚度有所不同，主要原因是由于南侧断层、褶皱发育，以及后期的剥蚀，导致背斜南侧厚度减小。而背斜北侧因烧房沟组和韭菜园组层序完整、上下接触关系清楚，其厚度比较准确。

(6) 由于南剖面缺失中—上三叠统的克拉玛依组、黄山街组和郝家沟组，仅在北剖面发育，无法进行对比。

第三节　准层序与准层序组的确定

一、准层序与准层序组

准层序也称为小层序，往往是某一沉积体系域中的一个沉积旋回的产物。它是以海泛面或与之相对应的面为界，由成因上有联系的层或层组构成的相对整合序列（图 4-28 和图 4-29）。

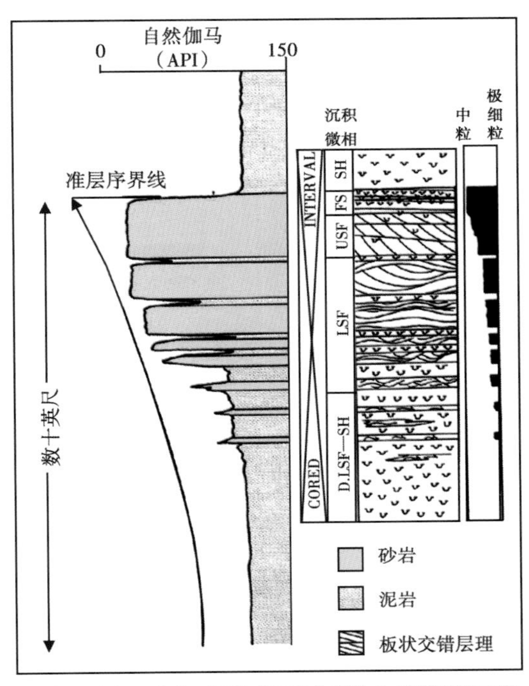

(a) 主要形成于砂质、波浪或河流作用为主的滨浅海环境

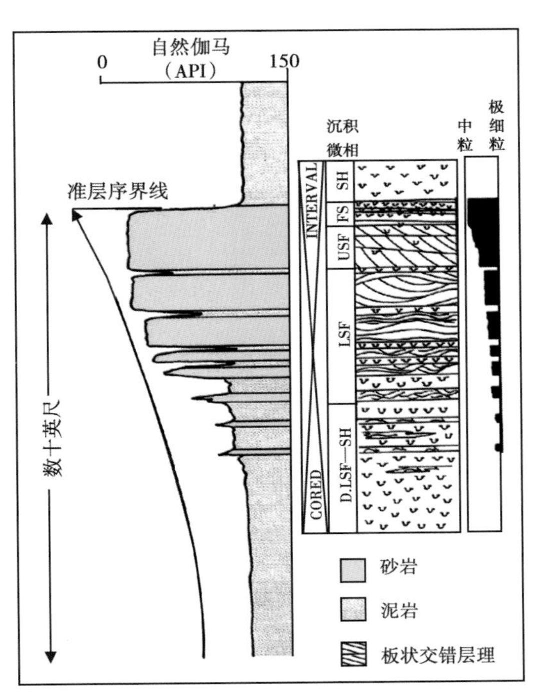

(b) 主要形成于砂质、波浪或波浪作用为主的三角洲环境

图 4-28　向上变粗的准层序地层序列

所有硅质碎屑准层序都是一个向上变浅的进积序列（朱筱敏，2000）。除潮坪沉积之外，大部分硅质碎屑准层序是一个向上粒度变粗、层组变厚、砂泥比值加大的沉积层序。碳酸盐岩沉积准层序多为向上水体变浅的加积沉积序列。在一般情况下，准层序边界是在沉积物供给速率小于可容纳空间增长速率时形成的，而准层序是在沉积速率大于可容纳空间增长速率时形成的（朱筱敏，2000）。

准层序组是指由成因相关的一套准层序构成的，具特征堆砌样式的一种地层序列，其边界为一个重要的海泛面和与之可对比的面，有时它可与层序边界一致。一个准层序组的形成时间约为 1 万 ~10 万年。

根据准层序的垂向叠置关系，可将准层序划分为进积、加积和退积准层序三种类型。

（1）进积准层序（Progradational Parasequence Set）：是在沉积速率（Deposition Rate，DR）大于可容纳空间增加速率（Rccommodation Rate，AR）的情况下形成的（DR>AR），所以较年轻的准层序组依次向盆地方向进积，形成向上砂岩厚度增大、泥岩厚度减薄、砂泥比加大、水体变浅的准层序叠置样式（图 4-30）。它们常常是高位体系域和低位前积楔状体的沉积特征。

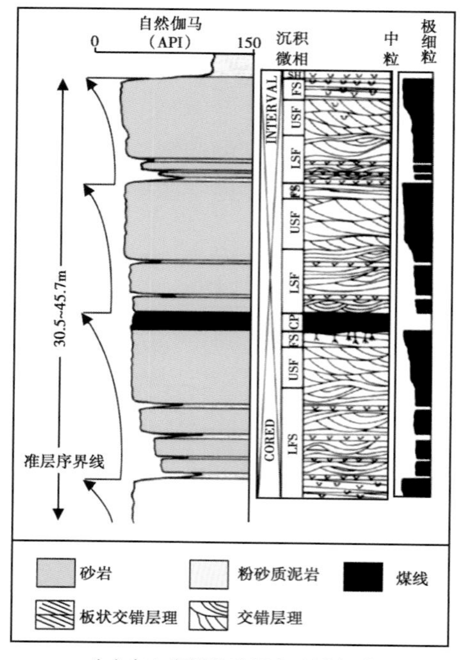

(a) 向上变粗的准层序地层序列

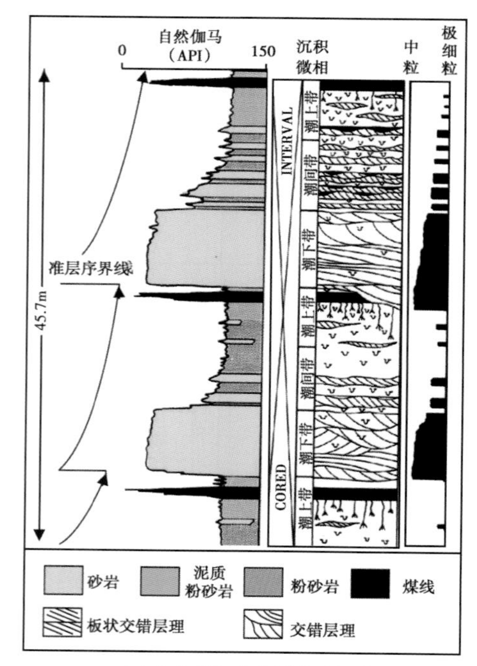

(b) 向上变细的准层序地层序列

图 4-29　向上变粗和向上变细的准层序地层序列

图（a）主要形成于砂质、波浪或河流作用为主的沉积速率近等于可容纳空间形成速率的滨浅海环境；

图（b）主要形成于泥质、潮汐作用为主的潮坪环境

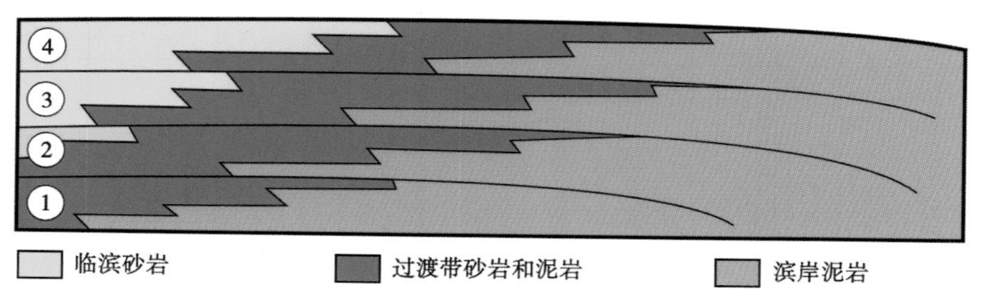

图 4-30　进积准层序叠置样式（DR>AR）

①至④表示垂向的时间层序

（2）退积准层序（Retrogradational Parasequence Set）：是在沉积速率小于可容纳空间增加速率的情况下形成的（DR<AR），所以较年轻的准层序组依次向陆地方向退却，尽管每个准层序都是进积作用的产物，但就整体而言，退积准层序组显示出向上水体逐渐变深、单层砂岩减薄、砂泥比降低的叠置样式（图 4-31）。它常常是海侵体系域的特征。

（3）加积准层序（Aggradational Parasequence Set）：是在沉积速率等于或约等于可容纳空间增加速率的情况下形成的（DR≈AR），相邻准层序之间未发生明显的侧向移动。自下而上，水体深度、砂泥岩厚度和砂泥比基本保持不变（图 4-32）。加积准层序组常常是高位体系域早期和陆架边缘体系域的沉积响应。

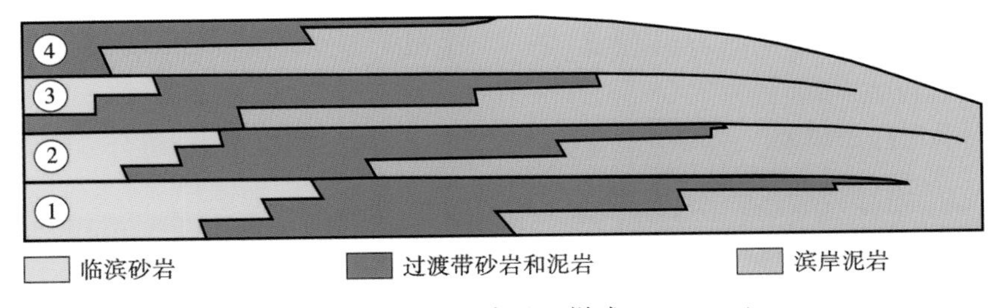

图 4-31　退积准层序叠置样式（DR<AR）

①至④表示垂向的时间层序

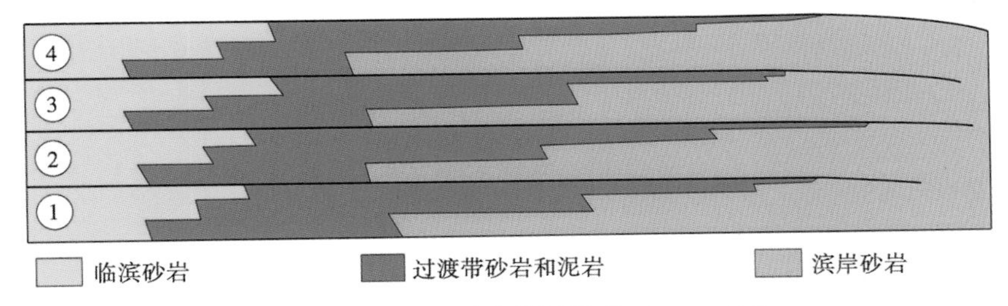

图 4-32　加积准层序叠置样式（DR≈AR）

①至④表示垂向的时间层序

二、湖泊沉积中的准层序及准层序组

1. 芦草沟组

芦草沟组是大龙口剖面中出露比较完整的最下部一个层位，主要以细粒碎屑岩沉积为主，包括深灰色、黑灰色页岩、油页岩和生物泥晶灰岩，夹少量薄层砂岩和浅灰白色凝灰岩。

在这样的岩石组合中识别准层序是比较困难的，但经过精细的野外工作，识别出了从碳酸盐岩到页岩的准层序。芦草沟组的准层序表现为下部的泥晶灰岩向上渐变为页岩（图 4-33）。主要特点为：(1)由下部的生物泥晶灰岩的生物化学沉积逐渐向上递变为碎屑质页岩的物理沉积作用；(2)准层序下部的石灰岩底面与下伏页岩为截然突变接触关系，向上逐渐变为深

图 4-33　大龙口剖面芦草沟组中的准层序

灰色钙质页岩到深灰色页岩；（3）碳酸盐岩含量向上逐渐减少，说明生物化学作用之间减弱；（4）由此说明生物化学沉淀形成的石灰岩水体相对较深，页岩沉积相对较浅，是一个水深逐渐变浅的过程。

由一系列准层序形成的准层序组由此构成了芦草沟组最主要的地层组合方式（图 4-34）。

图 4-34 芦草沟组中的准层序组

由于芦草沟组上下地层的岩石组合有所差别，因此根据碳酸盐岩和页岩比例以及碳酸盐岩发育程度的不同，芦草沟组可以划分为下、上两段。其中下段以碳酸盐岩与页岩互层的表现形式为主，但仍然由石灰岩到页岩的准层序组成的准层序组为主（图 4-35）。而芦草沟组上段石灰岩发育较少，均以薄层出现，页岩相对较多，而且发育油页岩，但是仍然表现为由薄层石灰岩（或钙质页岩）到页岩的准层序组成的准层序组为主（图 4-36 至图 4-38）。

图 4-35 芦草沟组下段的准层序组及准层序叠置样式

图 4-36　芦草沟组上段的准层序

图 4-37　芦草沟组上段的准层序组及准层序叠置样式

图 4-38　芦草沟组上段的准层序叠置样式

2. 黄山街组

上三叠统黄山街组也是一套典型的深湖相沉积，主要有深灰色页岩，夹薄层石灰岩和细砂岩组成，其准层序由页岩到石灰岩或由页岩到细砂岩的变浅旋回组成（图 4-39 和图 4-40）。其岩石地层组合主要有如下几个特点。

图 4-39　黄山街组中的加积准层序组成特征

图 4-40　黄山街组等厚加积准层序

（1）由页岩到石灰岩组成的准层序与芦草沟组由石灰岩到页岩的准层序明显不同。其证据为：

①详细观察发现，石灰岩的下部无明显层理，上部为叠锥灰岩。

②石灰岩底面平整，与页岩为整一关系，无间断；石灰岩顶面凹凸不平（图 4-41），说明叠锥灰岩的生长不受上部空间限制。

③由②进一步说明，页岩属于硅酸盐矿物，主要来源于陆源碎屑，表明当时雨水充沛，由河流或其他途径带入湖泊的黏土矿物漂浮到湖盆中心相对静水环境沉积下来，随着泥质矿物的沉淀，水体变得比较清澈，加之郝家沟组为内陆湖泊，日照充分，当蒸发量大于降雨量时，则会产生 $CaCO_3$ 沉淀，形成石灰岩；随着 $CaCO_3$ 浓度降低，微生物从而可能主要形成

叠锥灰岩。

图 4-41　由页岩到石灰岩旋回组成的准层序

④在另一旋回来临时，黏土矿物再次富集而形成页岩。

这样的旋回沉积才能解释石灰岩底面平整而顶面凹凸不平的现象。因此郝家沟组准层序是由气候的旋回变化造成的。

（2）靠近黄山街组下部的灰色石灰岩层中发育丰富的小型层理构造，主要有楔状层理、丘状层理，薄层细砂岩中发育小型板状层理、槽状层理和粒序层理等，表明黄山街组早期沉积时，湖水相对比较动荡，为半深湖相。

（3）往上，薄层石灰岩中发育叠锥构造（图 4-42），可能属于生物成因，再往上石灰岩厚度略有减薄，但一直没有消失，表明水体深度略有加深，但加深有效，水深保持比较稳定的状态。

（4）黄山街组地层层序中的准层序厚度基本稳定，一直维持在 1.0~1.5m 之间变化，说明盆地沉降深度与沉积厚度一直维持一个相对平衡的状态，属于典型的加积准层序。

图 4-42　黄山街组中的叠锥灰岩

三、三角洲沉积中的准层序

大龙口剖面中的上二叠统梧桐沟组、中三叠统克拉玛依组和上三叠统郝家沟组发育三角洲沉积环境的准层序，主要以前积准层序为主。现以梧桐沟组的准层序说明其组成特点。

三角洲沉积序列一般包括三角洲平原、三角洲前缘和前三角洲三个亚相，在纵向上具有倒序叠置的特点，即前三角洲在下部，向上依次为三角洲前缘和三角洲平原，构成一个反粒序旋回。

在梧桐沟组中，这三个亚相序列都发育，从宏观上看，梧桐沟组的准层序主要由前三角洲泥岩相向上变为三角洲前缘砂岩（图4-43）。其中三角洲前缘相对比较发育，而三角洲平原不太发育，并具有下部前三角洲较发育，上部三角洲平原较发育。

图4-43　梧桐沟组的准层序组成及叠置关系

中三叠统克拉玛依组中三角洲准层序以前三角洲较发育而三角洲平原不发育为特点，这与上三叠统郝家沟组类似。

四、河流沉积中的准层序

大龙口剖面最典型的河流沉积位于泉子街组上段。主要由分流河道的砂砾岩和河漫滩的紫红色泥岩组成二元结构，为一套向上粒度变细、水动力条件变弱的准层序组成（图4-44）。该准层序中的河道砂砾岩磨圆较好，分选差，砂泥质胶结，较疏松（图4-45）；河漫滩泥岩不纯，夹少量透镜状粉细砂岩，遭受了一定程度的古地表水淋滤作用，发生了一定程度古土壤化（图4-46）。

图4-44　泉子街组中的河流沉积准层序

图 4-45　泉子街组分流河道砂砾岩泥岩

图 4-46　泉子街组河漫滩泥岩

五、准层序的划分

上述各层组分界、层序边界识别标志，以及准层序划分原则，并结合层序地层学原理，将大龙口剖面划分为 2 个超层序、5 个层序和 12 个准层序组。其中芦草沟组至红雁池组包含了 1 个超层序、2 个层序和 3 个准层序，泉子街组至郝家沟组包含了 1 个超层序、3 个层序和 9 个准层序组。

芦草沟组的 2 个准层序组分别为下段的灰色生物灰岩与深灰色页岩不等厚互层，以及上段的深灰色页岩、油页岩夹薄层灰色生物灰岩；红雁池组由于本剖面保留较少，构成一个不完整的准层序组，即由底部砾岩向上变为深灰色页岩，上部为中厚层砂岩组成。泉子街组至郝家沟组包含了 9 个准层序组。泉子街组包含 2 个准层序组分别为下段冲积扇—扇三角洲准层序组和上段河流沉积准层序组；梧桐沟组包含 2 个准层序组分别为下段滨浅湖组成的准层序组和上段三角洲准层序组；锅底坑组包含 1 个准层序组；韭菜园组—烧房沟组包含 1 个准层序组；克拉玛依组、黄山街组和郝家沟组分别为 1 个准层序组。

第五章 大龙口地区中二叠统沉积相与沉积环境

第一节 概 述

一、基本概念

1. 沉积相

沉积相是沉积物的生成环境、生成条件及其特征的总和，成分相同的岩石组成同一种相，在同一地理区的则组成同一组。沉积相是反映一定自然环境特征的沉积体，一般认为具有相似的岩性和古生物等特征的岩石单元可以作为同一个“相”。

沉积相的研究主要从沉积物（岩）的岩性、结构、构造和古生物等方面进行，主要研究内容包括：(1) 沉积体的几何形态、产状和分布；(2) 沉积相的识别标志，沉积物组分、结构、构造和生物组合等；(3) 沉积物特征与水动力条件、气候因素，以及与大地构造之间的关系；(4) 沉积相内部及其与相邻沉积相之间的横向、垂向演化规律和层序、接触关系；(5) 不同环境下形成的沉积相模式等。

沉积相可以进一步划分亚相、微相等。根据沉积相可以判断沉积时的沉积环境和作用过程，以及古气候。

沉积相主要分为陆相、海陆过渡相和海相（表 5-1），主要取决于这些岩石的生成环境，鉴定这些岩石不仅依靠其古代生成的环境、岩石的组成结构，还可以依据其中包含的生物、微生物化石等。

表 5-1 沉积相的分类表

相组	陆相组	海相组	过渡相组
相	(1) 残积相；(2) 坡积—坠积相；(3) 沙漠（风成）相；(4) 冰川；(5) 冲积扇相；(6) 河流相；(7) 湖泊相；(8) 沼泽相	(1) 滨岸相 (2) 浅海陆棚相 (3) 半深海相及深海相	(1) 三角洲相 (2) 扇三角洲相 (3) 河口湾相

2. 沉积体系

沉积体系（depositional system）是与某些现象的或推测的环境和沉积作用有密切成因联系的三度空间岩相组合。不同学者对沉积体系的理解是不同的。Fisher（1967）认为沉积体系是由现代或古代推测的沉积过程和沉积环境联系的三维组合；Scott（1969）认为沉积体系是指空间上关联的三维组合；Reading（1978）认为沉积体系是成因上或环境上相互联系的空间组合。朱筱敏（1987）认为是由同一水动力系统控制的多种沉积相（相、亚相、微相）的组合称为沉积体系。因此，沉积体系主要强调了空间组合，同时也考虑成因联系。

沉积体系是根据瓦尔特相定律和相模式来确立的，相邻的不同沉积体系（如三角洲体系与碳酸盐岩台地体系等）之间通常以不整合或相变面分界。

沉积体系根据陆上、海洋和过渡区，可以划分出不同的体系（表5-2）。每个沉积体系又可以根据水动力的不同，划分出不同的类型。如河流体系，根据其形成条件可以划分出辫状河、平直河（不易保存）、曲流河、网状河4种类型，尤以辫状河和曲流河最为常见。每种河流类型下面都可能包含河床亚相、堤岸亚相、河漫亚相、牛轭湖亚相等不同单元。

表5-2　沉积体系划分表

陆　上	海　洋	海陆过渡区
沙漠（风成）体系 冲积扇体系 河流体系 湖泊体系	海洋体系 浊积扇体系 碳酸盐岩体系	三角洲体系 扇三角洲体系 堡坝体系

3. 西大龙口剖面沉积体系

西大龙口剖面发育丰富的沉积相类型，共计发育7类沉积体系，包括潮湿型半深湖—深湖沉积体系、半干旱型半深湖—深湖沉积体系、潮湿型滨浅湖—三角洲沉积体系、半干旱型滨浅湖—三角洲沉积体系、干旱型滨浅湖—风成沉积体系、冲积扇沉积体系、辫状河沉积体系（表5-3）。

表5-3　西大龙口剖面沉积体系类型表

序号	体系类型	岩性组合	古生物	代表地层
1	潮湿型半深湖—深湖沉积体系	页岩、油页岩、生物灰岩	鳕鱼、双壳类 介形虫、藻类	芦草沟组 红雁池组
2	半干旱型半深湖—深湖沉积体系	页岩、石灰岩、夹薄层石灰岩	硅化木	黄山街组
3	潮湿型滨浅湖—三角洲沉积体系	泥岩、砂岩、少量砾岩	双壳类、硅化木 动物、介形虫	梧桐沟组 锅底坑组 克拉玛依组
4	半干旱型滨浅湖—三角洲沉积体系	砂岩、泥岩	植物碎片	郝家沟组
5	干旱型滨浅湖—风成沉积体系	泥岩、砂岩、风成砂岩	干裂、少量植物、动物化石	韭菜园组 烧坊沟组
6	冲积扇沉积体系	砾岩、砂砾岩		泉子街下段
7	辫状河沉积体系	砂砾岩、泥岩	煤线	泉子街上段

二、相标志

1. 颜色

颜色是沉积岩最直观、最醒目的标志之一，它是岩石矿物总体特征和有机质丰富程度（有机碳含量多少）的总体体现。虽然沉积岩受风化、淋滤、氧化等地表地质作用的强烈影响，会部分改变沉积岩的颜色，但是仍可以根据其颜色进行地层划分、古沉积环境和古地理特征分析。根据沉积岩颜色的成因不同，可以分为继承色、自生色和次生色。继承色是陆源原始碎屑物质的颜色，而自生色和次生色是混入某染色物质导致形成不同的颜色。目前有研究学者认为，砂岩和砾岩的颜色可以继承陆源原始碎屑物质的颜色，而大多数的泥岩颜色成因与砂岩、砾岩不同，而是由于在沉积或成岩过程中混入了染色物质而形成的次生色。含有少量的 Fe^{3+} 则呈红色，反映当时为干燥炎热的氧化环境；含有少量的 Fe^{2+} 则呈绿色，反映弱氧化或弱还原环境；含有较高含量的有机碳，常常呈灰色和黑色，反映当时为温暖潮湿的弱还原环境；沥青质则反映深水或较深水的停滞水环境。

2. 大龙口地区基本岩性特征

岩石的岩性是粒度、成分、搬运、堆积、埋藏等沉积成岩地质作用的综合反映，因此根据岩性及其组合特征能够推断沉积古环境和古水动力条件。根据陆源碎屑岩的类型可以反映出沉积时的水动力条件。粗粒沉积中的组分以床砂载荷的形式在水体中进行搬运，反映较强水动力条件的沉积环境；细粒沉积中的组分则以悬浮载荷的形式在流体中搬运，反映较弱水动力条件的沉积环境。

西大龙口剖面二叠—三叠系剖面岩石类型多样，岩石组合特征、地质内涵丰富，包括陆相沉积的不同环境。主要有碎屑岩、碳酸盐岩、凝灰质岩、页岩、泥岩及一些特殊岩类（古土壤、风成砂岩）等不同岩石类型，并具有如下特征。

1）*碎屑岩*

包括了砾岩、砂砾岩、含砾砂岩、砂岩及粉砂岩。

（1）砾岩、砂砾岩、含砾砂岩：二叠—三叠系中的砂砾岩主要发育在除芦草沟组之外的不同组段中，并以二叠系泉子街组最为发育。区内纯砾岩较少，主要发育砂砾岩，呈灰、灰绿、灰黄、灰紫色，一般砾石分选较差，砾径均小于5cm，多呈圆状、次圆状，少数为棱角状、次棱角状，并以次圆状、次棱角状为主，含量小于50%（图5-1）。砾石成分较复杂，包括了火山岩、侵入岩、沉积岩不同岩类碎屑，并以沉积岩碎屑为主。剖面中泉子街组中的砾石甚至可见芦草沟组黑灰色页岩的砾石，而且砾石规模大（30cm），且呈棱角状，显

图5-1　二叠—三叠系中的砂砾岩

示了近源快速堆积的特点。

野外观察研究表明，该区二叠—三叠系中除芦草沟组之外的砂砾岩均主要源自剖面南部博格达山石炭系的沉积岩、火山岩、侵入岩，少量源自二叠系芦草沟组。据此判断砂砾岩沉积期间，剖面南部博格达山是物源供给的隆起区，但在湖泛期，应有相应沉积。

（2）砂岩：砂岩是研究区的又一主要岩石类型。区内砂岩除中二叠统芦草沟组较少见外，普遍发育在二叠—三叠系其余地层中（图 5-2）。砂岩常见为粗粒、中—细粒、细粒砂岩及粉砂岩，以细粒砂岩及粉砂岩为主，岩石呈现灰、灰绿层灰黄、紫红、灰紫、灰褐色等不同色调。该区砂岩具如下突出特征：

（a）上二叠统梧桐沟组中的厚层砂岩（背斜南翼）

（b）上二叠统梧桐沟组中的厚层砂岩（背斜北翼）

（c）上三叠统黄山街组中的厚层砂岩

（d）下三叠统韭菜园组底部的厚层砂岩

（e）下三叠统砂岩

（f）上三叠统郝家沟组中的厚层砂岩及其风化地貌景观

图 5-2　二叠—三叠系中的砂岩

①常见为复成分砂岩，单成分很少见（图 5-3），碎屑物除普遍可见长石、石英外，突出显示火山岩碎屑的发育，表明物源区火山活动强烈；

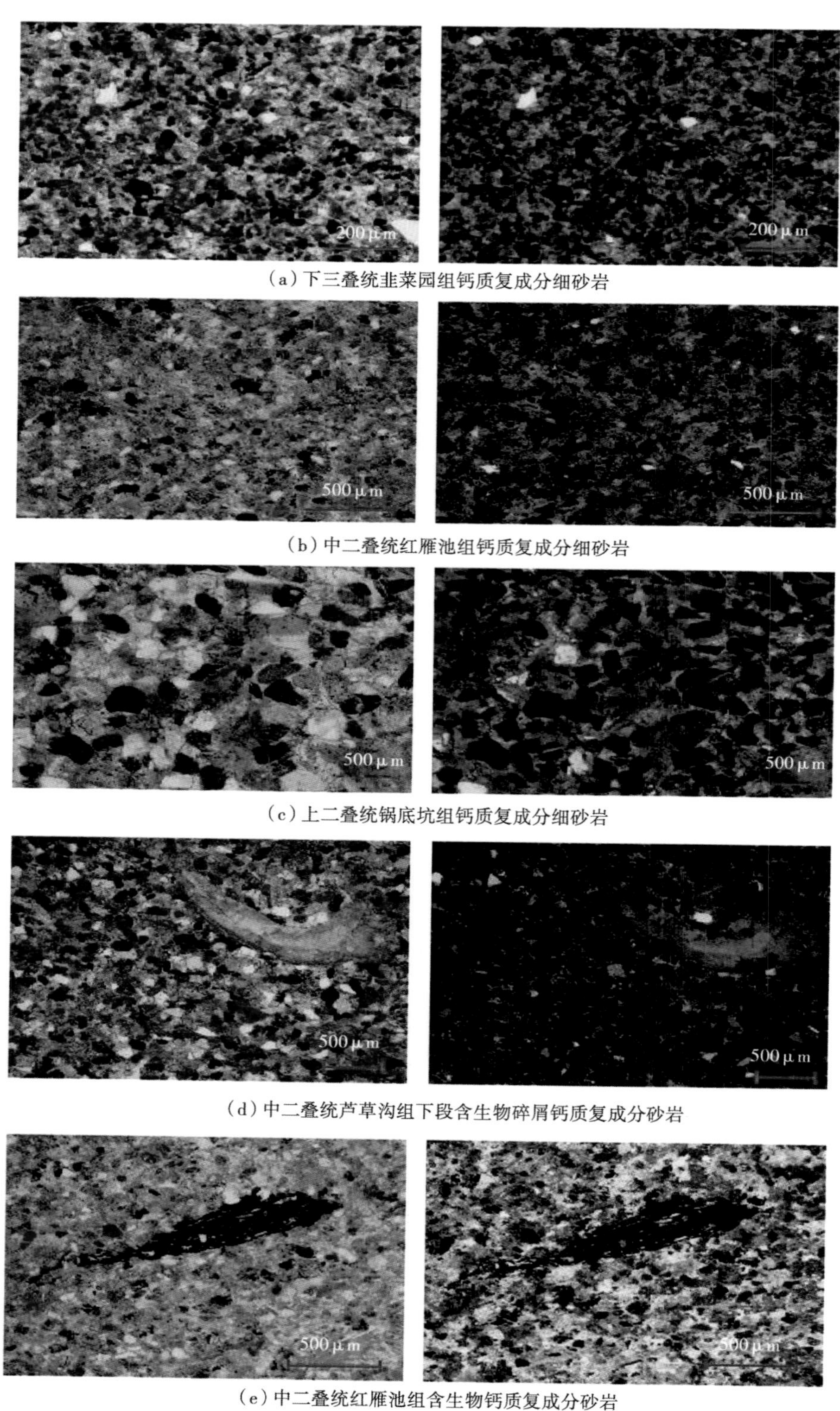
(a) 下三叠统韭菜园组钙质复成分细砂岩
(b) 中二叠统红雁池组钙质复成分细砂岩
(c) 上二叠统锅底坑组钙质复成分细砂岩
(d) 中二叠统芦草沟组下段含生物碎屑钙质复成分砂岩
(e) 中二叠统红雁池组含生物钙质复成分砂岩

图 5-3 中二叠统—下三叠统中的钙质复成分砂岩

②砂岩碎屑物大多呈次圆状，分选较好；

③砂岩胶结物主要为碳酸质和火山凝灰质，粒度在0.25~0.5的碎屑颗粒达50%左右，碎屑物主要源自火山岩，其基质全为方解石，具基底式胶结，方解石自形嵌晶结构，解理较发育。

2）*碳酸盐岩*

区内的碳酸盐岩呈厚层状主要发育在二叠系芦草沟组中，尤以芦草沟组下段最发育，并局部见于上二叠统梧桐沟组、锅底坑组和下三叠统韭菜园组，上三叠统郝家沟组中（图5-4和图5-5）。芦草沟组下段的碳酸盐岩不仅层数多，而且厚度大。区内的碳酸盐岩均为黑灰色，按镜下矿物组成可将其分为石灰岩和白云岩两种主要类型，并视其中其他组分物质的参与分别冠以凝灰质、砂质、生物碎屑等（图5-6）。石灰岩和白云岩中的方解石、白云石均呈细晶、微晶的他形粒状，其中可见少量石英、长石（主要为钠长石）及不透明矿物（图5-7）。

图5-4　中二叠统芦草沟组中的厚层碳酸盐岩

图 5-5　上三叠统郝家沟组中的薄层碳酸盐岩

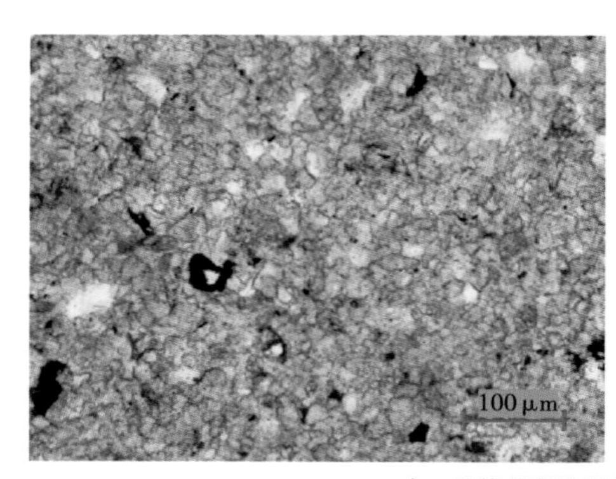

中二叠统芦草沟组上段细—微晶石灰岩

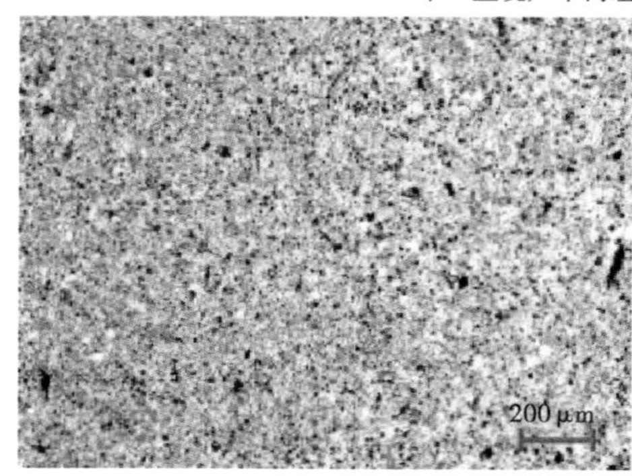

中二叠统芦草沟组上段白云石化碳酸盐岩

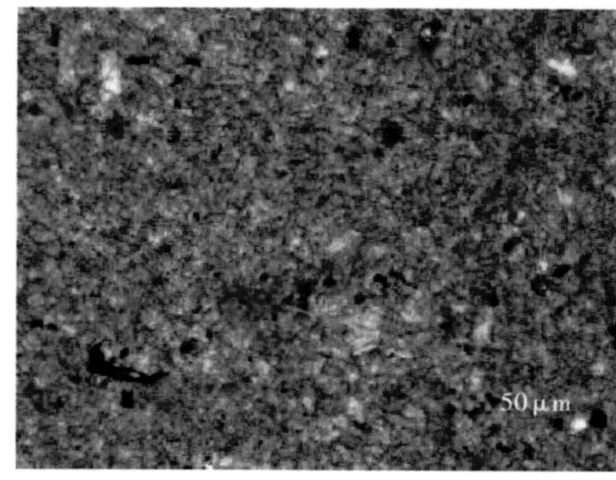

中二叠统芦草沟组上段微晶白云岩

图 5-6　二叠统芦草沟组中的碳酸盐岩（左为单偏光，右为正交偏光）

下三叠统韭菜园组下部生物灰岩

上三叠统郝家沟组微晶灰岩

图 5-7　三叠系中的碳酸盐岩（左为单偏光，右为正交偏光）

3）*黑色泥岩、页岩*

黑色泥岩、页岩是区内重要的生烃岩系，主要发育在中二叠统芦草沟组中，而且是组成芦草沟组的关键岩类。黑色泥岩在野外露头呈现以黑灰、灰白、灰黄色为主，间有紫红色（图 5-8），紫红色者代表岩石含铁较高经风化所致，但该类岩石打开均呈黑色。按镜下矿物组成可将黑色泥岩分为钙质泥岩和粉砂质泥岩两种基本类型。

黑色粉砂质泥岩以黑色泥质为主，浅色微碎屑颗粒主要为石英和少量长石，呈圆状、次圆状，或星散分布，或聚集成微层，与泥质成间互层（图 5-9）。粉砂质泥岩中可见藻纹层不同程度发育，构成藻纹层粉砂质泥岩（图 5-10）。

黑色钙质泥岩主要由黑色泥质和浅色粒状微晶白云石共同组成，微晶白云石为形态不规则的棱角状颗粒，晶粒大小不一，或星散分布，或聚集成微层，星散分布者显示粒序特征（图 5-11）。按上述特征判断，白云石可能为源自喷流沉积的深源碎屑。

4）*凝灰岩*

岩石中晶屑、玻屑的存在是确定凝灰岩、凝灰质岩的重要标志。区内凝灰岩较少，而以凝灰质岩为主。凝灰质岩不同程度普遍发育在二叠—三叠系不同组段。

按其物质组成的差异，可分为凝灰岩、凝灰质砂岩、凝灰质粉砂岩、凝灰质碳酸盐岩等。该区的凝灰质岩常见凝灰质砂岩、凝灰质粉砂岩（图 5-12）。

图 5-8 中二叠统芦草沟组中的微层状黑色泥岩

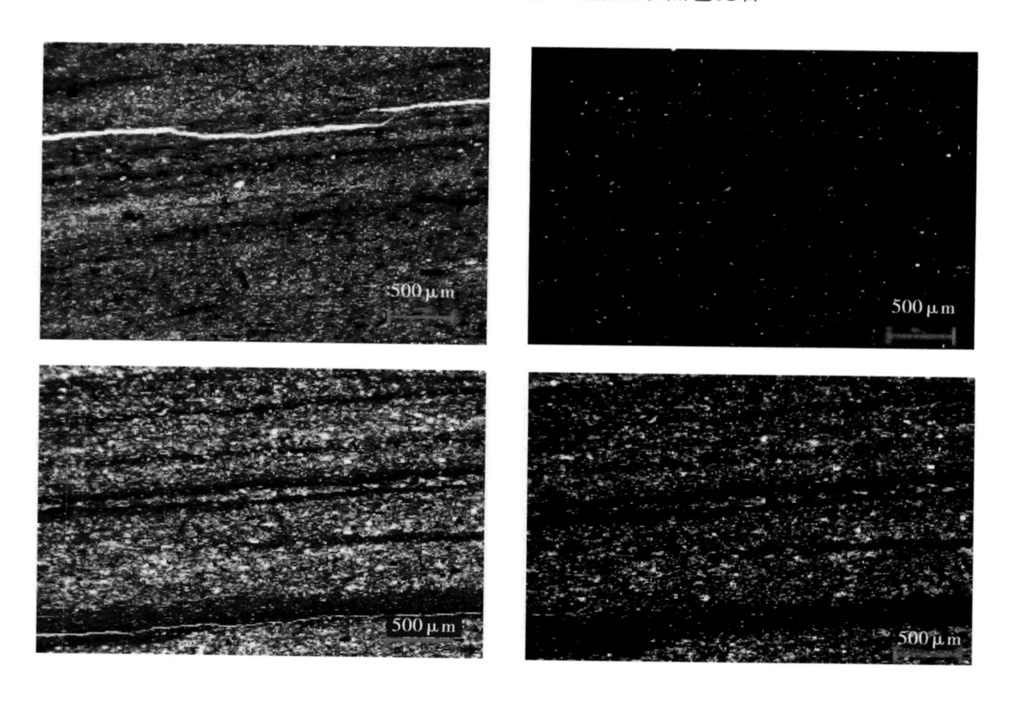

图 5-9 二叠系芦草沟组中的微层状黑色粉砂质泥岩（左为单偏光，右为正交偏光）

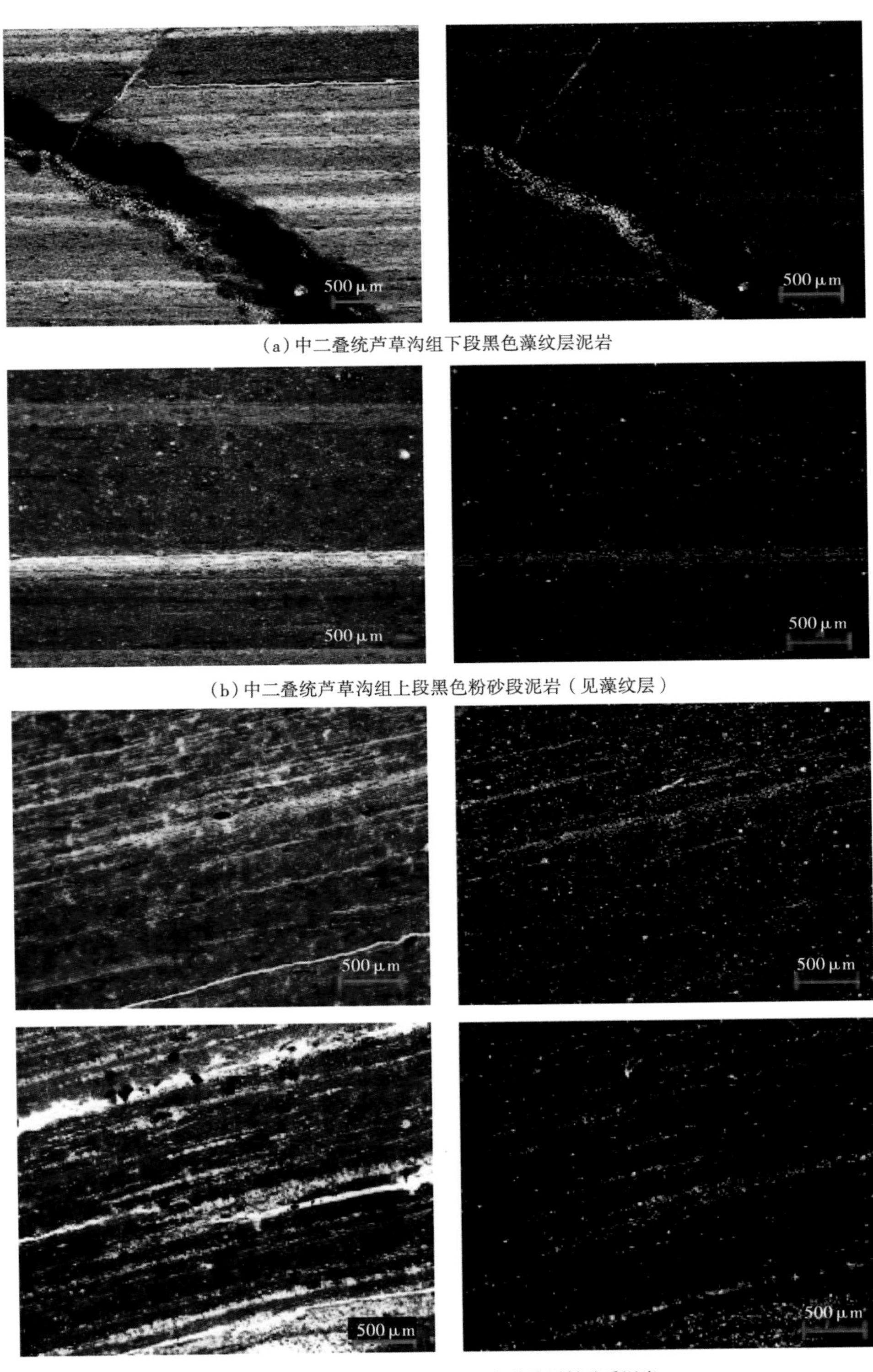

(a) 中二叠统芦草沟组下段黑色藻纹层泥岩

(b) 中二叠统芦草沟组上段黑色粉砂段泥岩（见藻纹层）

(c) 中二叠统芦草沟组上段黑色藻纹层粉砂质泥岩

图 5-10　芦草沟组中的微层状（藻纹层）黑色泥岩（左为单偏光，右为正交偏光）

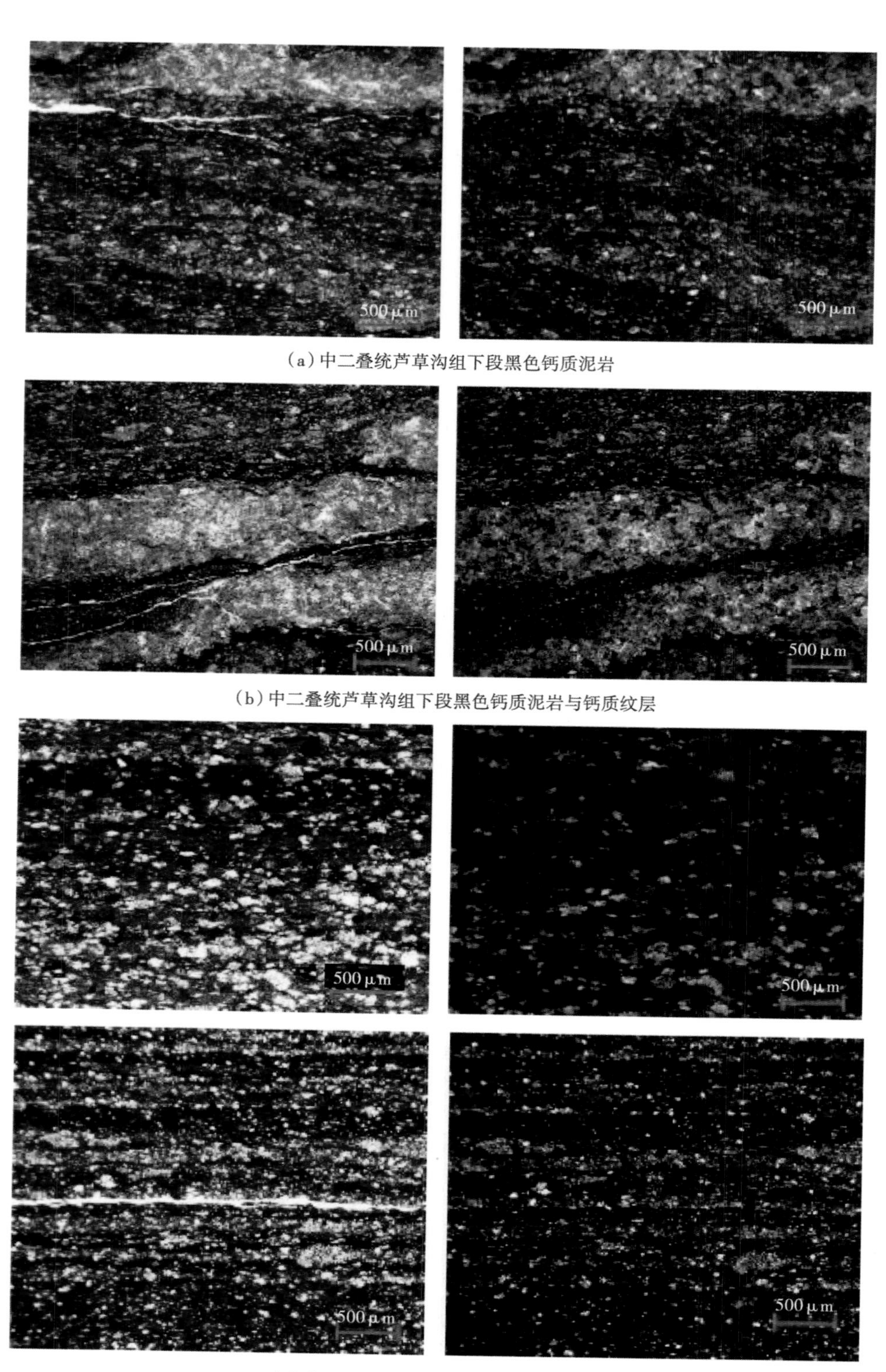

(a) 中二叠统芦草沟组下段黑色钙质泥岩

(b) 中二叠统芦草沟组下段黑色钙质泥岩与钙质纹层

(c) 中二叠统芦草沟组上段黑色钙质泥岩

图 5-11　中二叠统芦草沟组中的黑色钙质泥岩（左为单偏光，右为正交偏光）

图 5-12　中二叠统芦草沟组上段中的凝灰岩

镜下观察，岩石主要由石英、长石及火山岩碎屑组成，分选好，磨圆较差，多呈次棱角状，胶结物为凝灰质，可见不同形态的晶屑、玻屑（图 5-13）。

5）油页岩

油页岩仅见于芦草沟组上段，有多层发育，岩石样品呈灰黑色，薄层状（图 5-14），手掂轻漂，烧之即燃，并有油味逸散。薄片观察可见，岩石由黑褐色微层、粒状浅色微层以及介于二者之间的淡褐色微层间互组成（图 5-15）。其中的黑褐色微层主要为含粉砂质的泥岩，粒状浅色微层则为泥质粉砂岩，淡褐色微层为粉状泥砂岩。其中的砂质碎屑主要为石英，少量见长石，二者磨圆均较好，呈圆状、次圆状，应为经历长距离搬运的陆源碎泥岩。

6）劣质煤层

该区的劣质煤层仅见于泉子街组上部，煤层厚 0.3～1.2m，沿走向厚度变化较大（图 5-16）。

7）特殊岩类

（1）古土壤

古土壤是地表岩石裸露遭受风化、淋滤的残积物，是古风化壳的一种岩石类型，代表了地壳隆升，发生沉积间断，地层间不整合存在的重要证据，既为古地理、古气候恢复提供了重要依据，也是区域地层划分对比的特征标志（冯乔等，2008）。

本剖面二叠系泉子街组顶部发育一套古土壤层，无论在背斜北翼和南翼均出露良好（图 5-17 和图 5-18）。古土壤较疏松，总体呈紫红色、砖红色。以紫红色泥岩为主，伴有豆粒铁质结核，并见淋滤钙质条带（沿裂缝贯入）。其中豆粒铁质结核的存在代表长时间风化淋滤铁质富集的过程，豆粒铁质结核在背斜南翼发育了 2 层，在背斜北翼发育了 4 层，且在走向上厚度不等。豆粒铁质结核的发育表明二叠系泉子街组顶部沉积间断延时较久。

（2）风成砂岩

风成砂岩是与水环境无关的基岩裸露区因风力的搬运堆积而成的特殊岩类，也是沉积间断、地层间不整合存在的又一重要证据，同样是区域地层划分对比的特征标志。

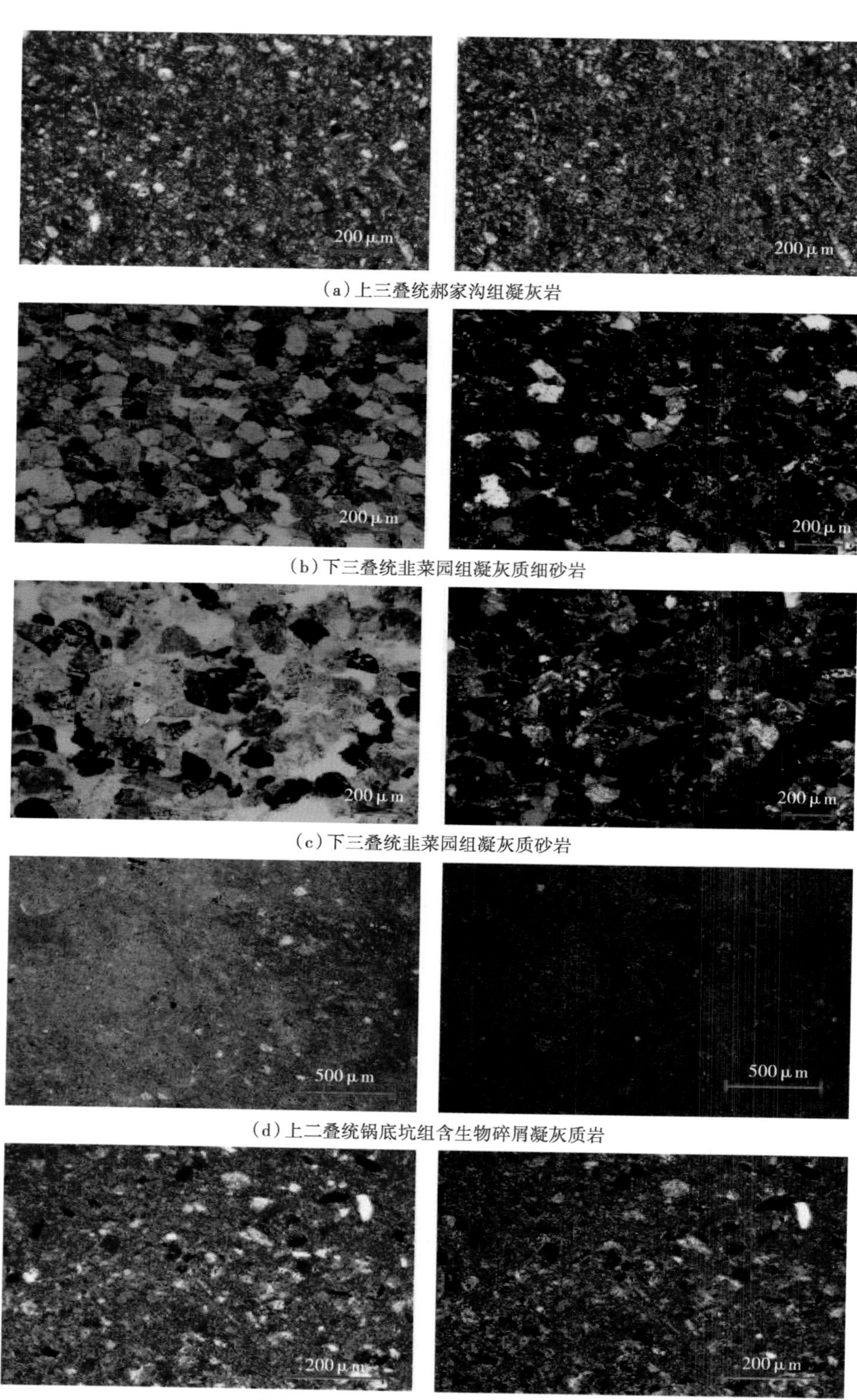

图 5-13　凝灰岩和凝灰质砂岩（左为单偏光，右为正交偏光）

图 5-14　芦草沟组上段的油页岩

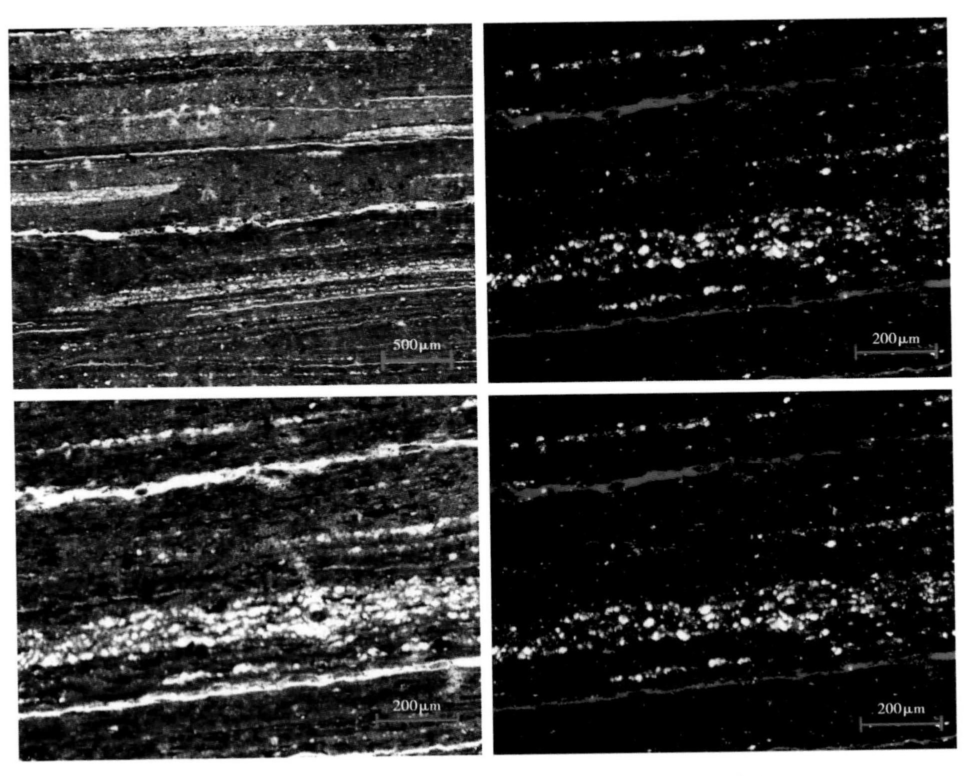

图 5-15　油页岩显微特征（左为单偏光，右为正交偏光）

图 5-16　上二叠统泉子街组上部的劣质煤层

图 5-17　大龙口背斜南翼泉子街组顶部古土壤

该区的风成砂岩仅见于烧房沟组中下部，岩石呈灰色、灰黄色厚层块状（露头最厚5m），内部无明显层理，岩石风化后较疏松。其分布沿走向不稳定，反映风成沉积沉积不连续，厚度变化大。

在风成砂岩层中夹有季节性洪水形成的泥石流沉积（图 5-19），其砾石主要来自下伏韭菜园组的紫红色泥岩，其基质为下伏的风成砂（图 5-20）。

在风成砂层中发育许多钙质砂球砾，大者如乒乓球，小者如葡萄，浑圆状。砂球砾为钙质胶结，是风成砂干热环境中，钙质淋滤沉淀胶结而成，其内部可见环带状、放射状构造。环带状中心位置往往存在一个小圆核（图 5-21），代表不同阶段钙质淋滤沉淀胶结的记录；放射状构造则是钙质富集形成方解石胶结所致。

这些砂球砾会因河流冲刷、淘洗而会集在一起形成钙质球砾层，成为地层组成的一部分，表明这些钙质球砾是在地层沉积期间形成的，而不是后来形成的（图 5-22）。

镜下观察，风成砂岩为中粒、中细粒砂岩，砂粒分选好，磨圆好，矿物组成主要为长

图 5-18　大龙口背斜北翼泉子街组顶部铁质古土壤

图 5-19　韭菜园组上部的风成砂岩

图 5-20　泥石流中的泥砾及基质砂

图 5-21　风成砂岩中的各类钙质砂球砾

图 5-22　钙质球砾组成的地层

石、石英和火山岩碎屑，胶结物全为方解石（图 5-23），甚至部分样品中，碎屑颗粒完全呈漂浮状态处于方解石胶结物中。

电镜扫描分析显示，砂粒颗粒表面可见风蚀擦痕、冲击坑、风蚀孔洞等现象（图 5-24），说明这些颗粒确实经历风蚀作用。

综上所述，烧房沟组中下部确实发育风成砂岩，这是第一次证明了博格达以北地区在早三叠世有风成沉积存在，这有助于更客观认识当时的古环境与古气候。

3. 沉积构造

沉积构造是指沉积物沉积时或沉积之后，由于物理作用、化学作用及生物作用形成的各种构造。其构造特征可以直接反映研究区当时的沉积条件或水动力强弱，因此已成为判别沉

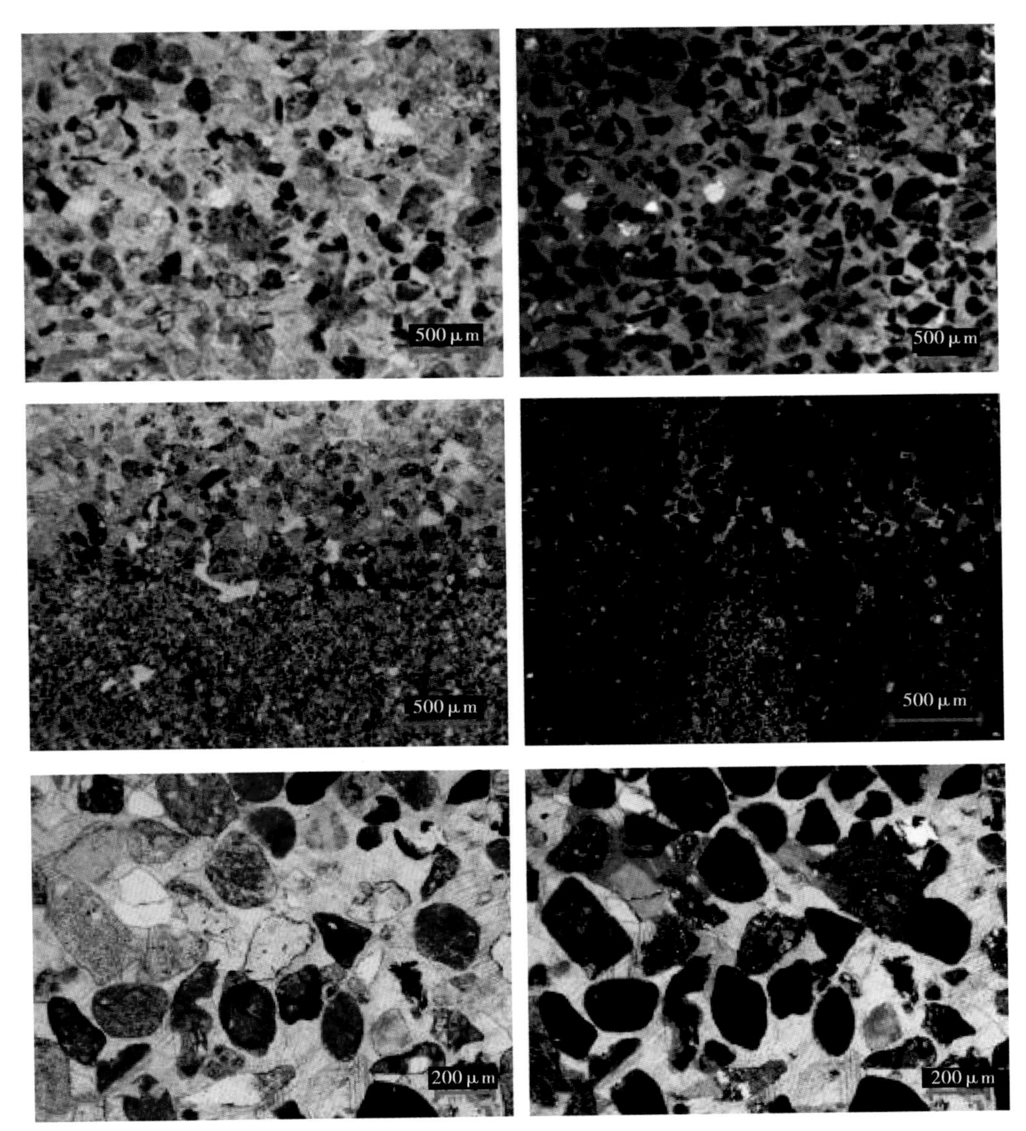

图 5-23 风成砂岩的镜下照片（左为单偏光，右为正交偏光）

积环境和进行沉积相划分的重要标志之一。通过野外实测地质剖面观察，研究区二叠—三叠系露头剖面发育多种沉积构造类型，主要是层理和层面构造，反映了不同的沉积环境和沉积相类型。

1）*层面构造*

（1）冲刷面：当流水速度加大时，流水对已经沉积的沉积物质进行冲刷，在岩层顶部造成凸凹不平的冲刷面，在吉木萨尔地区多见于三角洲平原的分支河道和三角洲前缘的水下分流河道等沉积中。如梧桐沟组三角洲前缘水下分流河道砂岩层面发育较多这类构造（图 5-25）。

（2）波痕：流水波痕是由单向水流在非黏性沉积物表面流动而形成的一种原生沉积构造，其特征可以直接反映沉积环境（聂逢君等，2002）。流水波痕主要见于研究区克拉玛依

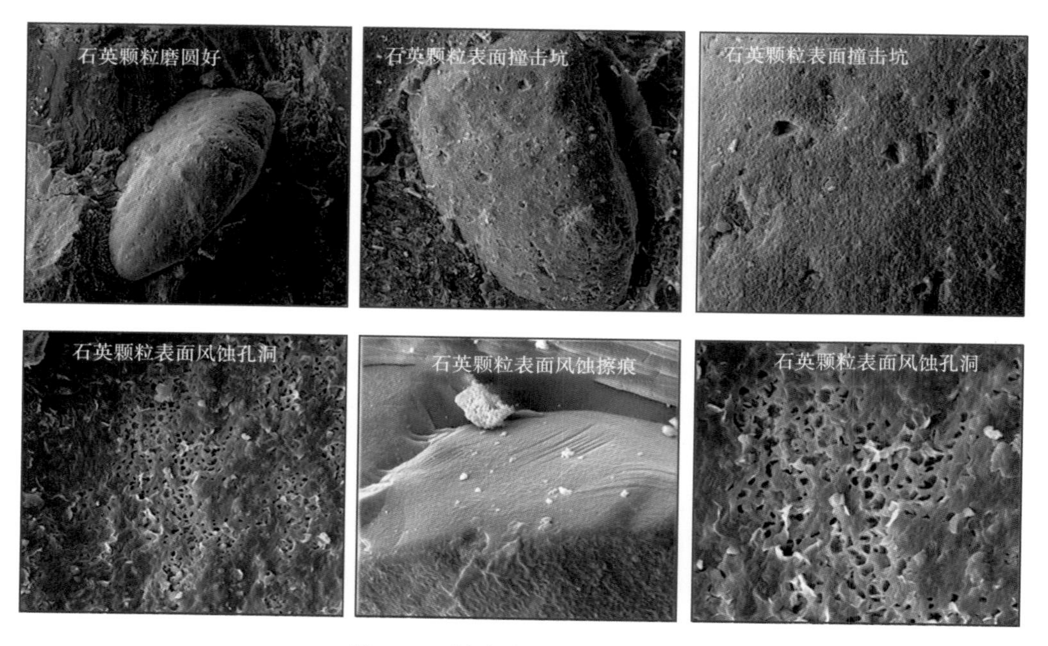

图 5-24　风成砂颗粒的电镜特征

图 5-25　梧桐沟组中的冲刷构造

组的三角洲前缘砂岩中，规模以小型流水波痕为主，波长一般为 4~6cm，波高介于 0.5~2cm 之间，一般为 0.5~1cm，呈不对称状，迎水面较平缓，背水面较陡（图 5-26），反映流水的改造作用对沉积物的影响。

2）*层理构造*

层理是沉积物或沉积岩重要的特征之一，它可以直接反映沉积物当时沉积环境和水动力条件的强弱（赵澄林，2001）。

（1）水平层理：水平层理常见于泥质岩、粉砂岩等细粒碎屑沉积岩中，纹理细薄，且清晰。物质是以悬浮的形式和相对较慢的速率沉积形成的，说明当时沉积水体的水动力条件较弱，是低能或静水环境的标志之一。吉木萨尔地区内水平层理主要发育于芦草沟组、红雁池组、黄山街组的半深湖—深湖相和滨浅湖相，以及克拉玛依组前三角洲和三角洲前缘的分流河道间等较为安静的水体环境中。

（2）平行层理：主要发育在研究区内的细砂岩和中砂岩中，反映是在较强水动力条件

图 5-26　克拉玛依组砂岩中的流水波痕

的沉积环境中形成的，主要见于三角洲前缘的水下分流河道沉积中。

（3）板状交错层理：主要发育在中、细粒砂岩中，其特征为纹层斜交于层理层面，层系之间的界面平直而且相互平行，呈板状，层系厚度一般在 4～5cm 之间，横向较稳定，底部有冲刷面。常见于研究区克拉玛依组的三角洲前缘水下分流河道等环境中（图 5-27）。

图 5-27　克拉玛依组砂岩中板状交错层理

（4）楔状交错层理：一种呈楔状的交错层理，层系上下界面平直，但厚度变化较快，是由水体流动逐渐形成的，常见于在吉木萨尔地区克拉玛依组三角洲前缘的砂岩中（图 5-28）。

图 5-28　克拉玛依组砂岩中楔状交错层理

（5）槽状交错层理：主要出现在砂岩中（图 5-29a），其长轴倾斜方向平行于沉积时水流的流向，因此能够指示古流水方向（马锋等，2009）。在梧桐沟组、克拉玛依组砂岩中均发育较大型的槽状交错层理，其长轴倾向指示古流水方向由南向北，反映较强的水流条件。在西大龙口地区黄山街组石灰岩中也发育小型槽状交错层理（图 5-29b），表明石灰岩是在微动荡的弱水动力环境中形成的。

（a）克拉玛依组砂岩中槽状交错层理

（b）黄山街组石灰岩中槽状交错层理

图 5-29　研究区发育的槽状交错层理

（6）浪成沙纹交错层理：浪成沙纹交错层理多见于细砂岩中，主要受到浪基面附近强烈的波浪改造作用或者是潮汐浪作用形成的，层系界面呈不规则波状起伏（图 5-30），主要反映了较浅水沉积环境。在研究区锅底坑组的滨浅湖沉积环境中颇为常见。

图 5-30　锅底坑组中的浪成沙纹交错层理

3）其他成因构造

（1）生物遗迹构造：生物活动或生长在沉积物表面或内部时遗留具一定形态的各种痕迹，包括各种生物扰动、潜穴、钻孔等（图 5-31）。在吉木萨尔地区克拉玛依组三角洲前缘砂岩和三角洲平原细粒沉积中发育有丰富的直立虫孔构造，最大虫孔直径为 4～5cm，呈圆柱状，由下而上，地表可见 40～50cm（图 5-31b）。

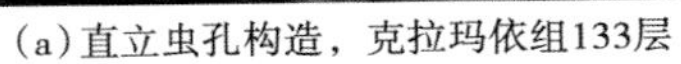

(a)直立虫孔构造，克拉玛依组133层　　(b)直立虫孔构造，克拉玛依组114层

图 5-31　克拉玛依组中的直立虫孔构造

（2）滑塌变形构造：沉积于水下斜坡上的松软沉积物在重力作用下发生滑动和滑塌而形成的变形构造，其沉积层内发生变形和揉皱，还常伴随小型断裂，甚至出现沉积物碎块（图 5-32）。一般与当时的沉积物以较快的速度沉积有关，它是水下滑坡的良好标志。在研究区多分布于克拉玛依组中具斜坡的三角洲前缘环境中。

图 5-32　克拉玛依组砂岩中的滑塌变形构造

（3）叠锥构造：由许多垂直于层面分布的漏斗状圆锥体套叠起来构成的沉积构造。在研究区主要见于黄山街组半深湖相的石灰岩中（图 5-33）。

图 5-33　黄山街组石灰岩中的叠锥构造

4. 古生物标志

西大龙口剖面化石丰富，芦草沟组、红雁池组主要发育鱼类、叶肢介等化石，泉子街组以上的下仓房沟群、上仓房沟群和中—上三叠统小泉沟群均以陆相植物化石为主，其中在梧桐沟组、韭菜园组和黄山街组中均发育大型硅化木，尤以梧桐沟组为甚。另外在梧桐沟组还发育双壳化石层，在梧桐沟组、锅底坑组均见到大型脊椎动物化石。

1）鱼类化石

由于绝大多数鱼类（除少量深海鱼之外）需要在有氧的水体环境中生存，因此鱼类主要生活于江河湖海的相对浅水环境中，地质历史时期中的鱼类亦不外乎如此。当鱼死亡以后，因氧化水体的呼吸作用，绝大部分鱼类均分解了，只有那些下沉到滞留缺氧环境中的鱼才能被埋藏保存下来，经成岩作用而形成鱼化石（图 5-34）。由于氧化作用的存在，致使那些难以氧化的鱼鳞或鱼骨架易被保存下来（图 5-35）。

图 5-34　博格达南缘芦草沟组中的鱼化石

图 5-35　博格达南缘芦草沟组中的鱼鳞化石

2）叶肢介化石

叶肢介化石主要为壳瓣，由外几丁质层和膜质层组成，有许多细而规则的同心线（图 5-36），一般呈半透明，壳厚 0.06~0.08mm，个体大小和形状不一，约在 10mm。

西大龙口剖面中，叶肢介化石主要产于中二叠统芦草沟组和上二叠统—下三叠统锅底坑组之中。芦草沟组中的叶肢介化石极度丰盛，既可以存在于页岩中，也可以存在于石灰岩中，甚至是石灰岩的主要组成物质，形成生物灰岩（图 5-37）。

锅底坑组中的叶肢介化石在大龙口背斜北翼集中分布，构成叶肢介化石层（图 5-38）。叶肢介壳体表面几丁质保存完好，种属单一，个体比较均一，一般 3~5mm。

叶肢介是一种典型的淡水湖相沉积环境的生物，具有标志性的指相意义。

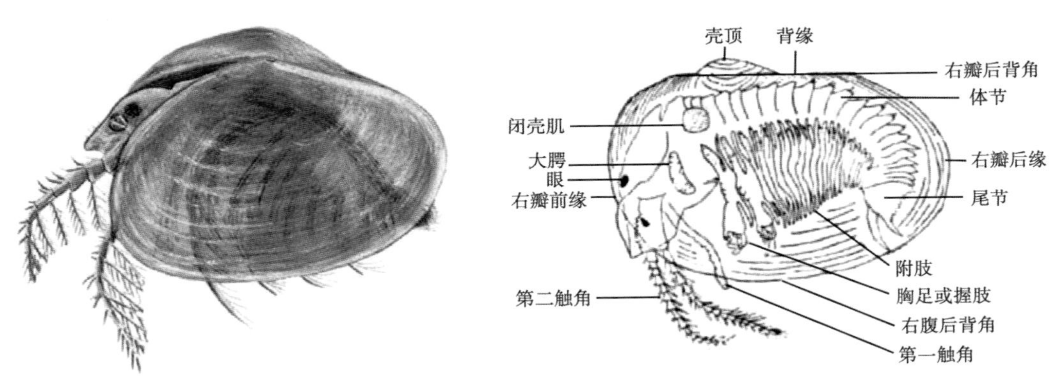

图 5-36　叶肢介雄性个体复原形态及构造简图

图 5-37　芦草沟组生物灰岩中的叶肢介化石组合

图 5-38　锅底坑组中的叶肢介化石组合

3）*植物化石*

植物化石是西大龙口剖面分布最广，种属最多的一种化石类型，几乎在所有的层组均有分布，主要以硅化木、植物茎干为主。

硅化木也被称为木化石，其形成是硅取代木纤维碳的过程。当树木被深埋入地下后，在高压、低温、缺氧的地质环境下浸泡于二氧化硅饱和溶液中，树木中的碳元素逐渐被二氧化硅交代，并保留树木的原始形态及构造特点。

西大龙口剖面中，梧桐沟组是硅化木最发育的层位，可见最大硅化木直径达 1m，长度超过 3m，树根扎于三角洲平原泥质岩石中（图 5-39）。在区域上，梧桐沟组也是一个硅化木大量分布的层位，如博格达南缘塔尔郎沟梧桐沟组中在数百平方米范围内，可见上百颗硅化木化石。说明当时古气候非常适宜植物的繁盛与生长。

图 5-39　梧桐沟组中的硅化木化石

除此之外，在三叠统的韭菜园组、克拉玛依组、黄山街组均发育少量较粗大的硅化木，同时中三叠统还发育较多灌木，泥岩中夹有很薄的煤线或含植物碎片的碳质页岩层，一般煤线的厚度为 0.5~3cm（图 5-40）。

（a）植物茎干化石

（b）植物化石碎片

图 5-40　克拉玛依组中的植物化石

4）*动物化石*

在本次研究中，采集到 3 枚动物化石骨骼，其中梧桐沟组中采集到 2 枚，烧房沟组底部砂岩中采集到 1 枚。梧桐沟组的 2 枚骨骼化石分别采自其下段湖相泥岩和上段三角洲平原泥岩中。

第二节　沉积相分析

中二叠统包括芦草沟组与红雁池组，总体属于湖泊沉积环境。

一、芦草沟组

芦草沟组是西大龙口剖面中出露比较完整的最下部一个层位，主要以细粒碎屑岩沉积为主，包括深灰色、黑灰色页岩、油页岩和生物泥晶灰岩，夹少量薄层砂岩和浅灰白色凝灰岩。

1. 基本沉积旋回

其基本沉积旋回（相当于准层序）由下部的泥晶灰色生物灰岩向上渐变为页岩的叠置组合为特点（图5-41）。主要依据为：（1）由下部的生物泥晶灰岩的生物沉积、化学沉积逐渐向上递变为碎屑质页岩的物理沉积作用；（2）旋回下部的石灰岩底面与下伏页岩为截然突变接触关系，向上逐渐变为深灰色钙质页岩到深灰色页岩；（3）碳酸盐岩含量向上逐渐减少，说明生物化学作用逐渐减弱；（4）由此说明生物化学沉淀形成的石灰岩水体相对较深，页岩沉积相对较浅，是一个水深逐渐变浅的过程。

图5-41　芦草沟组中的基本沉积序列

由于石灰岩是泥质岩沉积序列中，基本沉积旋回很重要的识别标志，因为根据石灰岩发育多少，可将芦草沟组划分为下、上两段。其中下段石灰岩厚度大，钙质含量高，即页岩中均含有一定数量的钙质成分；上段石灰岩厚度薄，钙质含量少。

2. 芦草沟组下段

下段石灰岩与页岩呈间互不等厚成层的特点，石灰岩以中薄层为主，含丰富叶肢介化石，为典型的生物灰岩，富含沥青（图5-42）；页岩性较脆，含钙质，几乎不含较粗的陆源碎屑颗粒，水平层理极发育（图5-42）。在水库北侧，芦草沟组与下伏井井子沟组呈整合接触，其上的芦草沟组下段含鱼化石。表明芦草沟组湖盆是继承井井子沟组湖盆发展而来的，且湖盆范围加大，水体加深，为半深湖相。

图 5-42　芦草沟组下段钙质页岩中发育的水平层理

3. 芦草沟组上段

芦草沟组上段主要以深灰色页岩为主，石灰岩较少，最厚不超过 0.5m，一般为 0.1～0.5m，夹油页岩、凝灰质页岩和凝灰岩（图 5-43）。

灰色石灰岩主要以泥晶和粉晶为主，含丰富的介形虫化石和鱼化石。页岩以薄层、纸片状为主，含少量钙质（图 5-44）。在芦草沟组上段中下部，地层中含有多层风化后呈灰白色的凝灰岩、泥质凝灰岩和凝灰质页岩（图 5-45），水平层理发育，并与页岩之间多呈渐变过渡关系，表明凝灰质是附近火山喷发的火山灰在风力作用下漂浮而至降落沉积下来的。

在芦草沟组页岩中还含有风化后呈黄褐色的豆粒，大小 2～3mm，呈近似圆形零星分布于岩层表面。最初以为是他形黄铁矿结核，但仔细观察，发现豆粒内部似乎发育成星形放射状结构，疑似生物构造（图 5-46）。

综上所述，芦草沟组为一套由页岩和生物灰岩组成的细粒沉积，页理极其发育，生物主要以鱼和叶肢介、双壳等为主，属于一套半深湖—深湖相沉积体系。下段石灰岩相对较发育，上段页岩较发育，表明从下向上，水体逐渐变深。

芦草沟组沉积末期发生了一次地壳的抬升，导致芦草沟组沉积时期的深水湖盆突然消亡，部分地层遭受剥蚀。

图 5-43　芦草沟组上段岩石组合特征

图 5-44　芦草沟组上段页岩特征

图 5-45　芦草沟组上段的凝灰质岩石

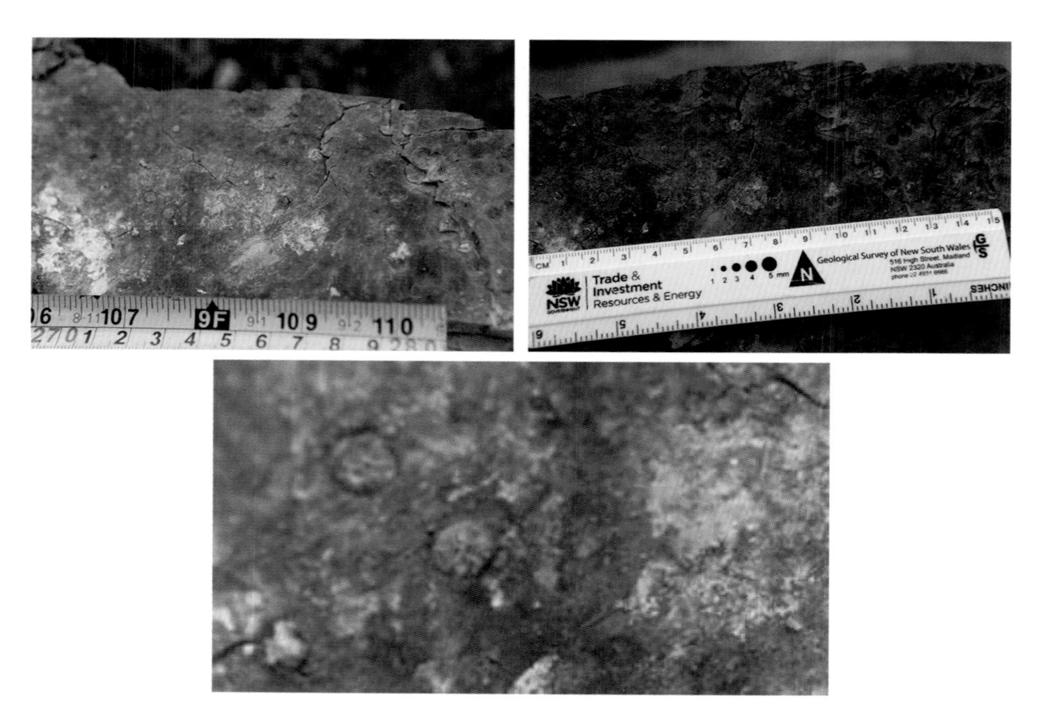

图 5-46　芦草沟组上段页岩中黄褐色豆粒（疑似生物）

二、红雁池组

芦草沟组沉积末期的构造运动并没有改变芦草沟组—红雁池组沉积时期的湖盆属性，但是这次构造运动的结果使得古地形坡度变陡，水动力作用增强，致使红雁池组底部沉积了一套远源浊积扇砂砾体（图 5-47）。随后湖盆仍然保持了芦草沟组沉积时期的深湖相泥质沉积环境，暗色泥岩的有机碳含量高达 16.9%，同时夹 1~2 层厚约 10cm 的灰色薄层石灰岩。说明这次运动并没有改变芦草沟组以来的沉积格局，虽然红雁池组与芦草沟组之间存在沉积中断，但其沉积环境与芦草沟组相似，仍为半深湖—深湖相沉积。

图 5-47　红雁池组底部砾岩及与芦草沟组接触关系

第三节 地球化学特征与古环境

一、常量元素特征

芦草沟组泥质岩的 Si、Ti、Al、Fe、Mn、Mg、Ca、Na、K、P10 种常量元素与页岩克拉克值的比值表明，两者的元素含量基本相似（图 5-48）。其中，Si 和 Fe 元素与页岩含量差不多，其他几种元素的含量比普通页岩中的含量要低。P 元素的含量较高，均值是普通页岩中含量的 2.3 倍。P 元素是控制初级生产力的关键营养元素，P 元素的含量对初级生产力存在很大程度的影响（Howarth，1988；Tyrrell，1999；Morel 和 Price，2003）。P 元素的大量富集为水中生物提供了良好的营养环境，有利于水体中藻类生物的生长，为后期烃源岩的形成发育提供了大量的母质。藻类的大量生长也会引起水体中氧气量减少，形成还原环境，从而有利于有机质的保存。因此，高含量的 P 元素促进了优质烃源岩的形成。

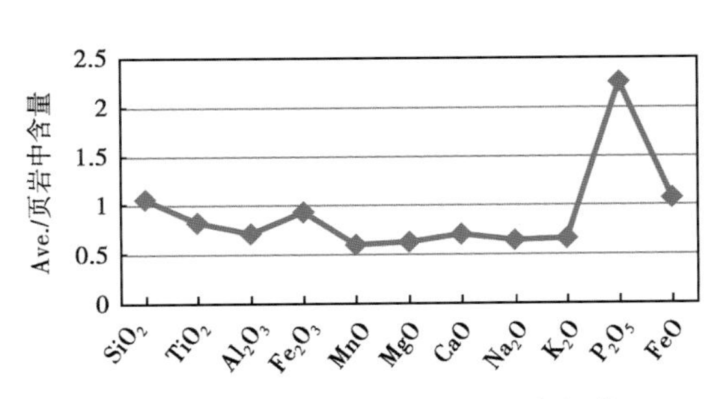

图 5-48 芦草沟组烃源岩常量元素与普通页岩常量元素含量之比

二、微量元素特征

1. 微量元素与古气候

研究发现，Sr 元素是干旱炎热条件下湖水浓缩沉淀的产物，或者是海侵造成的，所以根据 Sr 元素的变化，可以研究芦草沟组沉积时期古气候环境。Sr 元素含量越高，表明气候越干旱炎热；Sr 含量越低，表明气候越温暖湿润。通常，Sr/Cu 可以很好地用来指示气候条件。当 Sr/Cu 值在 1.3~7.0 之间时，表明该地区古气候条件为温暖湿润；大于 7.0 时指示干旱炎热气候（莱尔曼，1989）。西大龙口地区芦草沟组泥质岩微量元素中 Sr/Cu 值相差较大，为 3.86~14.62（表 5-4），平均值为 7.05，其气候经历了干旱炎热—温暖湿润的交替变化（图 5-49），当湿润的气候条件有利于有机质的形成和繁殖，当干旱炎热的气候条件时水体盐度较高又有利于有机质的保存。

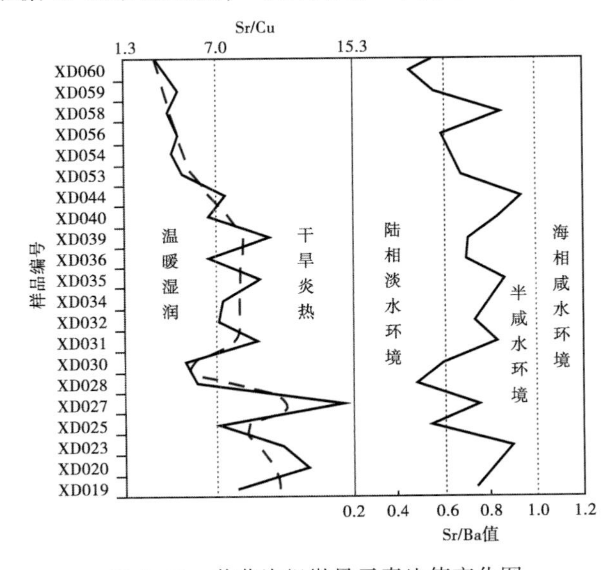

图 5-49 芦草沟组微量元素比值变化图

表 5-4 部分微量元素含量与参数表

样品编号	Cr	Cu	Ba	V	Ni	Sr/Cu	Sr/Ba	V/(V+Ni)	V/Ni
XD019	327	39.0	440	90.0	35.3	8.39	0.74	0.72	2.55
XD020	339	27.0	414	62.7	35.7	12.56	0.82	0.64	1.76
XD023	482	43.5	538	96.2	35.2	11.08	0.90	0.73	2.73
XD025	235	32.6	430	101.0	36.9	7.20	0.55	0.73	2.73
XD027	491	33.6	651	97.4	30.8	14.62	0.75	0.76	3.16
XD028	337	57.4	697	114.0	62.4	5.86	0.48	0.65	1.82
XD030	220	41.6	366	96.5	105.0	5.28	0.60	0.48	0.92
XD031	505	52.5	609	113.0	37.1	9.61	0.83	0.75	3.04
XD032	381	53.2	519	89.5	78.6	7.16	0.73	0.53	1.14
XD034	343	45.7	431	107.0	52.6	7.50	0.80	0.67	2.03
XD035	378	39.2	438	83.3	30.9	9.63	0.86	0.73	2.69
XD036	291	43.2	418	93.5	60.6	6.74	0.70	0.61	1.54
XD039	233	22.7	328	98.9	17.9	10.30	0.71	0.85	5.51
XD040	337	50.5	402	126.0	57.4	6.68	0.84	0.69	2.20
XD044	294	38.9	314	108.0	45.0	7.55	0.94	0.71	2.39
XD053	202	40.0	298	121.0	34.1	5.05	0.68	0.78	3.56
XD054	200	45.0	312	117.0	42.2	4.44	0.64	0.74	2.78
XD056	181	37.9	304	110.0	42.5	4.78	0.60	0.72	2.59
XD058	260	61.9	305	95.6	31.8	4.20	0.85	0.75	3.01
XD059	191	40.3	342	92.6	43.3	4.74	0.56	0.68	2.14
XD060	123	32.0	272	61.6	16.4	3.86	0.45	0.79	3.76

2. 微量元素与古盐度

研究古盐度的方法和参数有很多，微量元素中元素相对含量比值法是目前较为常用的方法，也较为有效。微量元素 Sr 和 Ba 的化学性质较为相似，可用 Sr 和 Ba 元素的相对含量来指示水体盐度。一般来讲，当 Sr/Ba>1 时指示海相咸水环境；当 Sr/Ba<0.6 时指示陆相淡水环境；当 Sr/Ba 值在 0.6~1 之间时指示半咸水沉积环境。研究区芦草沟组烃源岩 Sr/Ba 值为 0.42~1.04，平均值为 0.71，从图 5-49 中可以看出存在盐度上变高—变低的反复变化，但整体上位于半咸水环境，少部分位于陆相淡水环境。综合分析，研究区芦草沟组烃源岩绝大多数形成于半咸水沉积环境。

3. 微量元素与水体氧化还原条件

微量元素中的 Ni 和 V 是两种化学性质比较活泼的元素，在自然界中常以复杂化合物形态存在。J. R. Hatch 等（1992）通过研究发现，V/(V+Ni) 可以用来指示古水体氧化还原环境，并把 V/(V+Ni) = 0.46 作为氧化、还原环境的分界值，当 V/(V+Ni) 值在 0.84~0.89 之间时反映水体分层，水体中出现 H_2S 的厌氧环境；中等比值（0.54~0.82）的 V/(V+Ni) 值指示水体分层不强的厌氧环境；当 V/(V+Ni) 较低（0.46~0.60）时为水体分层弱的贫氧环境。直接使用 V/Ni 值也可以指示水体氧化还原环境，高的 V/Ni 值表明水体高盐度和强还原环境。研究区西大龙口地区芦草沟组样品烃源岩 V/(V+Ni) 值为 0.53~0.85（表 5-4），平均值为 0.71，属于中等比值，显示了水体分层不强、还原性较强的水体环境；V/Ni 值绝大部分大于 1，最大值为 5.51（表 5-4），与 V/(V+Ni)值参数指示的意义较吻合，显示出咸化的还原环境，从 V/(V+Ni) 值的盐度参数图上可以看出存在一定的反复变化，但整体变化不明显（图 5-50）。

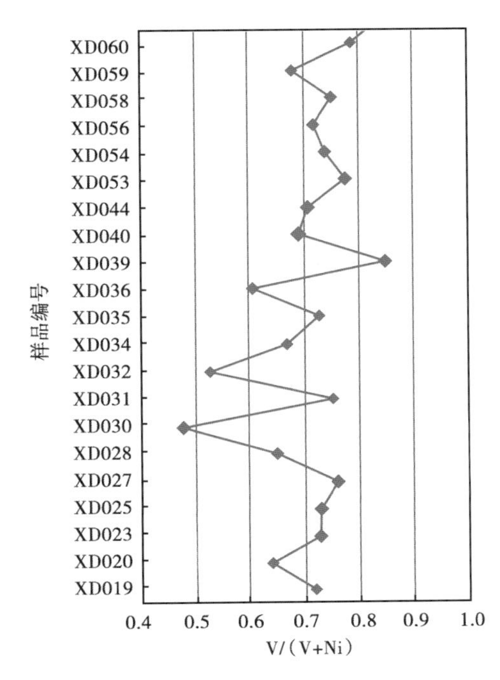

图 5-50 芦草沟组泥岩 V/(V+Ni) 趋势图

三、稀土元素特征

通常所说的稀土元素（Rare Earth Element, REE）一般是指镧系元素。镧系元素共有 15 种，包括：La、Ce、Pr、Nd、Pm、Sm、Eu、Gd、Tb、Dy、Ho、Er、Tm、Yb、Lu，除了 Pm 主要是人工合成的之外，其他的在自然界中都有存在。由于 Y 的性质与镧系元素非常相似，也将其归为稀土元素。因此，地质学上研究的稀土元素是指除了 Pm 之外的镧系元素加上 Y 元素。稀土元素按照原子序数的不同，可以划分为轻稀土元素（LREE）和重稀土元素（HREE）。轻稀土元素包括：La、Ce、Pr、Nd、Sm 和 Eu；重稀土元素包括：Gd、Tb、Dy、Ho、Er、Tm、Yb、Lu 以及 Y。

稀土元素化学性质稳定，能够有效地保存原始物质的地球化学特征，所以稀土元素可以有效地指示原始沉积环境和识别物源。

研究区样品烃源岩稀土总含量 ΣREE 在 52.5~179.8μg/g 之间，平均 120.3μg/g，低于北美页岩中稀土元素的总含量（200.12μg/g）。通过烃源岩陨石标准化的稀土分布模式图可以看出轻稀土元素（LREE）含量比重稀土元素（HREE）的含量高（图 5-51），La-Sm 曲线陡峭，Dy-Y 曲线平缓。样品中 LREE/HREE 值分布在 2.16~2.70 之间，平均值为 2.35，

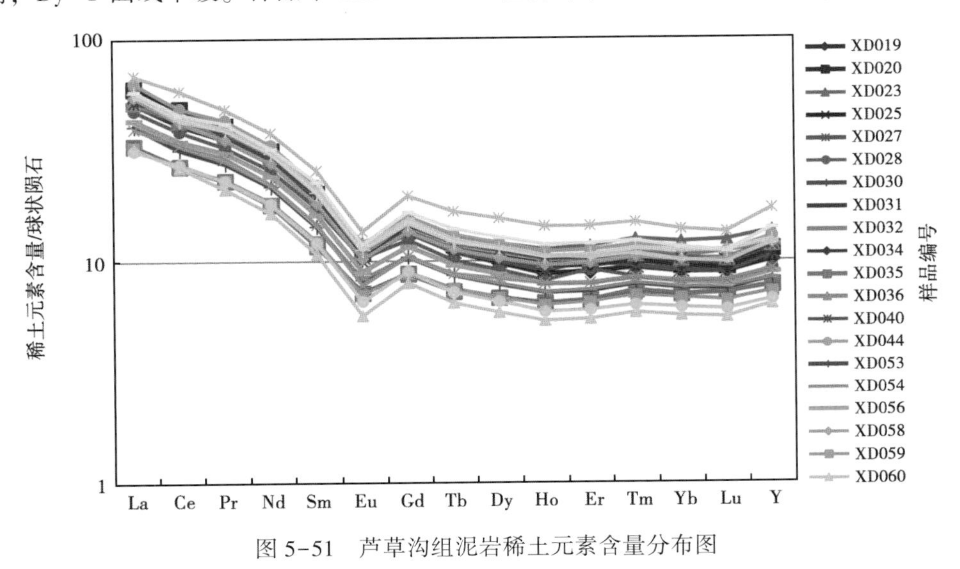

图 5-51 芦草沟组泥岩稀土元素含量分布图

说明烃源岩发育于一种不同于海相（海相分异度较低）的轻稀土元素富集，而重稀土元素亏损的沉积环境，$(La/Yb)_N$ 和 $(Ce/Yb)_N$ 也同样说明了这一点（表 5-5）。表现轻稀土元素分馏程度的参数 $(La/Sm)_N$ 普遍高于反应中稀土元素分馏程度的参数 $(Gd/Yb)_N$（表 5-5），也从侧面说明了研究区烃源岩轻稀土元素较重稀土元素富集。藻类对轻稀土元素有一定的富集作用，研究区烃源岩样品中轻稀土元素较重稀土元素含量高，说明该地区藻类较为发育，这也与干酪根碳同位素和生物标志化合物参数表明的有机质来源以藻类为主的情况相吻合。

表 5-5 稀土元素参数表

样品编号	TREE	LREE	HREE	LREE/HREE	$(La/Yb)_N$	$(Ce/Yb)_N$	$(La/Sm)_N$	$(Gd/Yb)_N$	δCe	δEu
XD019	129.8	94.4	35.48	2.68	6.29	4.93	2.90	1.51	0.93	0.64
XD020	141.4	102.3	39.07	2.62	6.36	5.19	2.97	1.53	0.97	0.65
XD023	150.5	103.9	46.58	2.20	5.21	3.95	2.98	1.28	0.92	0.65
XD025	135.5	95.8	39.70	2.41	5.67	4.54	2.77	1.44	0.94	0.66
XD027	126.7	89.8	36.89	2.44	5.94	4.66	2.86	1.51	0.93	0.65
XD028	114.3	81.8	32.49	2.52	5.98	4.82	2.76	1.56	0.96	0.69
XD030	135.4	96.4	39.01	2.47	5.63	4.58	2.69	1.48	0.95	0.63
XD031	127.6	88.0	39.65	2.20	5.19	4.16	2.78	1.38	0.95	0.63
XD032	130.2	89.6	40.65	2.20	4.94	4.03	2.70	1.36	0.96	0.66
XD034	126.8	88.8	37.99	2.34	5.54	4.45	2.80	1.45	0.95	0.64
XD035	83.5	57.1	26.47	2.16	4.72	3.82	2.82	1.25	0.95	0.70
XD036	132.5	91.7	40.85	2.24	5.14	4.25	2.65	1.43	0.97	0.65
XD039	52.5	38.3	14.19	2.70	5.68	3.96	4.92	0.84	0.94	0.72
XD040	131.9	91.3	40.54	2.25	5.13	4.29	2.65	1.43	0.98	0.58
XD044	149.9	105.4	44.48	2.37	5.60	4.33	2.87	1.41	0.92	0.63
XD053	97.6	68.6	29.05	2.36	5.41	4.23	2.85	1.39	0.93	0.66
XD054	99.6	70.5	29.08	2.42	5.53	4.35	2.91	1.38	0.94	0.67
XD056	106.2	74.9	31.24	2.40	5.41	4.35	2.68	1.45	0.94	0.65
XD058	129.7	89.7	40.01	2.24	5.47	4.22	3.03	1.35	0.94	0.65
XD059	82.3	56.9	25.36	2.25	4.83	3.87	2.68	1.31	0.94	0.67
XD060	76.7	54.6	22.05	2.48	5.69	4.67	2.99	1.41	0.99	0.61

稀土元素中的 Ce 和 Eu 会存在两种价态，这种现象称为元素的正负异常。当环境为氧化环境时，+3 价的 Ce 元素会被氧化成+4 价的 Ce 元素，Eu 异常值可以有效地用以识别物源，在热液中会存在+2 价的 Eu 元素，镁铁质火成岩中的 Eu 异常较为轻微或没有，而长英质火成岩中存在 Eu 的负异常，因此可以根据 Ce 和 Eu 的正负异常情况识别沉积环境和物源。

研究区样品烃源岩 δCe 值分布在 0.90~1.00 之间，变化非常小，平均值为 0.95，存在微弱的 Ce 负异常，反映出烃源岩形成于偏还原的沉积环境；δEu 值分布在 0.60~0.72 之间，平均值为 0.65，存在一定的 Eu 负异常，表明沉积物母源为有较大含量的 Eu 负异常明显的花岗岩，母岩主要成分为长英质组分。

综上所述，西大龙口地区芦草沟组以一套细粒碎屑为主的沉积岩石组合，其中芦草沟组下段生物碎屑灰岩相对较多，上段仅夹少量薄层生物碎屑灰岩，主要形成于弱氧化—弱还原的深湖—半深湖相沉积环境。平均值为 0.71 的 Sr/Ba 体现出半咸水的沉积环境，平均值为 0.71 的 V/(V+Ni) 值和绝大部分大于1的 V/Ni 值意义吻合，显示出咸化的还原环境。微弱的 Ce 负异常指示了偏还原的沉积环境。因此，芦草沟组形成于水体氧气量适中的弱氧化—弱还原环境，水体中盐度较高从而导致还原环境增强。由于藻类提供的母质来源数量巨大，即使水体氧气量充足也会因有机质数量巨大来不及氧化而形成优质烃源岩。

常量元素中 P 元素含量较高，其他元素与页岩中平均值相差不大，高含量的 P 元素为藻类的大量生产提供了营养，也正好与该地区有机质以藻类为主要来源相符合；微量元素中古盐度参数显示该地区古水体环境为半咸水环境，并且盐度方面存在高低上的反复变化；微量元素的古气候参数显示该地区芦草沟组沉积时期气候经历了湿润—干旱的交替变化，微量元素的氧化还原性参数显示水体还原性较强；稀土元素存在元素分馏，轻稀土元素较为富集，与藻类大量繁殖相吻合，稀土元素沉积环境参数显示该地区古水体环境为偏还原环境。

第六章　大龙口地区上二叠统—下三叠统仓房沟群沉积相与沉积环境

仓房沟群是一个跨系地层单元，可分为上二叠统下仓房沟群和下三叠统上仓房沟群。下仓房沟群自下而上包括泉子街组、梧桐沟组和锅底坑组，上仓房沟群包括韭菜园组和烧房沟组。

第一节　上二叠统下仓房沟群沉积相与沉积环境

下仓房沟群泉子街组为一套冲积扇—河流的沉积，而梧桐沟组和锅底坑组为一套滨浅湖—三角洲沉积。

一、泉子街组沉积相分析

根据沉积特征的不同，泉子街组可分为上下两段。其中泉子街组下段发育冲积扇沉积体系，泉子街组上段发育河流沉积体系（图 6-1）。

图 6-1　西大龙口剖面背斜南翼泉子街组沉积组合

1. 泉子街组下段冲积扇沉积

泉子街组下段发育多套较厚层砂砾岩，砾石棱角分明，磨圆差；大小不一，分选杂乱（图 6-2），砾石成分主要为酸性火山岩、砂岩及少量凝灰质页岩等，属于近物源、陡地形、强水动力条件的冲积扇扇中亚相沉积；砾岩间为粒度较细的沉积，主要为含砾细砂岩和紫红色泥岩，属于扇端亚相沉积，因此，泉子街组下段属于冲积扇沉积体系。该沉积体系从下往上，砂砾岩厚度逐渐减少，紫红色泥岩逐渐增多，表明随沉积作用的填充，地形逐渐变缓，水动力作用减弱，逐步向河流作用转化。

图 6-2　西大龙口剖面背斜南翼泉子街组下段砂砾岩组成特征

2. 泉子街组上段河流沉积

泉子街组上段的河流沉积具有典型的二元结构。下部为分流河道砂砾岩沉积，上部为河漫滩紫红色泥岩沉积（图 6-3）。其中砂砾岩不仅分选差、大小混杂，并含芦草沟组的页岩砾石（图 6-4），说明为近源沉积，且芦草沟组已隆起成为剥蚀物源。在河漫滩泥岩中夹薄层煤线，表明气候相对较湿润（图 6-4）。

图 6-3　泉子街组上段河流沉积体系与辫状河二元结构

图 6-4　泉子街组上段分流河道砾石类型及煤线

辫状河河漫滩虽然总体以细粒沉积为主，主要为紫红色泥岩，不纯，常含沙粒和粉砂质条带，时夹少量薄层砂岩或细砂砾岩（图 6-5）。河漫滩上的泥岩遭受了一定程度的古土壤化，致使层理结构不清。同时在河漫滩上还发现一个第四纪发育的三级阶地上的古河道（图 6-5）。

图 6-5　泉子街组上段河漫滩沉积及分流河道沉积中砾石类型和煤线

3. 泉子街组顶部的古土壤特征

古土壤（paleosol）是地质时期在地表形成，随后被较新沉积物埋藏的土壤。土壤从上到下一般包括有机质层（O 层）、淋滤层（A 层）、沉积作用层（B 层）、不含基岩的矿物质层（C 层）以及未发生成壤作用（pedogenesis）的基岩层（R 层）。其中，层以新鲜或部分分解的有机质为主，处于分解—半分解状态，称为覆盖层；A 层为易溶矿物（如黏粒、铁和铝）淋失而难溶矿物（如石英等）相对增加的层，称为淋溶层；B 层为硅质黏粒、铁、铝或腐殖质等富集沉积层或残留富集暗深红色三氧化物、二氧化物、硅酸盐黏土层，称为淀积层（图 6-6）。古土壤中一般 B 层的特征会被很好地保存下来，从而成为判断古土壤类型的诊断层。

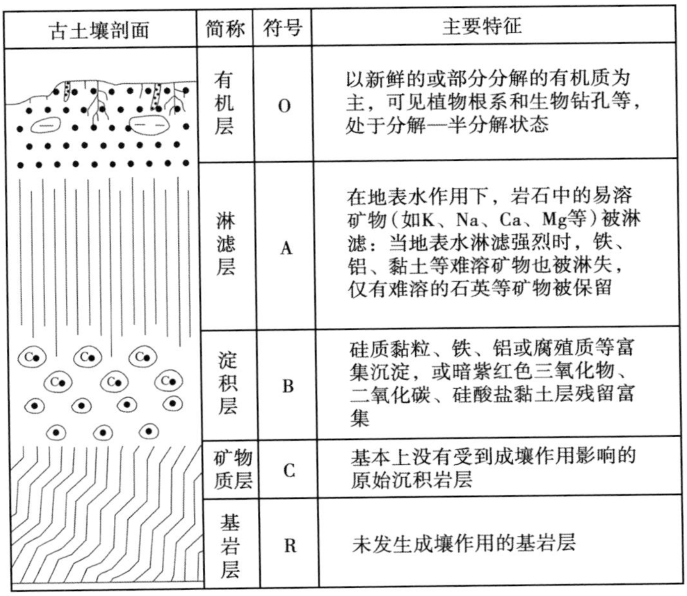

古土壤剖面	简称	符号	主要特征
	有机层	O	以新鲜的或部分分解的有机质为主，可见植物根系和生物钻孔等，处于分解—半分解状态
	淋滤层	A	在地表水作用下，岩石中的易溶矿物（如K、Na、Ca、Mg等）被淋滤：当地表水淋滤强烈时，铁、铝、黏土等难溶矿物也被淋失，仅有难溶的石英等矿物被保留
	淀积层	B	硅质黏粒、铁、铝或腐殖质等富集沉淀，或暗紫红色三氧化物、二氧化碳、硅酸盐黏土层残留富集
	矿物质层	C	基本上没有受到成壤作用影响的原始沉积岩层
	基岩层	R	未发生成壤作用的基岩层

图 6-6　古土壤剖面及类型特征（据冯乔等，2008）

不同的国家和地区，对古土壤有各种不同的分类方案。虽然美国农业部 1975 年对土纲的划分在古土壤研究中使用较多，但其缺点是依赖并不保存在古土壤里的阳离子、有机质等土壤属性划分的，不易在野外鉴别和应用。而 Mack 等（1993）的古土壤分类系统，是专门针对埋藏古土壤而言，并制定了一个相对简单的命名方法，可应用于岩石记录中的大多数古土壤，能有效地对比全球范围的古土壤。Mack 的古土壤分类系统主要依靠稳定矿物和保存在土壤中的古地貌属性，将古土壤划分为 9 类。

泉子街组顶部的古土壤为典型的铁质土壤，即古土壤中主要以铁质富集为特征，可表现富含 Fe_3O_2 的砖红色、铁锈红色、紫红色土壤为特征，也可表现为铁质富集成结核为特征，更有甚者，铁质矿物持续富集可形成透镜状、扁豆状铁矿。

大龙口背斜南北剖面的泉子街组均发育铁质古土壤，其中南剖面古土壤厚度较薄，铁质豆粒呈铁锈褐色、暗紫红色，砂泥质或钙质胶结（图 6-7），称为泉子街组与梧桐沟组分界的良好标志（图 6-8）。

部分结核经淘洗分选、被搬运到梧桐沟组底部地层沉积形成似层状或团块状结核层。

图 6-7　大龙口南剖面泉子街组顶部铁质古土壤

图 6-8　大龙口背斜北剖面泉子街组与梧桐沟组分界

在大龙口背斜北剖面，泉子街组顶部的铁质古土壤尤其发育，可见到 3 层旋回变化的古土壤层。每一旋回均为下部的紫红色古土壤化泥岩，向上变为含钙质淋滤条带的紫红色古土壤泥岩，顶部为铁质结核层（图 6-9）。

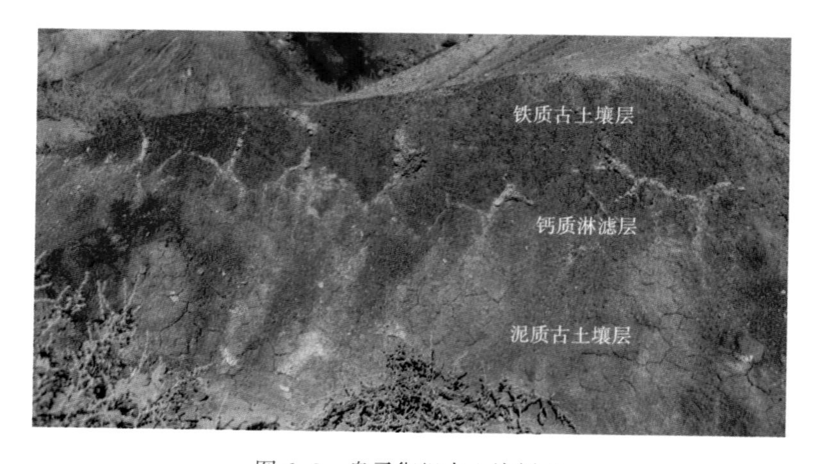

图 6-9　泉子街组古土壤剖面

其中旋回最上部铁质古土壤层中的铁质豆粒最为醒目，多呈圆球形，铁锈色，绿豆—黄豆大小，个别可大如蚕豆（图 6–10）。在泥质、砂质地层中密集分布，不受层位和岩性控制，说明其主要控制作用是携带铁质的地表水向下渗透淋滤到淀积层而形成的。

图 6–10　泉子街组铁质结核

浅灰白色的钙质淋滤条带一般垂直于地层层面，从铁质层往下进入泥质层往往一般分叉 2 支，然后再继续向下渗滤、合并，形成“W”形状，而且钙质条带具有上宽下窄的特点，直至消失在泥质古土壤中，在层面上钙质条带多成网状（图 6–9 和图 6–11）。

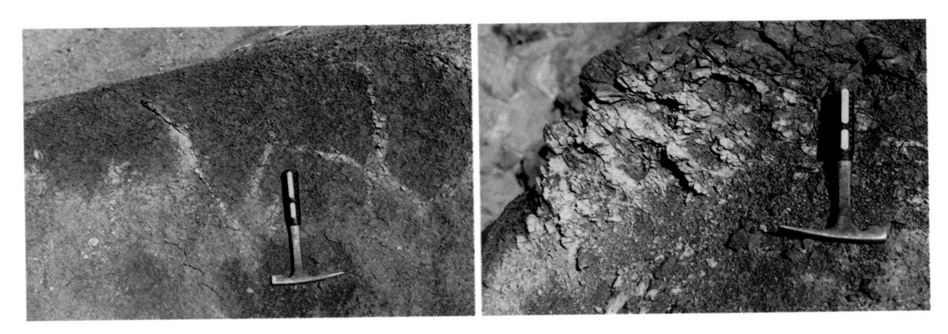

图 6–11　泉子街组钙质淋滤条带

二、梧桐沟组沉积相分析

梧桐沟组为潮湿型滨浅湖—三角洲沉积。梧桐沟组根据岩性组合可以划分为两段，下段为灰色泥岩夹含砾细砂岩的滨浅湖相沉积，上段为砂泥岩间互的三角洲相沉积（图 6–12）。

1. 梧桐沟组下段滨浅湖相沉积

如前所述，梧桐沟组与下伏地层泉子街组的分界为一侵蚀不整合界面。其下段为滨浅湖沉积，以灰色泥岩夹砂岩、含砾砂细岩为主（图 6–13）。其中靠近底部发育含菱铁矿结核

图 6-12　梧桐沟组滨浅湖—三角洲沉积体系

层，菱铁矿似层状分布或呈团块状。菱铁矿本身为豆粒状，为铁锈色或黄褐色，有可能是由泉子街组顶部古风化壳中的铁质结核搬运而来。

图 6-13　梧桐沟组与泉子街组分界及含砾砂岩

梧桐沟组下段下部为灰色泥岩与暗紫红色泥岩间互成层，向上红色层逐渐减少，颜色逐渐变浅，中上部为灰色泥岩夹滨浅湖细砂岩（图 6-14），因此梧桐沟组下段反映了从过渡环境逐渐向湖盆范围增大，湖水逐渐加深的滨浅湖沉积环境演化。

图 6-14　梧桐沟组下段滨浅湖沉积

2. 梧桐沟组上段三角洲相沉积

梧桐沟组上段为三角洲相沉积，由 5 套三角洲前缘水下分流河道砂岩，以及前三角洲泥岩和较薄的三角洲平原的泥岩、煤线等组成（图 6-15），主要特点如下。

图 6-15　梧桐沟组三角洲沉积及其构成

（1）三角洲前缘发育，主要为厚层砂岩、含砾砂岩与泥岩互层，并夹煤线或薄煤层。砂岩中发育大型交错层理，前积层理、板状层理、砂纹层理、波状层理以及滑动变形构造等（图 6-16）。

图 6-16　大龙口背斜南梧桐沟组三角洲前缘沉积构造

在大龙口背斜北剖面中，梧桐沟组中的沉积构造也非常丰富，主要有楔状层理、槽状层理、板状层理等，以及大型滑动变形构造（图6-17）。大量滑动变形构造是在一个原始斜坡上，由于上覆快速沉积（如洪水等）导致重力不稳而形成的，这是三角洲前缘最常见的一种变形构造。

图6-17　大龙口背斜北梧桐沟组沉积构造

（2）三角洲平原主要由细粒的浅灰色泥岩，含丰富植物碎屑的细砂岩，以及梧桐沟组中最粗粒级的砂砾岩、细砾岩及含砾砂岩组成（6-18）。其中最粗粒级的岩石是在洪水期间，由碎屑流携带到三角洲平原上沉积而成。

另外，在三角洲平原上的粗粒岩石中还见到冲刷构造、滞留沉积等，其中滞留沉积的砾岩主要以泥砾、粉砂质泥岩为主（图6-19），它们均来自下伏地层，属于三角洲平原上的分流河道沉积。

因此在梧桐沟组上段沉积过程中，尤其是在层序的上部分，这类粗粒沉积发育多层，表明此沉积时期，经常暴发洪水，属于多雨水的时期。

（3）不论是在三角洲前缘还是在三角洲平原环境中，均发育大量的硅化木（图6-20）。

图 6-18　梧桐沟组三角洲平原岩石类型

这些硅化木树干平直，树径粗大，最大者可见长度在 4m 以上，直径在 0.5m 以上，有些还可以见到树木的年轮。这些大量硅化木的发育可以与博格达南缘塔尔郎沟剖面中的梧桐沟组硅化木相媲美。说明这一时期，在博格达南北地区植物茂盛，而且以高大树木为主，雨水充沛，其气候条件非常适合于植物的发育和生长。

（4）梧桐沟组中发育大量的双壳化石，密集分布，构成了介壳层（图 6-21）。这些双壳化石，大多经过了湖水波浪的改造，部分化石与砂质紧密胶结在一起，表明是在较浅的水体中生长发育，不仅说明当时的古气候特别适应生物的发育，而且表明所处水体为三角洲前缘浅水环境。

图 6-19　梧桐沟组上段冲刷构造和滞留沉积

图 6-20　梧桐沟组硅化木

图 6-21　梧桐沟组双壳类化石

（5）在梧桐沟组中发现了 3 枚古脊椎动物的骨骼化石（图 6-22），这也是生物演化史上首次出现真正的陆地动物。经查资料，此类动物骨骼来源于二齿兽。

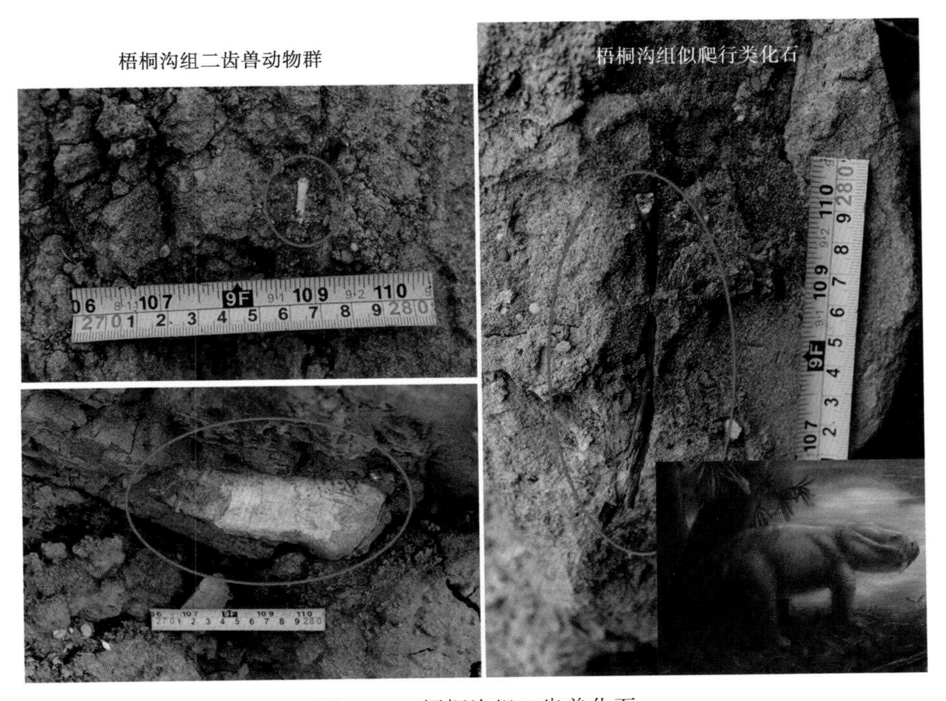

图 6-22　梧桐沟组二齿兽化石

二齿兽（Dicynodon）下目是兽孔目或似哺乳爬行动物，其个体变化较大，长着两支长牙的草食性动物（图 6-23）。二齿兽意指“两颗犬齿”，与猪类似，是上颚有两颗巨大獠牙的草食性兽孔目动物。

图 6-23　二齿兽动物群（来自网络资料）

二齿兽是古爬行动物，属下孔类的二齿兽类。颈短，尾短，四肢粗壮有力。除上颌有一对巨牙外，口内无其他牙齿，故而命名。陆生，以植物为食。二齿兽是繁盛于二叠纪晚期，在中二叠纪首次出现，在一阵快速的演化爆炸后，成为晚二叠纪最成功且大量的陆地脊椎动物。穴居，擅长挖洞，在沙漠地带利用地下阴凉来躲避炎热，地下洞穴处处连通，有效防止肉食兽进攻。在 2.5 亿年前的生物大灭绝事件中数量锐减。

该动物种类繁多，其化石主要发现于非洲南部、欧洲及我国新疆等地。

（6）梧桐沟组中可能还发育虫孔，主要分布于细砂岩中。在细砂岩风化表面呈突起的圆状，大者直径 0.5~1.0cm，小者 2~3mm（图 6-24），与砂岩同色或铁锈色、褐色，可能为垂直虫孔，这与较强水动力的砂岩环境有关，垂直虫孔便于动物的生存。

图 6-24　梧桐沟组上段砂岩中的垂直虫孔

综上所述，梧桐沟组沉积时期，生物繁盛，门类众多，不仅有陆地似脊椎食草动物、高大的植物，而且水中还有丰富的双壳动物和虫孔等，是一个非常适合生物大量发育和极度繁盛的时期。

三、锅底坑组沉积相与古环境分析

在梧桐沟组三角洲沉积基础之上，持续沉积的锅底坑组发育了一套滨浅湖沉积体系。

锅底坑组为一套泥岩夹细砂岩的沉积组合，总体属于滨浅湖沉积，向上逐渐转化为三角洲沉积（图 6-25）。细砂岩中发育砂纹交错层理、小型槽状交错层理和少量薄层石灰岩（图 6-26）。

图 6-25　锅底坑组岩石组合与滨浅湖沉积

图 6-26　锅底坑组中发育的层理构造及石灰岩夹层

在剖面中部发育一套较深水的深灰色页岩沉积，并夹石灰岩薄层（图6-27），反映了锅底坑组从下往上，水体逐渐变深又逐渐变浅的一个过程。

锅底坑组中的生物化石也比较丰富，除了前人所研究的微古、孢粉等古生物外，本次研究中，还发现了大量的叶肢介化石。这些叶肢介化石表面呈荧光色，在岩石中密集分布，可

图 6-27　锅底坑组中部半深湖相沉积

形成薄的介壳层（图 6-28）。因此在锅底坑组沉积时期，生物繁盛，发育了丰富的陆地动物、植物和水生生物，古气候由早期的潮湿逐渐转向晚期的干旱环境。

图 6-28　大龙口背斜北翼锅底坑组叶肢介化石

第二节　下三叠统上仓房沟群沉积相与沉积环境

由于东大龙口背斜南翼剖面下三叠统受到褶皱、断裂等构造运动，以及后期抬升剥蚀等的较强烈影响，地层层序发育不完整。本次研究认为目前仅保留了下三叠统韭菜园组（图 6-29），因此在做沉积体系分析时，把大龙口背斜南翼、北翼剖面结合起来进行研究。

下三叠统韭菜园组和烧房沟组具有近似的岩石组合，主要为紫红色泥岩夹中薄层浅灰绿色砂岩，底部均发育厚层浅灰白色中细砂岩，主要属于河流沉积、滨浅湖沉积（图 6-30 和图 6-31）。

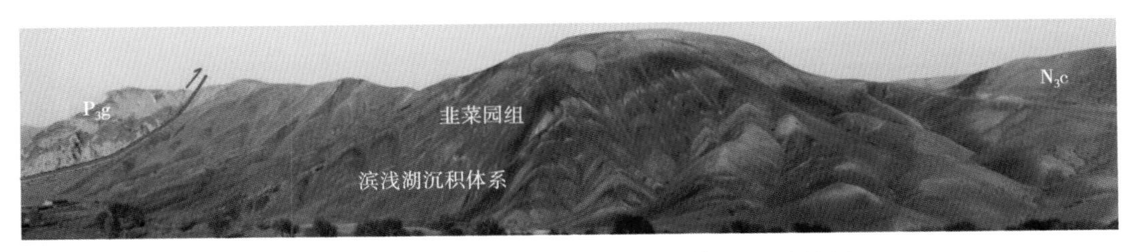

图 6-29　大龙口背斜南翼下三叠统韭菜园组地层层序

图 6-30　大龙口背斜北冀下三叠统韭菜园组地层层序

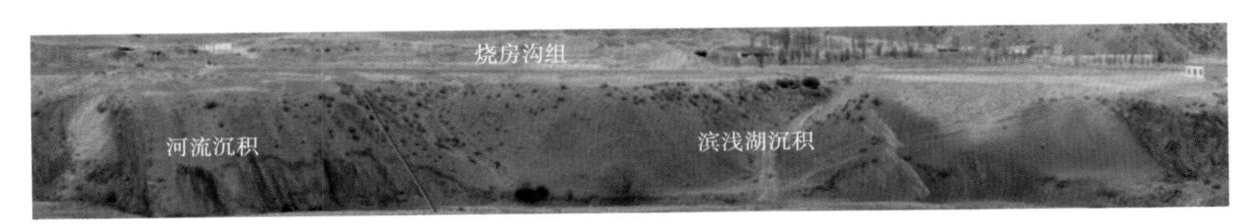

图 6-31　大龙口背斜北冀下三叠统烧房沟组地层层序

一、韭菜园组河流—滨浅湖沉积

韭菜园组从下至上由河流沉积、滨浅湖沉积组成（图 6-30）。烧房沟组从下至上由风成沉积、河流沉积、滨浅湖沉积组成（图 6-30 和图 6-31）。

1. 大龙口背斜南翼剖面

大龙口背斜南翼上三叠统由于构造和后期剥蚀作用的影响，仅保留了上三叠统韭菜园组，其上被昌吉河群（N_2c）砂砾岩不整合覆盖。

1）韭菜园组中的褶皱与断裂构造

在锅底坑组之上的韭菜园组中，以韭菜园组底部各厚 0.5m 的两层特殊的草绿色中细砂岩作为对比标志，据此推测发育一个紧闭的向斜构造（图 6-32），导致部分韭菜园组和锅底坑组地层重复出露。

在紧闭向斜的南侧还发育一个宽缓的背斜构造（图 6-33）。该背斜构造轴面近直立，主要卷入了下三叠统韭菜园组，其北侧被沿锅底坑组浅灰色中细砂岩底面顺层发育的一条逆冲断层所切割。

2）韭菜园组中的大型干裂构造

在韭菜园组底部砂岩的底面还发育大型的干裂构造，形态如树枝状或网纹状（图 6-34），其个体大者长数米，直径可达 4~8cm，小者直径小于 1cm，延伸也较短。这些大型干裂构造的发育表明当时古气候为干旱环境。

3）脊椎动物化石

在上三叠统韭菜园组底部草绿色中细砂岩中，发现一枚脊椎动物骨骼化石，骨骼化石长

图 6-32　大龙口背斜南韭菜园组底砂岩分布及紧闭向斜构造

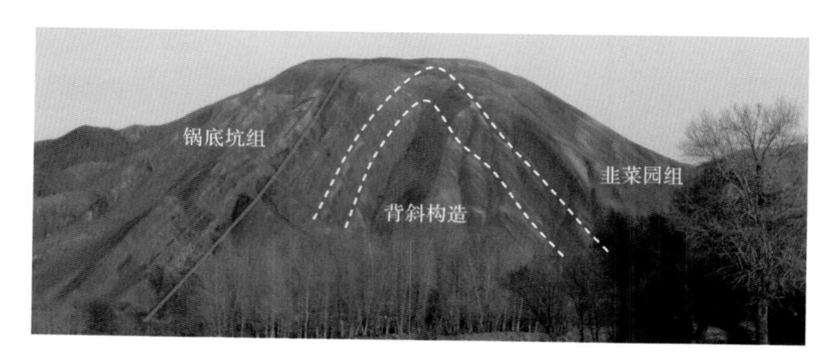

图 6-33　大龙口背斜南翼韭菜园组背斜与逆冲断层构造剖面图

图 6-34　大龙口背斜南翼韭菜园组底部的大型干裂构造

5cm，宽1.5~3cm（图6-35）。经西北大学鉴定，认为是水龙兽的骨骼化石。

图6-35 韭菜园组水龙兽骨骼化石

水龙兽（Lystrosaurus）是一类似哺乳爬行动物，生活于约2.5亿年前地史上的三叠纪初期。它的分布十分广泛，南非、印度、南极，一直到中国新疆。各大陆上所发现的化石极其相似，以至均归同属，有的甚至可归同种。水龙兽通常被用作大陆漂移说的佐证，证明在2.5亿年前各大陆是互相连接的。另外它也被许多的科学家认为是地球上所有哺乳动物的祖先——因此也算是人类的祖先。作为哺乳动物祖先的一支——似哺乳爬行动物，早在石炭纪（3亿多年前）就与其他爬行动物分道扬镳。随着时间的推移，从这支中演化出了许许多多的种类，异齿兽类（Anomodonts）就是其中一支。不过这支从一开始就步入歧途，未处在通向哺乳动物的康庄大道上，可以说它们是哺乳动物祖先的兄弟姐妹。哺乳类是从犬齿兽类这支演化过来的，但是具体从何种而来还是难以解决甚至无法真正确定。

水龙兽一般长约1m，与现代狗大小相当。最明显的特点是上颌相当于犬齿部位生有一对长牙，此外别无它齿。水龙兽属于树栖性、半水栖性动物，在潮湿的热带和温暖的森林都可以生存，在炎热时节可以躲藏在洞穴中。

据研究，水龙兽最早在晚二叠世就已经产生，是二叠—三叠纪绝灭事件的幸存者。与此同时别的异齿兽类都没迈过这个门槛，跨入三叠纪的大门。这是为什么呢？有的说这是因为它能吃新出现的某些植物，而别的异齿兽不能；还与出现了有雨季的干旱天气相关。通常认为二叠纪末环境的剧烈变动造成了生物的大绝灭，但也有人根据四足类中许多种类早在二叠纪结束之前就已经绝灭而怀疑大绝灭的突然性，还有人认为环境的变化是逐渐的，没那么剧烈。水龙兽在地球上生存了数百万年，没有留下任何后裔就消失了，后就再也没有见到它的踪影。它具体怎么绝灭的，还没有确切的时间可考，但这在生命演化的长河中是件很普通的事，毕竟，地球上产生过物种的99%都已经绝灭了。在它之后，地球上又出现了以肯氏兽为代表的新的动物群。

4）沉积环境

大龙口背斜南翼的韭菜园组以紫红色泥岩、粉砂质泥岩夹薄层细砂岩、粉砂岩为主，部分细砂岩中含少量细砾石。岩石风化呈紫红色，新鲜色可能为灰色、褐灰色；再则，细砂岩主要呈灰色、灰白色，说明这套地层应为滨浅湖沉积（图6-36）。

图6-36 大龙口背斜南翼韭菜园组岩性特征

2. 大龙口背斜北翼剖面

大龙口背斜北翼的下三叠统地层层序完整，沉积连续。下三叠统包括韭菜园组和烧房沟组，在西大龙口河的东西两岸均有出露。

在西大龙口河西侧出露的韭菜园组底部砂岩为两套厚度较大的中粗砂岩，发育板状层理，属于曲流河中的边滩沉积，其上为河泛平原的紫红色泥岩沉积（图 6–37）。

图 6–37　西大龙口河西侧韭菜园组下段剖面及层理构造

在西大龙口河的东侧，下三叠统韭菜园组底部的草绿色中细砂岩整合覆盖于锅底坑组之上（图 6–38），这与大龙口背斜南翼剖面是完全可以对比的。

图 6–38　大龙口背斜北翼下三叠统韭菜园组与锅底坑组整合接触关系图

韭菜园组中上段主要以紫红色泥岩、粉砂质泥岩为主，夹少量厚度不到 1m 的浅灰白色细砂岩（图 6-39），主要为滨浅湖相沉积。

图 6-39　西大龙口河东侧韭菜园组分布图

二、烧房沟组河流—滨浅湖—风成沉积

烧房沟组的沉积自下而上可以划分为三段，下段以曲流河沉积为主，中段为风成沉积，上段以滨浅湖沉积为主。

1. 烧房沟组下段曲流河沉积

烧房沟组下段以一套曲流河边滩厚层砂岩沉积与韭菜园组分界，野外界线明显。在西大龙口河东侧的烧房沟组底砂岩中可见到硅化木化石，直径可达 0.5m 以上（图 6-40），表明当时虽然总体较干旱的古气候环境中，局部仍有高大乔木森林发育，这可能预示了从晚二叠世梧桐沟组的繁茂森林持续延伸到了早三叠世。

图 6-40　烧房沟组底部曲流河边滩砂岩及硅化木

该套砂岩横向上变化较大，在西大龙口河岸东侧厚约10m的砂岩，延伸到河岸西侧厚度减小到仅约1.0m。

2. 烧房沟组中段风成沉积

烧房沟组中段以风成沉积为主，间夹泥石流沉积和曲流河沉积（图6-41和图6-42）。

风成沉积的砂岩呈灰白色，胶结疏松，几乎不含泥质，以细砂为主，粒度均匀，大部分层段层理不明显，局部见高角度板状层理（图6-43）。砂岩中发育球状团块（图6-44），较硬，为钙质胶结，推测为沉积后表生成岩作用期间淋滤胶结所致。

图6-41　西大龙口河东侧烧房沟组中段风成沉积（镜头向东）

图6-42　西大龙口河西侧烧房沟组中段风成沉积（镜头向西）

图6-43　风成砂岩板状层理

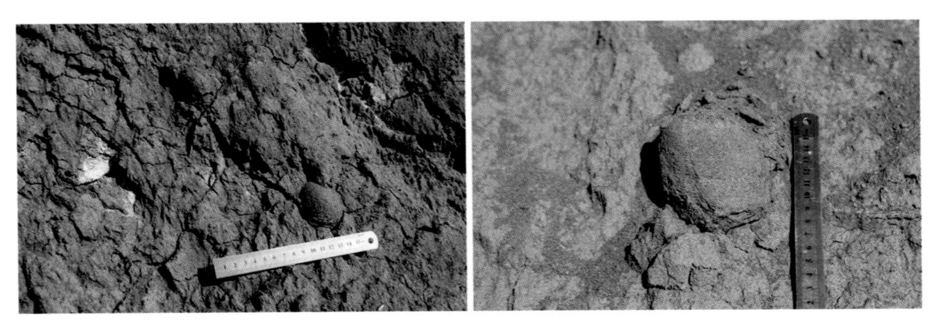

图 6-44　风成砂岩钙质砂球

在风成砂岩中间夹有多层、多期次的泥石流沉积，泥石流中基质主要为下伏地层中的黏土质，所携带的碎屑主要为风成砂岩中淘洗出来的钙质砂球，所以泥石流沉积主要为泥质胶结的钙质砂球砾及砂球砾层，风化后往往呈红色或褐红色（图 6-45）。

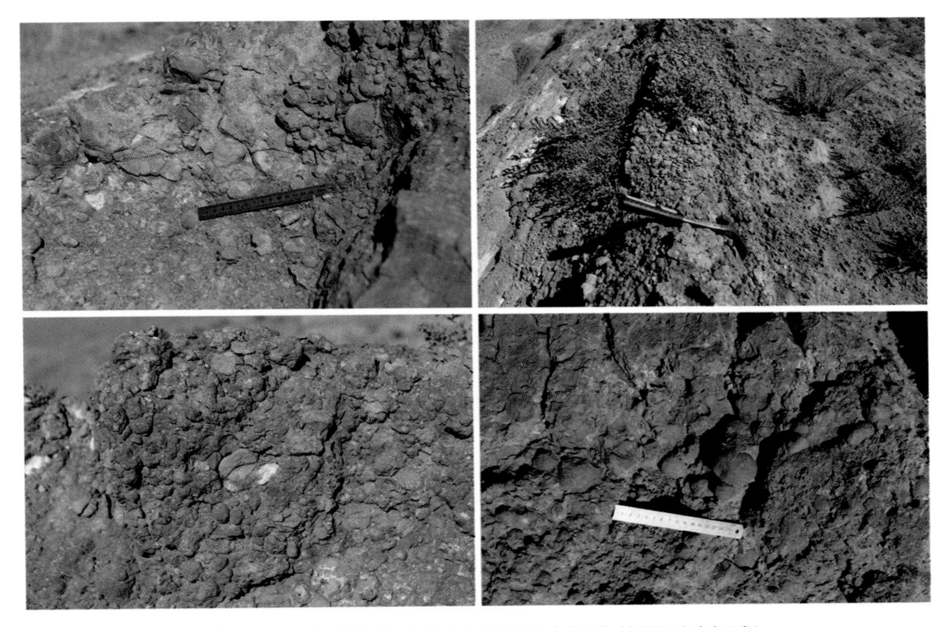

图 6-45　韭菜园组上段风成砂岩中间夹的泥石流沉积

这些砂球砾外表呈球形、近圆球形或椭球形，剖开后发现砂球砾内部呈近似对称的放射状，有时还存在一个砂质核（图 6-46）。该砂质球砾推测是由漂浮来的风成砂降落到干旱的湖泊中，经钙质胶结而形成的。

电镜分析表明风成砂岩中，砂粒磨圆度极好，颗粒表面可见风蚀擦痕、冲击坑、风蚀孔洞等（图 6-47）。

泥质岩除了起胶结作用之外，在泥石流沉积中还以泥质砾石的形式存在（图 6-48），说明泥石流沉积物就来自邻近的紫红色泥岩和风成砂岩，属于就地取材，近源沉积。

综上所述，韭菜园组以河流二元结构、风成沉积、紫红色泥岩沉积为特征，同时发育干裂等，表明其环境为干旱型古气候，属于干旱型河流—滨浅湖—风成沉积体系。

图 6-46 韭菜园组上段砂球砾形态及内部结构

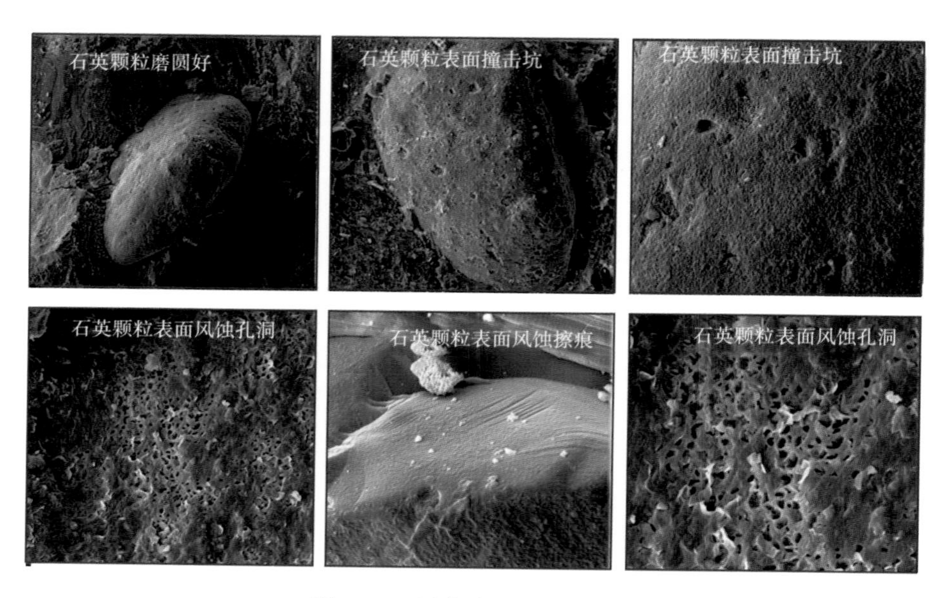

图 6-47 风成砂粒的电镜特征

3. 烧房沟组上段河流—滨浅湖沉积

烧房沟组上段由河流沉积与滨浅湖沉积组成（图 6-49）。

烧房沟组上段的河流沉积体系主要由分流河道砂岩及紫红色河漫滩泥岩构成（图 6-50）。在西大龙口河西侧，可以清楚地看到分流河道砂岩粒度细。分布均匀，呈灰白色，砂岩顶部有冲刷切蚀现象，推测其砂来源于下伏风成砂岩（图 6-51）。河漫滩主要为紫红色泥质沉积，反映当时古环境为内陆干旱气候条件。

烧房沟组上段为紫红色泥岩，厚度大，不纯含粉砂质，遭受了一定程度的淋滤作用和古

图 6-48　泥石流沉积中的砂球砾和泥质砾石

图 6-49　西大龙口河西侧烧房沟组层序与沉积体系

图 6-50　西大龙口河西侧烧房沟组下段河流沉积体系

土壤化作用（图 6-52）。岩层中含有多层薄层细砂岩，含少量砾，发育小型板状斜层理（图 6-53）。

烧房沟组中虽然化石极少，但在其底部砂岩中发现了较多的植物化石，有树皮印模、炭化植物茎干等（图 6-54），说明邻区仍发育较丰富的植物发育，经河流作用搬运而来沉积

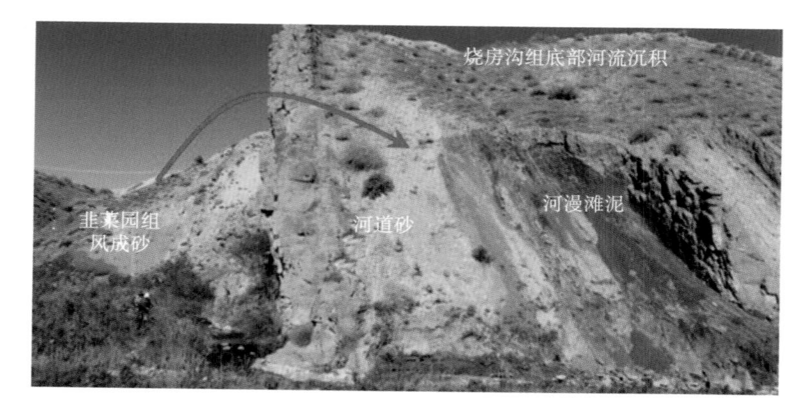

图 6-51　烧房沟组底部分流河道中的砂源

图 6-52　烧房沟组紫红色滨浅湖泥岩

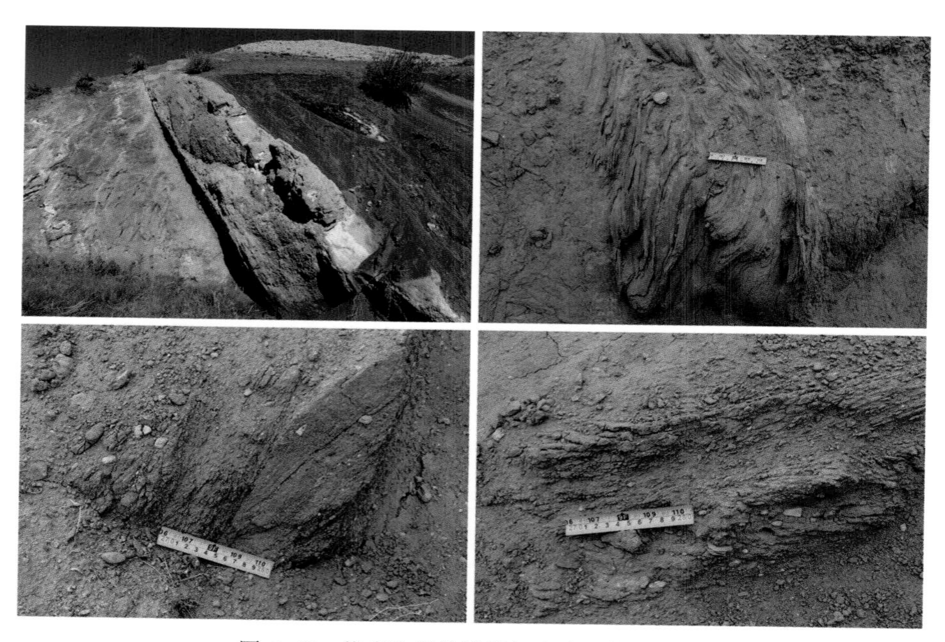

图 6-53　烧房沟组滨浅湖沉积中的薄层砂岩

的。因此在烧房沟组沉积时期，该区附近植物比较丰盛，不仅有直径长达1m以上的高大植物，也发育众多的低矮灌木，表明当时在总体干旱气候背景环境下，部分地区仍发育一定规模的森林，并不时有季节性暴雨以及内陆河流发育。

图 6-54　烧房沟组上段底部砂岩中的植物化石

第三节　沉积环境演化

通过对上述沉积相特征分析的基础上，结合野外剖面资料，对新疆西大龙口背斜下仓房沟群沉积相类型进行分析，总结出泉子街组为河流相沉积，梧桐沟组下段为湖泊相，梧桐沟组上段为三角洲相沉积，锅底坑组为湖泊相沉积。研究区南翼剖面和北翼剖面沉积相类型和特征相似，下面主要对西大龙口背斜南翼剖面沉积相进行分析。

一、西大龙口背斜南翼剖面

1. 泉子街组

新疆西大龙口背斜南翼剖面泉子街组总体为河流沉积体系，分为5个旋回，包含了辫状河亚相、滨浅湖亚相和曲流河亚相（图 6-55）。

泉子街组下段形成过程中，初期湖盆沉降缓慢，沉积物供给比较丰富，充填较快，形成进积的辫状河充填，底部的河道砂砾岩与河漫滩泥岩组成辫状河的河流二元结构。向上由于受区域湖平面的影响，湖水逐渐变深，沉积物粒度变细，主要为滨浅湖沉积，下部岩性主要有薄层细砾岩、含砾砂岩，向上为较厚的泥岩、泥质粉砂岩组成，中间夹一层紫红色页岩，表明当时气候干燥炎热。上段为曲流河沉积，分为两个旋回，每个旋回的底部都为灰白色河道细砾岩、含砾砂岩组成，上部为紫红色河漫滩泥岩组成。下面分别对泉子街组五个旋回进行详细分析。

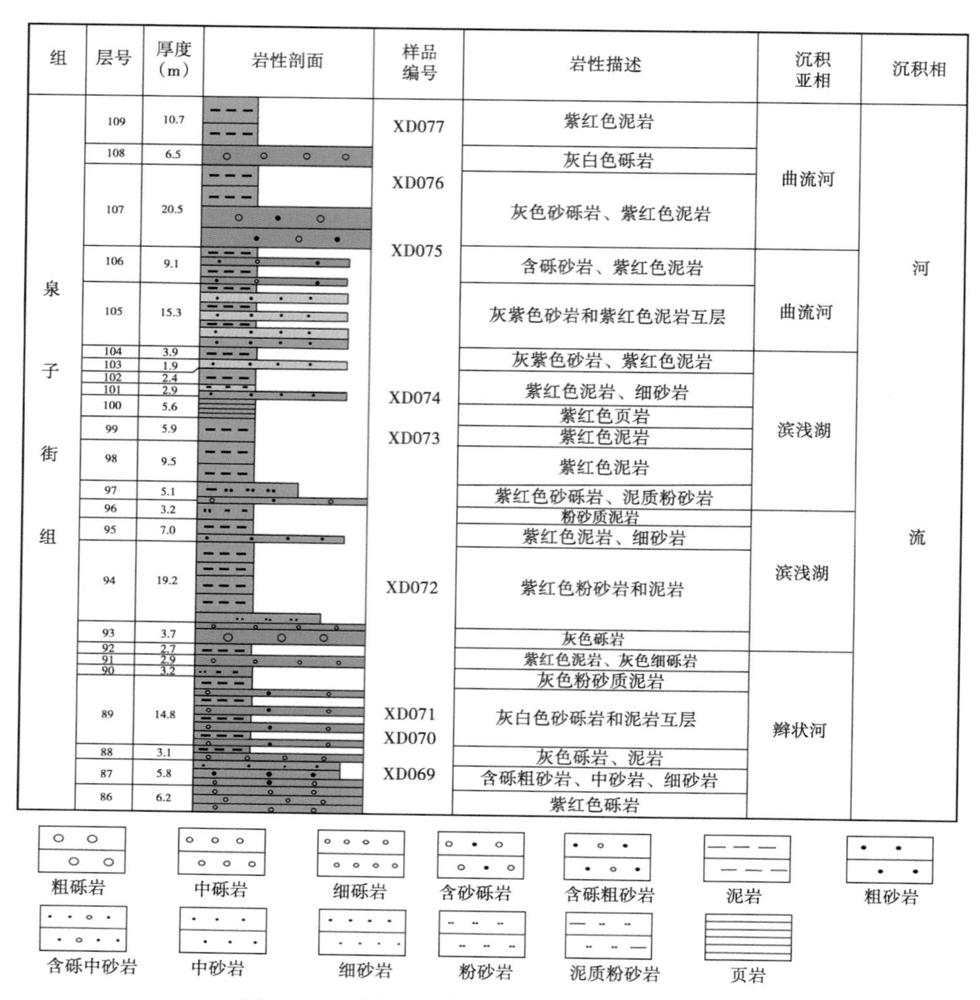

图 6-55　西大龙口背斜南翼泉子街组沉积相图

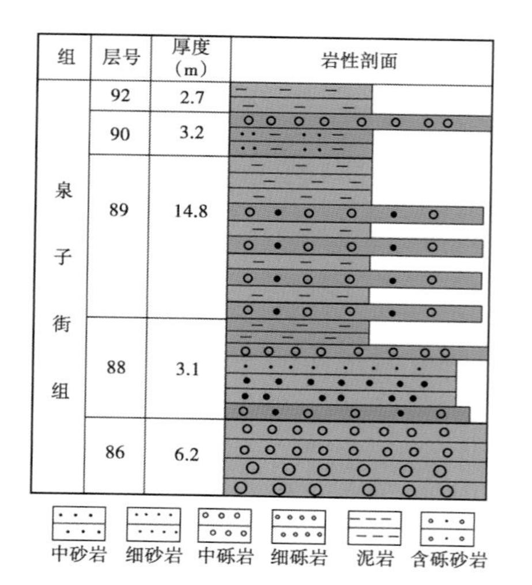

图 6-56　泉子街组辫状河亚相组合图

泉子街组底部第一旋回为辫状河亚相（图6-56），底部由辫状河河道砾岩、砂砾岩和细砂岩组成，从下而上粒度逐渐变细。砾岩颜色为浅红色中砾岩、细砾岩，砾石的分选性和磨圆度极差，大小混杂，砾径大的可达 3～4cm，小的为 0.1～0.3cm，多以次棱角状，少以次浑圆状，砾石成分混杂，以泥岩、粉砂岩为主。泉子街组的砾岩近物源，具有陆地形强水动力条件。上部为河道砂砾岩与河漫滩紫红色泥岩构成了辫状河的河流二元结构（图 6-3），总厚度达 14.8m。河漫滩紫红色泥岩的厚度分别为 2.2m、2.2m、2.3m、1.8m（平均值为 2.1m），河道砂砾岩厚度分别为 1.7m、1.7m、1.5m、

1.6m（平均值为1.6m），砂泥比为0.76。其中砂砾岩不仅分选差、大小混杂，而且含芦草沟组的页岩砾石（图6-5），说明为近源沉积，且芦草沟组已隆起成为剥蚀物源。

辫状河河漫滩虽然总体以细粒沉积为主，主要为紫红色泥岩，不纯，常含砂粒和粉砂质条带，但时夹少量薄层砂岩或细砂岩。同时在河漫滩上还发现一个阶地上的古河道（图6-5）。向上为浅灰色粉砂质泥岩和紫红色泥岩，中间夹一层厚度2.9m的灰色细砾岩。

泉子街组第二旋回为滨浅湖亚相（图6-57），底部为浅灰色中砾岩，厚度达3.7m。砾石大小混杂，大者砾径达到25~30cm，一般砾径为6~9cm。砾岩成分复杂，以泥岩、泥质粉砂岩、粉砂岩为主，砾岩的分选度和磨圆度极差。向上为紫红色泥岩，厚度达29.4m，中间夹薄层细砂岩条带，岩石节理发育，具古土壤特点。

泉子街组第三旋回也为滨浅湖亚相（图6-58），底部为5.1m厚的砂砾岩，向上变为泥质粉砂岩，中部为紫红色泥岩，与第四旋回相似，泥岩具古土壤化特点，向上发育一层页岩，厚度达到5.6m，反映湖水渐变深的特点。顶部为紫红色泥岩夹紫红色、灰紫色薄层细砂岩条带，反映出泉子街组湖水又由深变浅的特点。

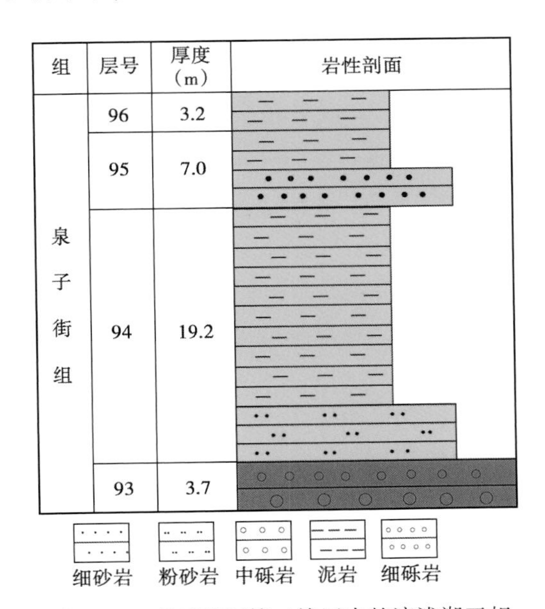

图6-57　泉子街组第二旋回中的滨浅湖亚相

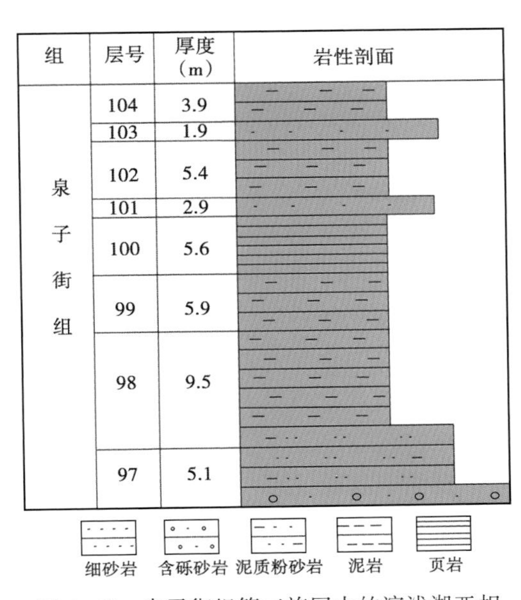

图6-58　泉子街组第三旋回中的滨浅湖亚相

泉子街组第四旋回为曲流河亚相（图6-59），下部为薄层紫红色细砂岩，向上为灰紫色河道细砂岩与紫红色河漫滩泥岩互层，厚度比接近于1:1，总厚度为15.3m，顶部为浅灰色含砾粗砂岩与紫红色泥岩互层，泥岩厚度大于砂砾岩厚度。颜色从下而上逐渐变浅，表明当时的古气候是从偏氧化的环境逐渐转换为偏还原环境。

泉子街组第五旋回也划分为曲流河亚相（图6-60）。相比于第四旋回，第五旋回河道的砂砾岩粒度相比较粗，厚度也较大。下部为浅灰色的河道砂砾岩，向上逐渐转变为紫红色河漫滩泥岩，厚度达到20.5m，砂砾岩与泥岩两者的厚度比接近于1:1。上部为一层厚6.5m的细砾岩，砾石成分主要为粉砂岩、碎屑岩，砾岩分选性差，磨圆度也较差。砾石砾径最大达到4cm，一般为0.5cm左右，胶结疏松。顶部为紫红色河漫滩泥岩，厚度达到10.7m，泥岩中发育水平层理。

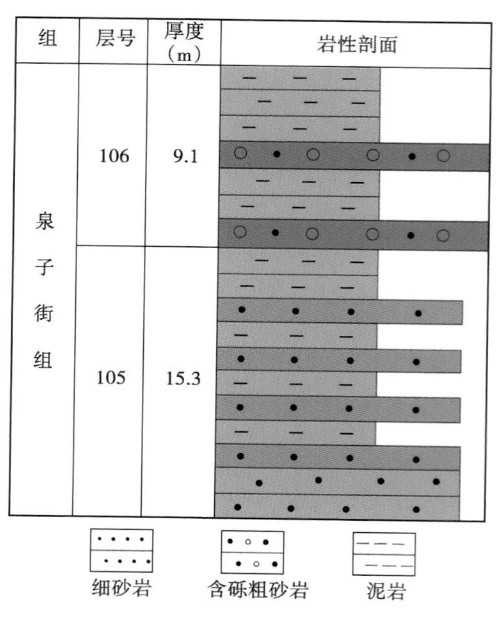

图 6-59　泉子街组第四旋回中的曲流河亚相

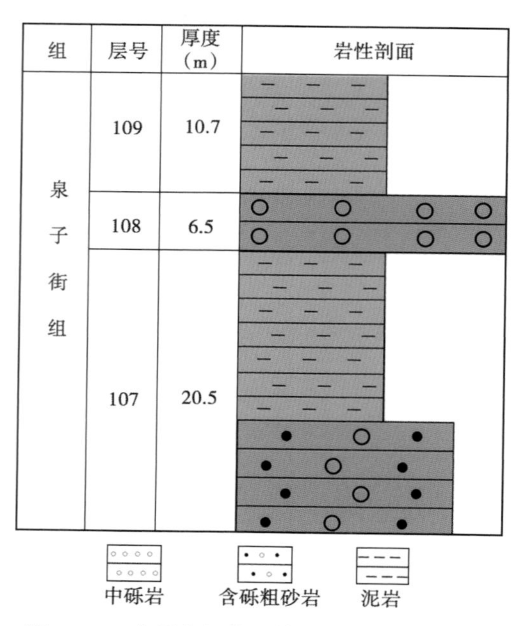

图 6-60　泉子街组第五旋回中的曲流河亚相

2. 梧桐沟组

西大龙口背斜南翼剖面的梧桐沟组总体为潮湿型的滨浅湖—三角洲相沉积（图 6-12），包括滨浅湖亚相、三角洲平原亚相、三角洲前缘亚相和前三角洲亚相。梧桐沟组典型特征为厚层砂岩、含砾砂岩与泥岩互层，为滨浅湖—三角洲沉积，气候温暖湿润，并含有大量的硅化木，在砂岩中含有大量的水体双壳化石（图 6-61）。

梧桐沟组可以分为上下两段，下段为滨浅湖沉积，以灰色泥岩，夹细砂岩为主，属于湖侵体系域的沉积组合（图 6-13），为湖泊相，上段为三角洲相。

梧桐沟组沉积早期，湖平面开始上升，水体逐渐变深，以湖侵滨岸的砂砾岩开始沉积，砂砾岩中发育小型的槽状交错层理。由下而上沉积物的粒度逐渐变细，为紫红色、浅绿色细砂岩为主，中间夹薄层泥岩，上部为厚层浅灰绿色泥岩，厚度达 20.8m，中间夹一层透镜状灰岩。

梧桐沟组沉积晚期，湖盆范围变小，湖平面开始下降，水体由深变浅，发育三角洲相。由五套三角洲前缘水下分流河道砂岩，以及前三角洲泥岩和较薄的三角洲平原的泥岩和碳质页岩组成，在砂岩中可见大量硅化木。三角洲前缘岩性主要为灰色、浅绿色砂岩、粉砂岩，在砂岩中偶见板状交错层理，前三角洲主要发育灰色泥岩、泥质粉砂岩，厚度较薄，发育透镜状砂体，三角洲平原主要发育灰色、深灰色泥岩、碳质页岩，含丰富的植物化石碎片。

3. 锅底坑组

西大龙口背斜南翼盆地的锅底坑组为一套泥岩夹细砂岩的沉积组合，总体属于滨浅湖相沉积（图 6-62）。锅底坑组底部为滨浅湖相，厚层的灰色粉砂质泥岩、砾岩夹薄层黄绿色细砂岩和灰色泥岩，砂岩中发育水平层理。向上水平面上升，水体逐渐变深，为一套浅湖相沉积，灰绿色细砂岩、泥质粉砂岩，紫红色泥岩夹两层深灰色页岩，厚度达到 47m，发育水平层理。在中部发育半深湖沉积，深灰色页岩，并夹薄层石灰岩，厚度达 11.6m，页岩中发育

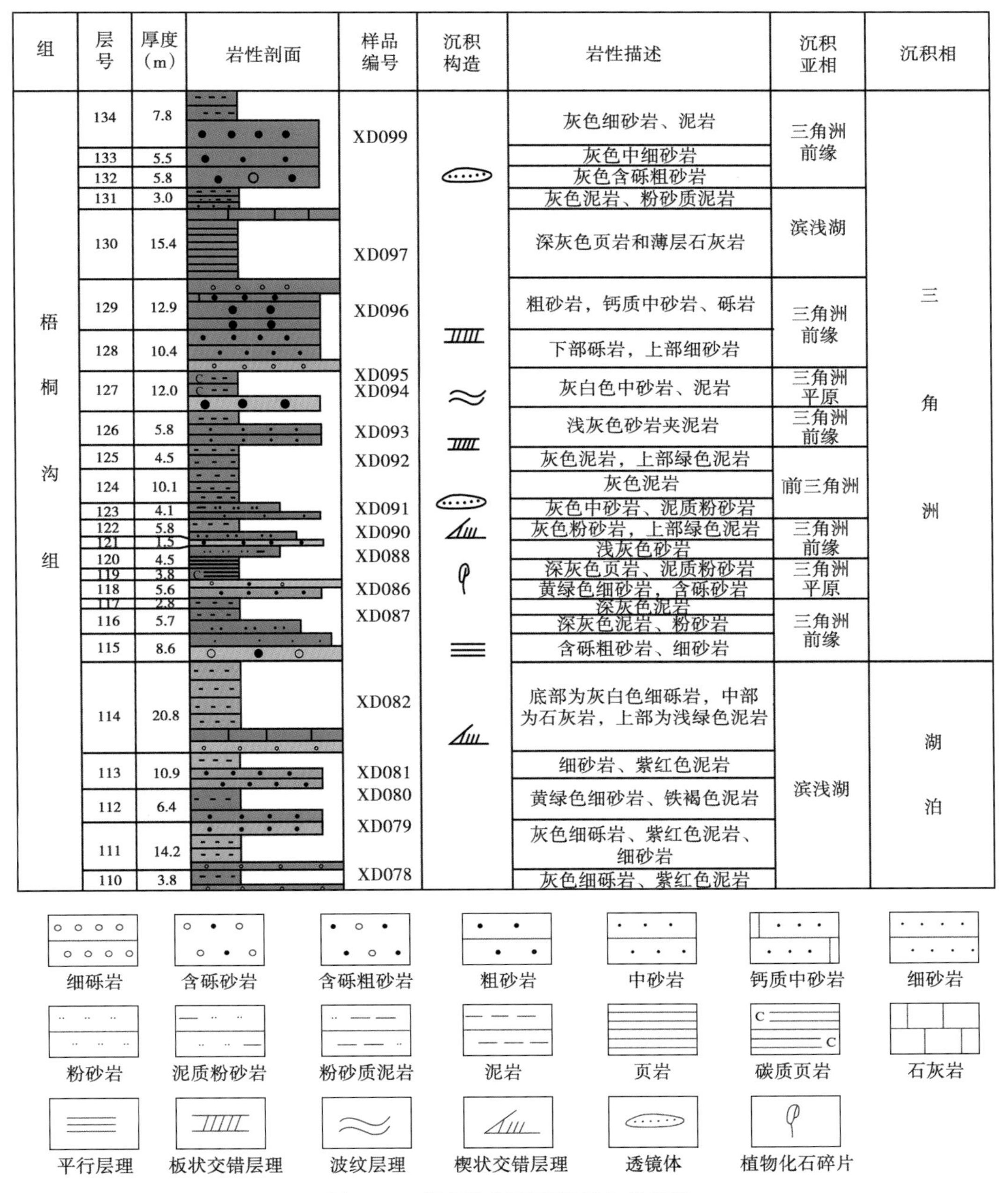

图 6-61　梧桐沟组沉积相综合柱状图

水平层理。向上发育浅湖相沉积，岩性主要为黄绿色、灰绿色细砂岩、紫红色泥岩、粉砂质泥岩夹薄层紫红色页岩，砂岩中发育水平层理、槽状层理。锅底坑组从下往上反映了水体逐渐变深又逐渐变浅的一个过程。此时期，气候整体由温暖湿润型逐渐转变为半干旱型，生物繁盛，包括陆地动物、植物和水生生物。

在前面对各种沉积相特征及类型分析的基础上，对新疆西大龙口背斜南翼剖面下仓房沟群各组的沉积相及沉积环境进行了总结。研究区剖面出露较好，沉积标志明显，沉积相类型

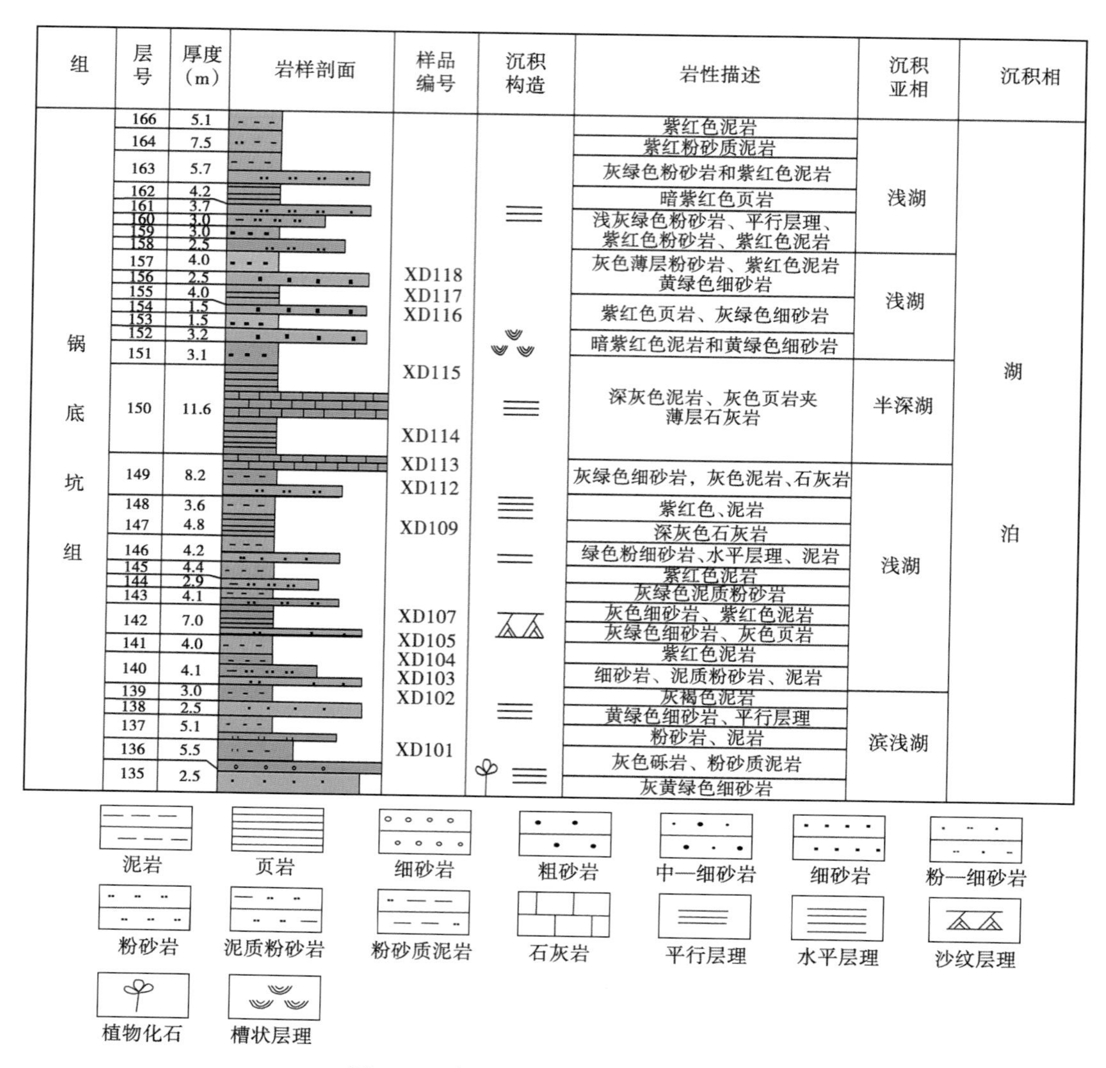

图 6-62　锅底坑组沉积相综合柱状图

主要为河流相、三角洲相和湖泊相（图 6-63），研究区发育的河流相包括曲流河相和辫状河相。

在二叠纪晚期，由于海西构造运动的影响，华北地块整体抬升，形成了河流—三角洲—湖泊沉积体系。研究区泉子街组主要受到河流作用的影响，地球化学特征表明，泉子街组气候为炎热干旱型，氧化环境，总体上为淡水湖。湖盆从泉子街组的底部辫状河沉积开始发育，向上转变为曲流河沉积，水体动荡，生物贫乏，在局部地区偶尔出现小型淡水湖泊。至梧桐沟组湖盆发育，地壳沉降，整个盆地显示为一个水进沉积序列。在梧桐沟组沉积早期，湖平面上升，水体变深，形成滨浅湖沉积相，至梧桐沟组沉积晚期，湖盆范围逐渐缩小，水体由深变浅，物源供应丰富，形成了三角洲沉积体系，气候由干燥炎热转变为温暖湿润，此时期生物繁盛，雨水充沛，发育丰富的双壳类化石和硅化木化石。锅底坑组沉积早期，气候温暖湿润，湖盆进一步扩张，发育湖泊相沉积体系，锅底坑组底部为一套滨浅湖沉积，向上湖平面上升，发育浅湖、半深湖沉积，至锅底坑组沉积晚期，气候由温暖湿润逐渐转变为半

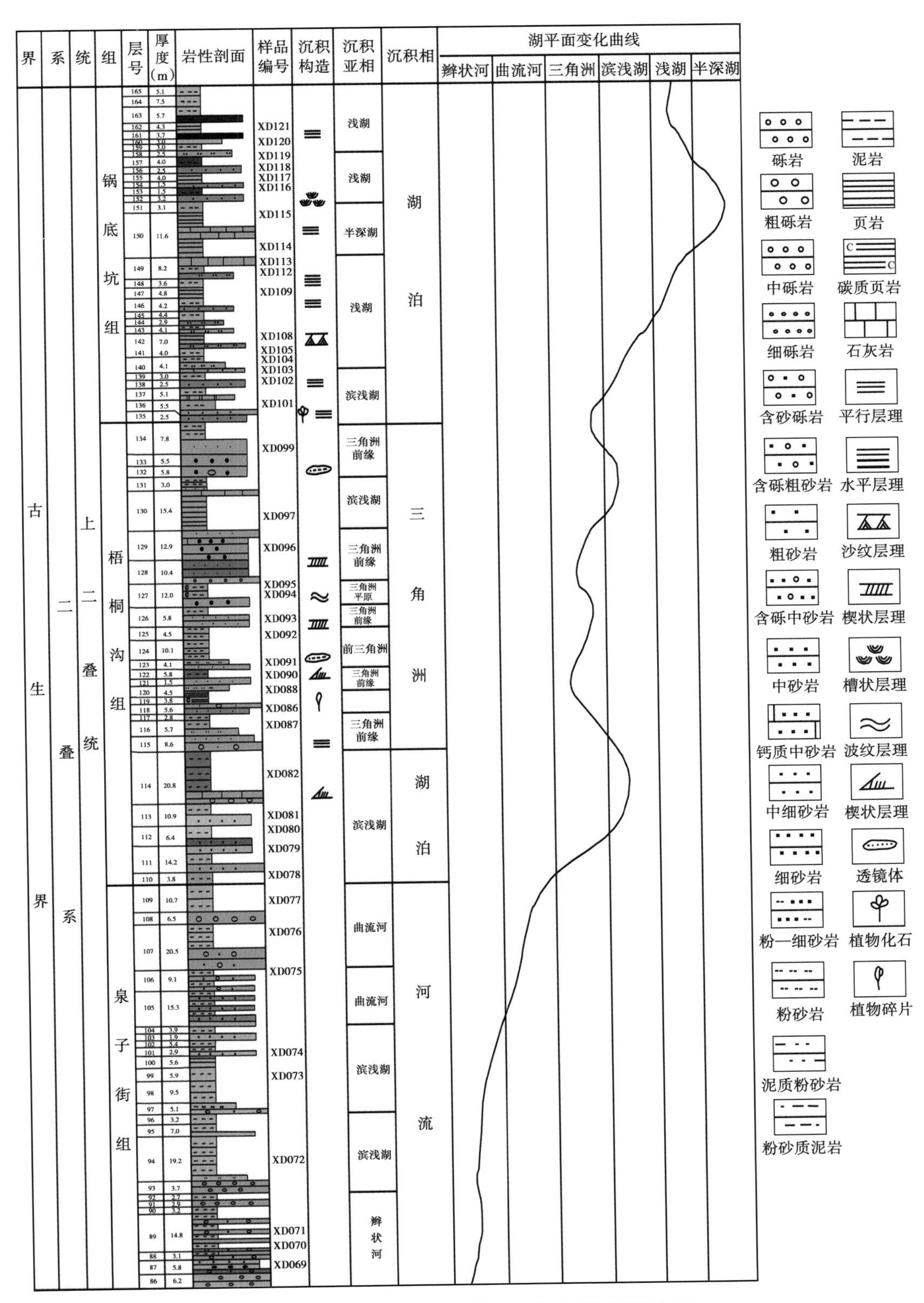

图 6-63　大龙口背斜南翼下仓房沟群沉积演化图

干旱型，水体又逐渐变浅，发育浅湖沉积，锅底坑组从下往上反映了水体逐渐变深又逐渐变浅的一个过程。

二、西大龙口背斜北翼剖面

新疆西大龙口背斜北翼剖面的中二叠统泉子街组为河流相，梧桐沟组下段为湖泊相，上段为三角洲相，锅底坑组为湖泊环境的滨浅湖亚相、浅湖亚相和半深湖亚相，完全可以与西大龙口背斜南翼剖面对比（图 6-64）。

1. 泉子街组

西大龙口背斜北翼剖面的泉子街组为辫状河流相沉积，下段为浅灰色河道细砾岩，砾岩分选性、磨圆度较差，60%为次棱角状，砾径大小以 2～3cm 为主，上段为紫红色河漫滩泥岩，发育土壤化程度较高的铁质古土壤。

北翼剖面的泉子街组发育一套非常完好的古土壤，主要有三层，分别为紫红色泥岩、含豆粒铁质结核和主要垂直于层面的钙质条带组成，反映了多期次古土壤期间形成的上、中、下三元结构组合，但三者之间并没有截然的分界。古土壤类型分为三种：泥质土壤、钙质土壤和铁质土壤。泥质土壤主要分布于淋滤带或淋滤带的底部泥质沉积物中，易于在比较潮湿的环境中；铁质土壤富含铁质结核，是长期淋滤的结果，潮湿环境的标志；而钙质土壤富含钙质结核，是干旱—半干旱的沉积环境，研究区泉子街组上段古土壤含铁质为主，表明泉子街组沉积后期，沉积环境由干旱逐渐向湿润环境转变。

2. 梧桐沟组

西大龙口背斜北翼剖面的梧桐沟组分为五个旋回，每个旋回底部为湖泊相沉积，向上湖盆范围逐渐缩小，水体由深变浅，物源供应丰富，形成三角洲沉积。第一旋回底部为滨浅湖沉积，紫红色泥岩夹黄绿色粉砂质泥岩、粉砂岩，上部为三角洲前缘，浅灰色中砂岩、泥质粉砂岩。第二旋回底部为湖泊相的浅湖沉积，深灰色页岩夹黄绿色粉砂岩，上部为三角洲前缘的灰色细砾岩、细砂岩，砂岩中发育沙纹层理。第三旋回底部为半深湖沉积，厚 33. 2m 的深灰色页岩，上部为三角洲沉积，分为三角洲前缘亚相，灰白色中砂岩夹黄绿色细砂岩，发育槽状交错层理；三角洲平原亚相浅灰色泥岩和前三角洲深灰色泥岩。第四旋回底部为半深湖沉积，深灰色页岩夹泥晶灰岩，厚度达 44. 3m，上部为三角洲前缘亚相，浅灰色砂岩夹泥岩，发育水平层理。第五旋回底部为浅湖亚相，深灰色页岩夹薄层石灰岩，上部为三角洲前缘亚相，深灰色细砾岩夹泥质粉砂岩，发育水平层理。

3. 锅底坑组

该剖面的锅底坑组为湖泊相沉积，底部为滨浅湖亚相，紫红色泥岩、泥质粉砂岩夹黄绿色薄层细砂岩。向上湖水渐深，为浅湖亚相，黄绿色、灰色细砂岩夹泥岩，砂岩中发育水平层理、槽状交错层理。中部发育半深湖亚相，深灰色页岩夹泥岩，厚度达 15. 5m。上部为浅湖亚相，岩性为黄绿色粉细砂岩，绿色粉细砂岩与泥岩互层，紫红色泥岩，砂岩中发育槽状交错层理。

新疆西大龙口背斜北翼剖面与南翼剖面沉积相类型大致相同，但是厚度上存在明显的差异。泉子街组厚度在南北剖面相差较大，其主要原因包括两点：一是泉子街组属于构造运动之后的填平补齐的沉积，受古地貌的影响较大；二是在泉子街组沉积之后，经历了较长时间的风化淋滤和古土壤化作用，导致一部分地层被淋失，尤其是在地形较高部位淋失更多，导致地层厚度减薄。经过泉子街组沉积末期的准平原化以后，梧桐沟组和锅底坑组沉积稳定，

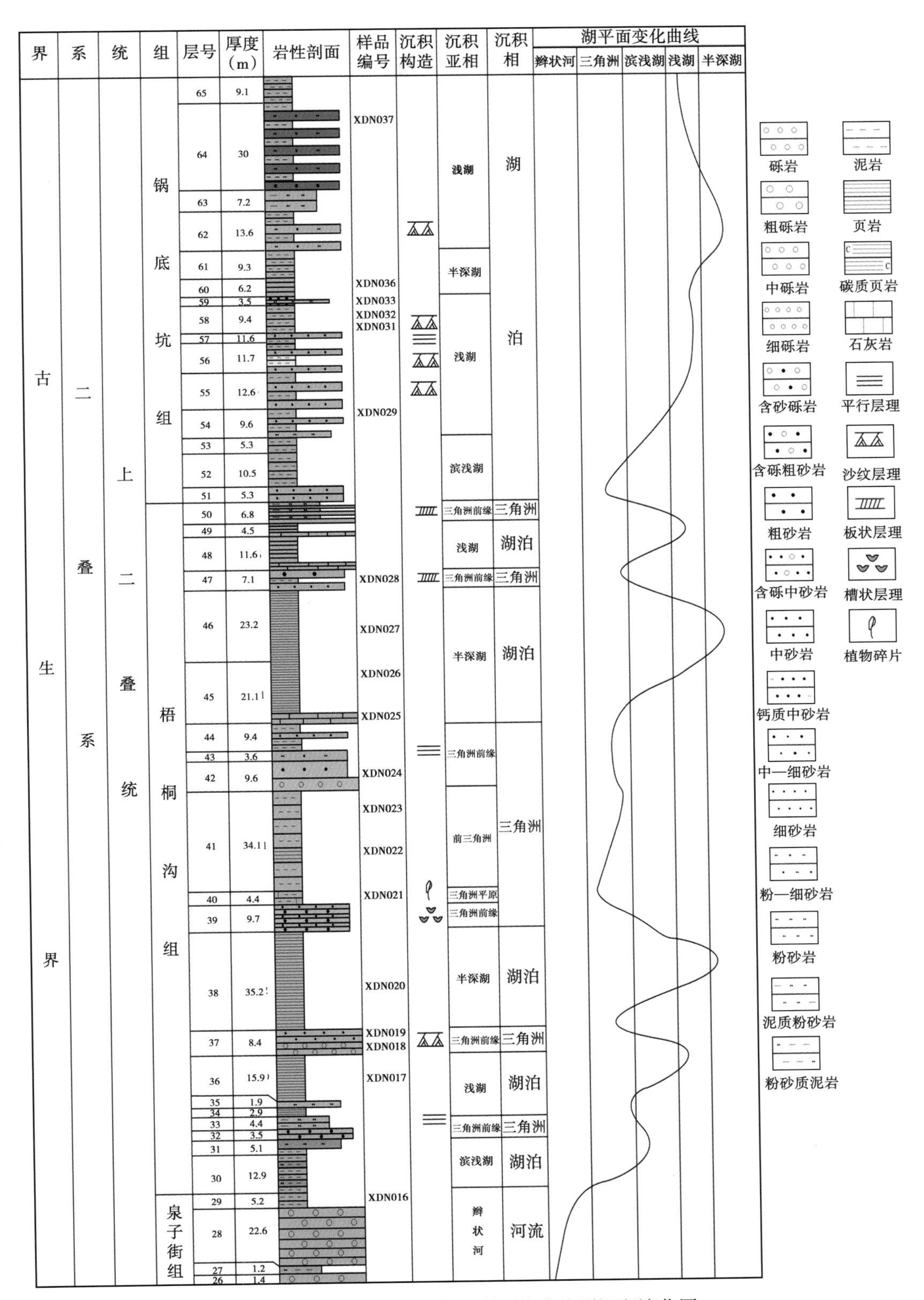

图 6-64　西大龙口背斜北翼下仓房沟群沉积演化图

构造活动也不强烈，地层厚度基本一致。但其岩石组合具有向北岩性变细、砂岩厚度减小、砂层变薄的特点，表明此时期沉积物源来自盆地南部的博格达地区，以及沉积中心更靠近准噶尔盆地方向。

第四节　元素地球化学特征与古气候、古环境分析

沉积物在沉积过程中，元素可以发生有规律的迁移和聚集，从而影响源区的构造背景、母岩性质以及古气候等特征。将沉积学与地球化学相结合，通过分析沉积地球化学，从而来反映源区的古地理、古环境信息。通过岩石中元素含量及元素比值等特征来讨论古盐度、氧化还原环境以及古气候环境，再结合沉积相研究，可以达到很好的物源分析和源区构造环境判别。

一、西大龙口背斜南翼剖面

1. 氧化还原特征

在沉积岩中可以通过一些元素特征，如 V、Ni、U，Co、Cu 等元素来指示当时的氧化还原环境。元素 V 在还原条件下较容易形成有机络合物沉淀，当岩层中水的 S 浓度升高，并且沉积速率较低时，V 元素相对聚集，在还原条件下 Ni 元素易于富集于碱性的环境中。在成岩作用过程中，沉积物中微生物的活动可以消耗有机质的氧化，使沉积环境保持还原状态，当再次发生氧化时，少量 U 元素在富集区会迁移出来。而 V、Ni、Co、Cu 等元素影响较小，在缺氧情况下不发生迁移，所以这些元素的含量特征以及比值可以用来指示原始沉积环境。

在对元素分析的基础上，1992 年 Hatch 对相应的元素进行了研究和总结，指出 V/(V+Ni) 的比值可以用来指示氧化还原环境，当 V/(V+Ni) 为 0.84~0.89 时，表明水体环境分层较强；比值为 0.54~0.82 时，反映水体环境分层中等；比值为 0.46~0.60 时，反映水体环境分层较弱。研究区西大龙口背斜南翼剖面泉子街组 V/(V+Ni) 介于 0.56~0.73，平均为 0.68；梧桐沟组 V/(V+Ni) 介于 0.72~0.81，平均为 0.77；锅底坑组 V/(V+Ni) 介于 0.71~0.80，平均为 0.75。这表明研究区下仓房沟群沉积时期水体中等分层，水体循环较为顺畅，为氧化环境。

V/Cr、Ni/Co 和 U/Th 的值也能反映氧化还原环境。前人通过大量的研究发现，一般情况下，在还原环境中 V/Cr、Ni/Co 的比值较高，在氧化环境中 V/Cr、Ni/Co 具有较低的比值（表 6-1）。研究区西大龙口背斜南翼剖面泉子街组中，V/Cr 的比值介于 1.15~1.98 之间，平均为 1.61；Ni/Co 的比值介于 0.93~2.64 之间，平均为 2.34；U/Th 的比值介于 0.15~0.42 之间，平均值为 0.25；在梧桐沟组中，V/Cr 的比值介于 1.00~3.32 之间，平均为 2.23；Ni/Co 的比值介于 0.68~3.14 之间，平均为 1.72；U/Th 的比值介于 0.25~0.54 之间，平均为 0.35；在锅底坑中，V/Cr 的比值介于 1.75~2.61 之间，平均值为 2.26；Ni/Co 的比值介于 1.58~2.45 之间，平均值为 1.95；U/Th 的比值介于 0.23~0.44 之间，平均值为 0.30。通过以上计算及比值范围可以看出，研究区西大龙口南剖面沉积时期古地理沉积环境总体上为氧化环境。

表 6-1　氧化还原环境判别标准

环境指标	比值范围	氧化还原环境	泉子街组	梧桐沟组	锅底坑组
V/Cr	>4.25	缺氧环境	1.61	2.23	2.26
	2~4.25	贫氧环境			
	<2	氧化环境			
Ni/Co	>7	缺氧环境	2.34	1.72	1.95
	5~7	贫氧环境			
	<5	氧化环境			
U/Th	>1.25	缺氧环境	0.25	0.35	0.30
	0.75~1.25	贫氧环境			
	<0.75	氧化环境			

通过计算 δEu、δCe 的值也能反映氧化还原条件。δEu 的计算，通过标准化球粒陨石，根据赵志根、高良敏在 1998 年提出简化的计算公式：

$$\delta Eu = Eu_N / Eu \cdot N = Eu_N / [(Sm_N \times Gd_N)]^{\frac{1}{2}}$$

式中 $Eu_N = Eu/0.087$，$Sm_N = Sm/0.231$，$Gd_N = Gd/0.306$。δEu 的值可以指示 Eu 元素的正负异常，当 δEu 大于 1 表明 Eu 正异常，δEu 小于 1 表明 Eu 负异常。在沉积物中 Eu 正负异常可以指示源区的特征，可以反映碎屑物源的组成。

研究区西大龙口背斜南翼剖面泉子街组 δEu 介于 0.61~0.76 之间，平均值为 0.65，Eu 显示负异常；梧桐沟组 δEu 介于 0.75~0.83 之间，平均值为 0.78，Eu 显示负异常；锅底坑组 δEu 介于 0.70~0.79 之间，平均值为 0.75，Eu 显示负异常。研究区 Eu 皆显示负异常，说明沉积物中酸性岩可能占主要地位。

用同样的方法计算 δCe：

$$\delta Ce = Ce_N / Ce \cdot N = Ce_N / [(La_N \times Pr_N)]^{\frac{1}{2}}$$

式中 $Ce_N = Ce/0.957$，$La_N = La/0.367$，$Pr_N = Pr/0.137$。δCe 能很好地反映沉积环境的氧化还原条件，通常情况下，在还原环境中，δCe 大于 1 为正异常；在氧化环境中，δCe 小于 1 为负异常。

研究区泉子街组 δCe 介于 0.74~1.06 之间，平均值为 0.97；梧桐沟组 δCe 介于 0.94~1.01 之间，平均值为 0.97；锅底坑组 δCe 介于 0.96~1.01 之间，平均值为 0.98。以上数据皆显示 Ce 呈弱负异常，认为研究区沉积时为氧化环境。

根据各种元素的比值在柱状图上反映（图 6-65），在 100m 附近和 250m 附近氧化程度较强，而在中间区域氧化程度较弱。从图 6-65 中可以看出，研究区在沉积过程中经历了多个沉积旋回，氧化程度总的趋势应该是强—弱—强。

另外，陈衍景等（1996）研究发现，在氧化环境中，ΣREE 值较高，δEu 呈现负异常，La/Yb 的比值也高；在还原环境中，δEu 为正异常，ΣREE 值低，La/Yb 的比值也较低。泉子街组ΣREE 含量介于 136.82~411.43μg/g 之间，平均值为 187.47μg/g，La/Yb 介于 3.69~10.21 之间，平均值为 7.76；梧桐沟组ΣREE 含量介于 125.02~219.68μg/g 之间，平均值

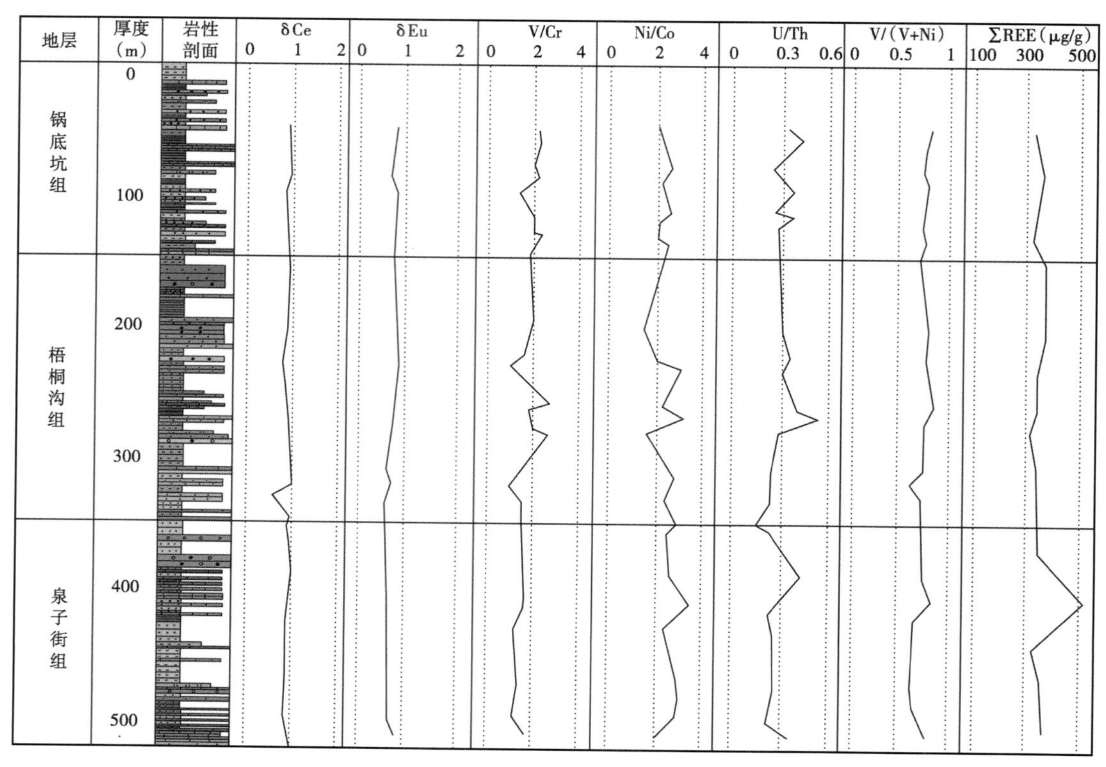

图 6-65 大龙口背斜南翼下仓房沟群微量元素判定氧化还原环境图

为 175.70μg/g，La/Yb 介于 6.46~14.33 之间，平均值为 9.56；锅底坑组 ΣREE 含量介于 145.79~197.31μg/g 之间，平均值为 169.45μg/g，La/Yb 介于 7.41~10.73 之间，平均值为 8.94。综合对比 δEu、δCe、ΣREE 和 La/Yb 比值等表明，研究区西大龙口背斜下仓房沟群沉积时为氧化环境。

2. 古气候与古盐度

沉积物中的黏土矿物元素以及微量元素也可以指示沉积环境中的水位变化，可以推测湖平面变化特征，从而反映在沉积过程中沉积环境经历变化特征。

根据图 6-66 可以发现，岩石中元素含量的变化存在某种规律，而且各元素变化特征也具有一定的相关性，根据这种变化特点可以用来解释古气候变化过程、环境转变、水介质条件等。Sr、Cu、Ba 三种元素的含量变化趋势十分相似，呈现良好的正相关关系，对于 Co 元素，丰度较普遍低，只有在 250m 处超过 50μg/g。Sr/Cu、Sr/Ba 的变化曲线在图 6-66 中也可以看出呈正相关性。根据 Sr/Cu、Sr/Ba 等元素比值可以有效分析古气候、古盐度的变化。

古气候特征可以通过 Sr 元素来反映，在干旱条件下 Sr 元素含量很高，相反，在湿润条件下 Sr 元素含量较低。当 Sr/Cu 的比值介于 1.3~5.0 之间，沉积时为湿润气候；当 Sr/Cu 的比值大于 5.0，沉积时为干旱气候。泉子街组 Sr/Cu 值介于 2.73 ~15.52 之间，平均值为 8.21，仅有 3 个样品的数据低于 5，表明泉子街组总体为干旱环境；梧桐沟组 Sr/Cu 值介于 2.21~3.96，平均值为 3.29，梧桐沟组总体为湿润环境；锅底坑组 Sr/Cu 值介于 2.09~4.56，平均值为 3.32，锅底坑组沉积前期也为湿润环境，到沉积后期逐渐转变为半干旱环境。

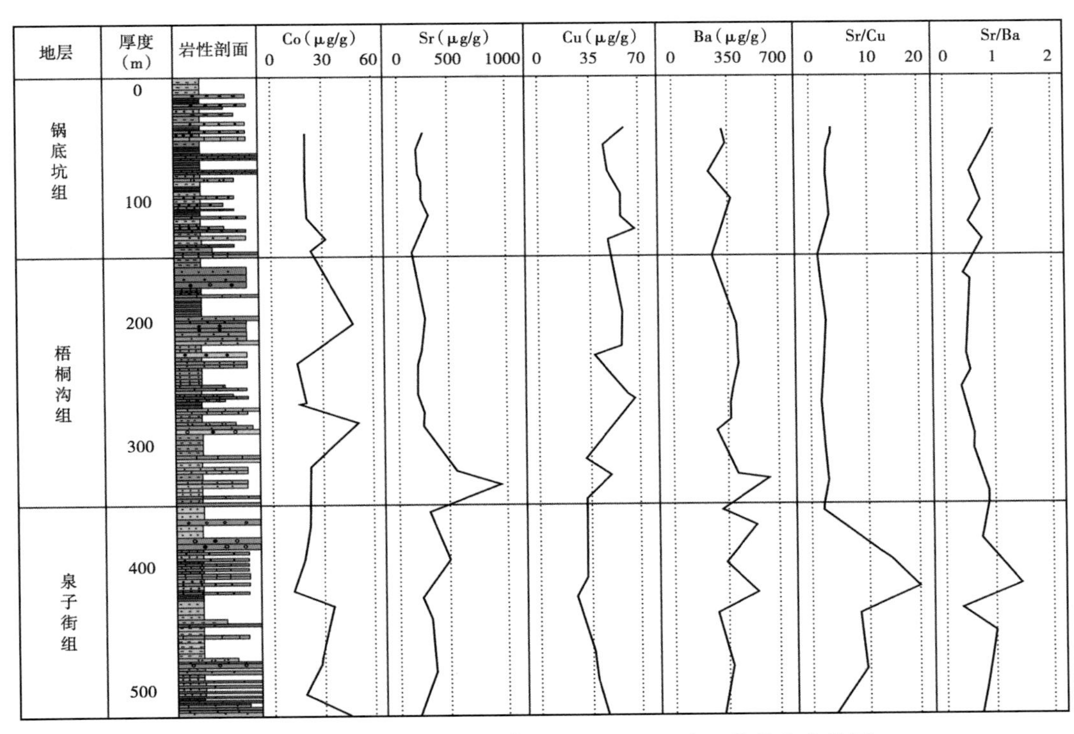

图 6-66 大龙口背斜南翼下仓房沟群微量元素比值纵向变化图

以上数据表明，新疆西大龙口背斜下仓房沟群泉子街组表现为干旱环境，到梧桐沟组转变为湿润环境直至锅底坑组沉积早期，到锅底坑组沉积后期又转变为半干旱环境。

在干旱条件下时，由于蒸发速度较强，水体的盐度增加，Sr/Ba 的比值较高；相反，当气候较为湿润时，Sr/Ba 的比值较低，因此 Sr/Ba 的比值可被用作介质的盐度标志。

M. 卡特钦科夫认为 Sr/Ba 小于 1 为大陆淡水环境（1.0~0.6 为半咸水，<0.6 为微咸水），Sr/Ba 大于 1 则为咸水海相环境，Sr/Ba 介于 20~50 之间属于盐湖沉积（赵振华，2007；张晶晶，2015）。

西大龙口背斜南翼剖面泉子街组 Sr/Ba 值介于 0.27~1.50 之间，平均值为 0.84，为淡水湖环境（半咸水）；梧桐沟组 Sr/Ba 值介于 0.36~0.62 之间，平均值为 0.49，为淡水湖环境（微咸水）；锅底坑组 Sr/Ba 值介于 0.42~0.93 之间，平均值为 0.61，为淡水湖环境（半咸水）。综上所述，研究区总体上为淡水湖环境，下仓房沟群沉积早期泉子街组为半咸水环境，到沉积中期梧桐沟组转变为微咸水环境，到沉积后期锅底坑组又转变为半咸水环境。

3. 物源分析

通过地球化学特征参数来分析沉积物源区，稀土元素的特征参数及其分配曲线模式可以用来判别物源区的物质组成。在微量元素及稀土元素中 La、Ce、Nd、Y、Th、Nb 等元素在沉积过程中由于活动性较弱，在海水中停留的时间也比较短，故可以用来确定源区及构造背景。本研究主要采用主微量元素以及稀土元素的特征参数来对沉积物源进行分析。

轻稀土元素在上地壳中居多，重稀土元素较少，而且具有明显的 Eu 异常特征（刘英俊和曹励明，1984），研究区样品经过标准化后，Eu 元素普遍呈负异常。前人认为，如果母岩是花岗岩，沉积岩多具有负 Eu 异常，如果是玄武岩，沉积岩多无 Eu 异常。研究区的样品 Eu 都显示负异常，说明成分以亲花岗岩为主。La/Yb—ΣREE 图解（图 6-67a），研究区的样品落在沉积岩钙质泥岩、花岗岩、碱性玄武岩的重叠区域，既有花岗岩，也有玄武岩。根据图 6-67b，研究区样品均落在长英质源区，表明研究区物源应该是来自大陆边缘上地壳的长英质岩石。根据图 6-67c，研究区样品大部分落在长英质火山岩区域，反映原岩以长英质为主，但是在沉积过程中有火山岩的混入。根据图 6-67d 显示，研究区的物质成分与上地壳的平均值基本一样，大部分的样品落入了上地壳区域内。以上数据表明，研究区物源来自上地壳的长英质岩石，同时伴有火山岩的混入。

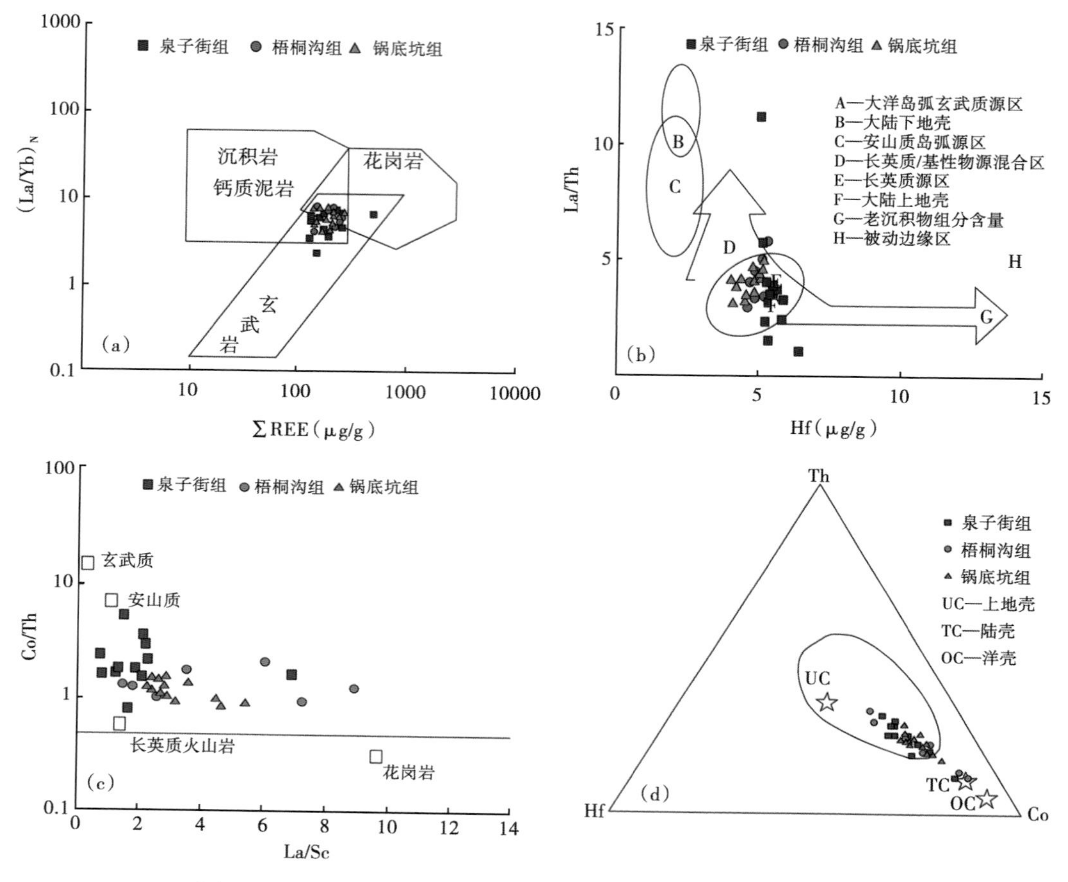

图 6-67　大龙口背斜南翼下仓房沟群微量、稀土元素源岩判别图

关于物源区的构造背景，主要分为大洋岛弧型盆地、大陆岛弧型盆地、活动大陆边缘型盆地和被动大陆边缘型盆地。本文按各组分别求取各种主量元素的平均值，然后与 Bhatia 所得出的数据进行对比。一般按照从大洋岛弧型，到大陆岛弧型，再到活动大陆边缘型，最后到被动大陆边缘型盆地这一顺序，盆地中元素化学成分显示有规律变化。

将大龙口背斜南冀剖面中主量元素含量的平均值与 Bhatia 的四类盆地的数据进行对比（表 6-2），可以获得以下认识。

（1）在研究区地层中 SiO_2 的平均含量相对于大陆岛弧的含量较低，但是与大洋岛弧型盆地含量最接近。

（2）TiO_2 平均含量分化明显，泉子街组平均含量与主动大陆边缘的含量吻合，而锅底坑组与梧桐沟组均表现出与被动大陆边缘型盆地含量相一致的特点。

（3）Al_2O_3、Na_2O、K_2O 和 TFe_2O_3+MgO 在泉子街组、梧桐沟组和锅底坑组的平均含量均与被动大陆边缘的特点相一致。

（4）TFe_2O_3、MnO、P_2O_5、Al_2O_3/SiO_2、K_2O/Na_2O、$Al_2O_3/(CaO+Na_2O)$ 以及 MgO 的含量在泉子街组、梧桐沟组和锅底坑组与大陆岛弧型盆地的平均值相一致。

表 6-2　不同构造背景中砂岩主量元素平均组分与研究区主量元素平均组分（据 Bhatia M. R.，1983）

主量元素（%）		SiO_2	TiO_2	Al_2O_3	TFe_2O_3	MnO	MgO	CaO	Na_2O	K_2O	P_2O_5	TFe_2O_3+MgO	Al_2O_3/SiO_2	K_2O/Na_2O	$Al_2O_3/(CaO+Na_2O)$
大洋岛弧	平均值	58.83	1.06	17.11	1.95	0.15	3.65	5.83	4.10	1.60	0.26	11.30	0.29	0.39	1.72
	误差	1.60	0.20	1.70	0.50	<0.01	0.70	1.30	0.80	0.60	0.10				
大陆岛弧	平均值	70.69	0.64	14.04	1.43	0.10	1.97	2.68	3.12	1.98	0.16	6.79	0.20	0.61	2.42
	误差	2.60	0.10	1.10	0.50	<0.01	0.50	0.90	0.40	0.50	0.10				
活动陆缘	平均值	73.86	0.46	12.89	1.30	0.10	1.23	2.48	2.77	2.09	0.09	4.63	0.18	0.99	2.56
	误差	4.00	0.10	2.10	0.50	<0.01	0.50	1.00	0.70	0.50	<0.01				
被动陆缘	平均值	81.95	0.49	8.41	1.32	0.05	1.39	1.89	1.07	1.71	0.12	2.89	0.10	1.60	4.15
	误差	6.20	0.20	2.20	1.60	<0.01	0.80	2.30	0.60	0.60	<0.01				
大龙口南冀剖面	泉子街组	37.47	0.41	7.44	1.14	0.10	1.34	2.30	1.70	1.20	0.14	2.48	0.20	0.71	1.86
	梧桐沟组	39.54	0.34	6.88	1.11	0.09	1.20	1.94	1.48	1.23	0.12	2.22	0.17	0.83	2.02
	锅底坑组	37.67	0.40	7.39	1.14	0.10	1.27	2.26	1.67	1.20	0.14	2.45	0.20	0.72	1.88
大龙口北翼剖面	梧桐沟组	39.90	0.33	6.79	1.11	0.08	1.27	1.88	1.44	1.23	0.14	2.17	0.19	0.85	2.05
	锅底坑组	33.00	0.28	4.88	1.13	0.07	0.94	1.77	0.95	1.01	0.13	2.07	0.16	1.06	1.79

综合对比，研究区地层中主量元素平均含量与Bhatia M R 所给的不同背景下沉积物中主量元素的参考值对比可发现，研究区地层中主量元素的含量总体上与大陆岛弧型盆地中含量相一致。

关于物源区背景的研究，前人做了大量的工作，并建立了一系列的判别图解来研究构造环境。Bhatia 和 Crook 等在对于源区构造环境的判别中发现，La、Th、Sc、Co、Hf 等元素有着重要作用，并给出了 La-Th-Sc、Th-Hf-Co、Th-Sc-Zr/10 和 Th-Co-Zr/10 等三角判别图。本研究采用 La-Th-Sc 及 Th-Sc-Zr/10 判别图解，经过研究区采样测试结果投点分析（图 6-68），发现研究区南冀剖面岩样均落入 B 大陆岛弧区域内，只有部分样品在大陆岛弧及大洋岛弧边缘处。反映了物源区构造环境为大陆岛弧，与上述一致，并没有强烈的构造运动，表明研究区在二叠纪晚期整体处于缓慢沉降状态，且没有发生强烈的构造运动背景。

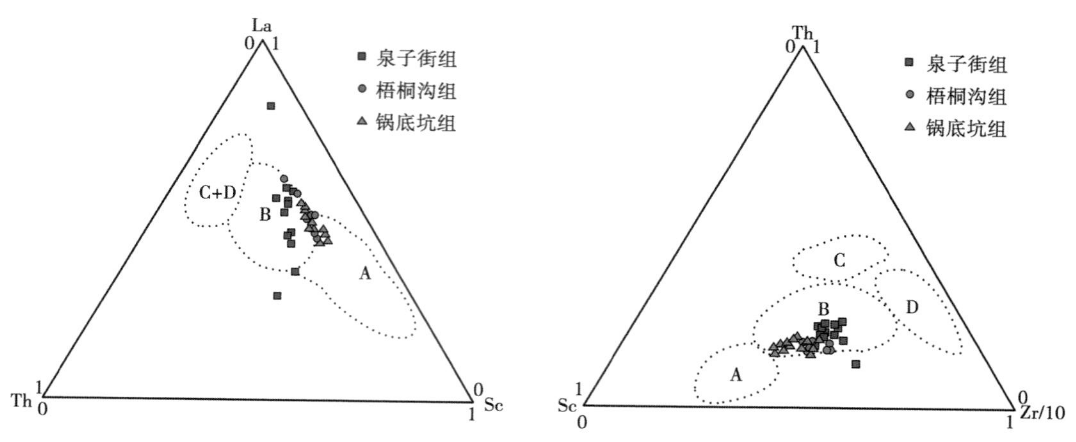

图 6-68　大龙口背斜南翼下仓房沟群 La-Th-Sc 及 Th-Sc-Zr/10 物源区判别图解

二、西大龙口背斜北翼剖面

1. 氧化还原特征

研究区北冀剖面梧桐沟组 V/(V+Ni) 介于 0.74~0.81 之间，平均值为 0.78；锅底坑组 V/(V+Ni) 介于 0.69~0.73 之间，平均值为 0.71，表明研究区水体中等分层，推测为氧化环境。

梧桐沟组 V/Cr 比值介于 1.90~2.30 之间，平均值为 2.18；Ni/Co 的比值介于 1.90~2.75 之间，平均值为 2.20；U/Th 比值介于 0.24~0.32 之间，平均值为 0.28。锅底坑组 V/Cr 的比值介于 1.15~2.27 之间，平均值为 1.68；Ni/Co 的比值介于 2.34~2.70 之间，平均值为 2.57；U/Th 的比值介于 0.25~0.31 之间，平均值为 0.27。上述数据表明，研究区总体上为氧化环境。

梧桐沟组 δCe 值介于 0.94~1.00 之间，平均值为 0.96，δEu 值介于 0.69~0.79 之间，平均值为 0.75，均为负异常，∑REE 值介于 151.48~183.92μg/g，平均值为 166.44μg/g，La/Yb 值介于 7.08~9.96 之间，平均值为 8.60；锅底坑组 δCe 值介于 0.96~0.98 之间，平均值为 0.97，δEu 值介于 0.68~0.82 之间，平均值为 0.75，皆显示负异常，∑REE 值介于 129.88~159.93μg/g，平均值为 144.93μg/g，La/Yb 值介于 7.42~9.10 之间，平均值为 8.02。综合 Ce、Eu 异常，La/Yb 比值及∑REE 值的判别，研究区北翼剖面与南翼剖面沉积环境一致，沉积时为氧化环境。

根据各元素比值在柱状图上反映（图 6-69），在 100m 附近和 250m 附近也有波动，但与南冀剖面相比相对平缓，总体上与南冀剖面相一致，整体为氧化环境，氧化强度总的趋势是强—弱—强。

2. 古气候与古盐度

根据图 6-70 可以发现，Sr、Cu、B 元素的含量变化趋势十分相似，呈现良好的正相关关系，而与 Co 元素呈负相关，Sr/Cu、Sr/Ba 的变化曲线在图 6-70 中也可以看出呈正相关性。

北翼剖面，梧桐沟组 Sr/Cu 值介于 2.78~5.77 之间，平均值为 3.84，总体为湿润环境；锅底坑组 Sr/Cu 值介于 3.01~7.28 之间，平均值为 4.91，显示前期为湿润环境，到后期逐

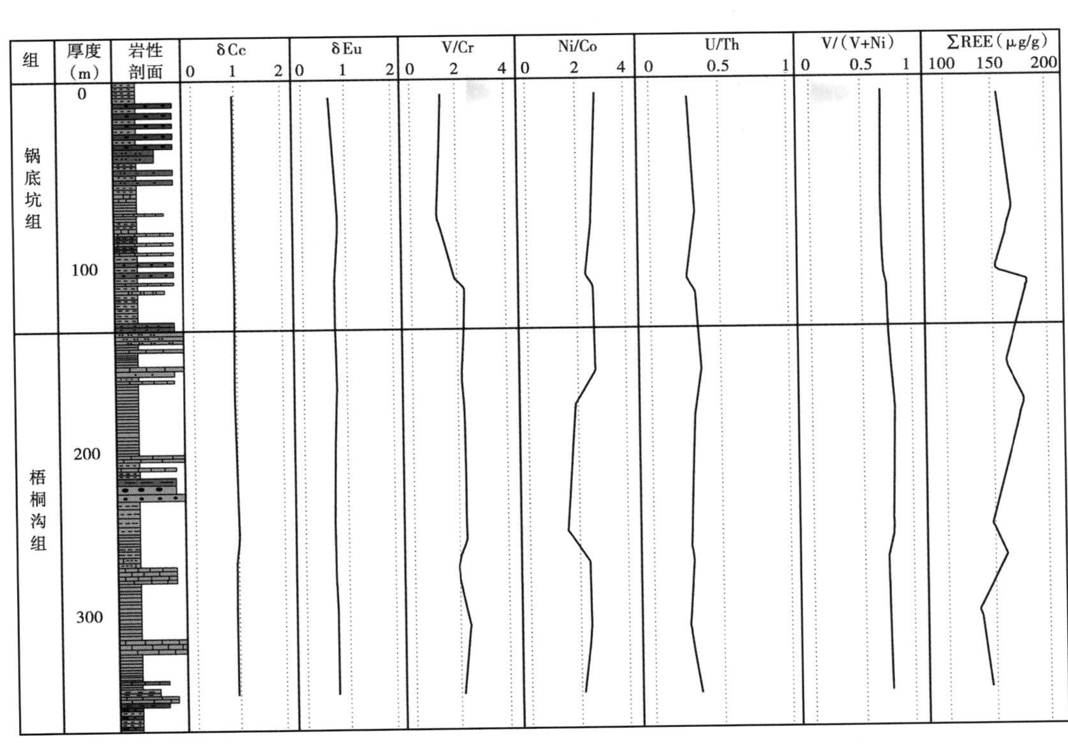

图 6-69　大龙口背斜北翼下仓房沟群微量元素判定氧化还原环境图

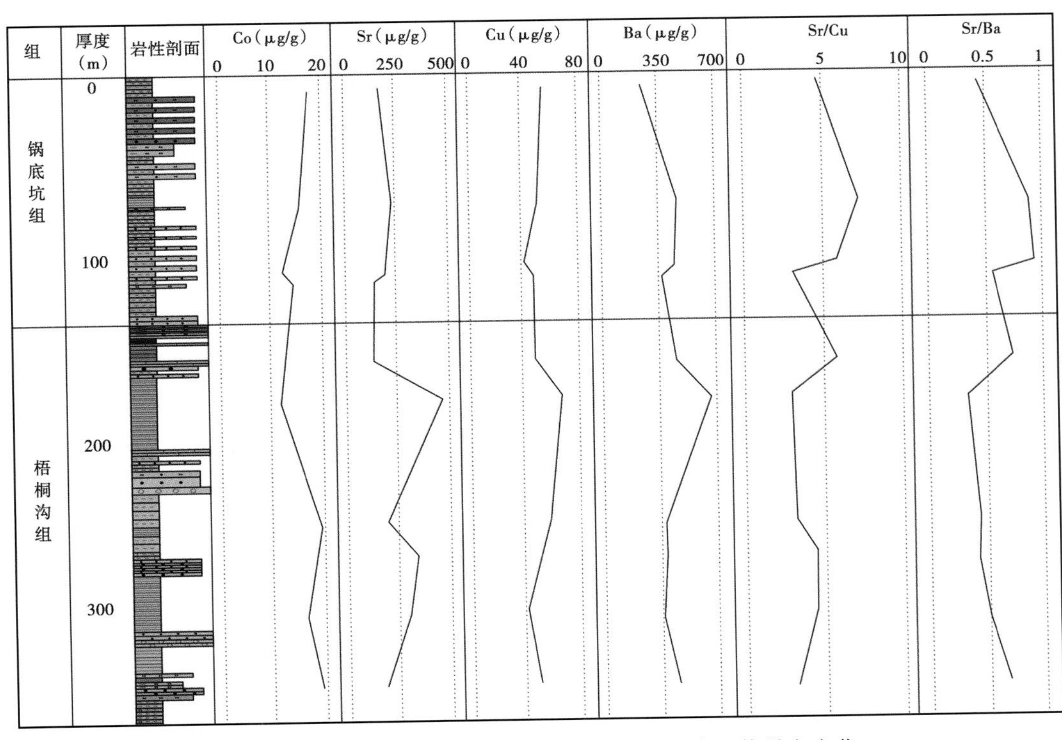

图 6-70　大龙口背斜北翼下仓房沟群微量元素比值纵向变化

渐转变为半干旱环境，结论与南翼剖面相一致。

Sr/Ba 的比值可以用作指示沉积盐度标志。梧桐沟组 Sr/Ba 值介于 0.32~0.71 之间，平均值为 0.52，为淡水湖环境（微咸水）；锅底坑组 Sr/Ba 值介于 0.42~0.90 之间，平均值为 0.68，为淡水湖环境（半咸水）。

3. 物源分析

根据 La/Yb—ΣREE 图解（图 6-71a）。北翼剖面的样品均落在沉积岩钙质泥岩、花岗岩、碱性玄武岩源区的重叠区域，既有花岗岩，也有玄武岩。而根据图 6-71b，研究区样品均落在长英质源区，反映研究区物源来可能是来自大陆边缘上地壳的长英质物源区。根据图 6-71c，研究区样品均落在长英质火山岩区域，表明研究区的原岩来自长英质岩石，同时可能由于火山运动而导致伴有火山岩物质的混入。根据图 6-71d，反映研究区样品成分与上地壳的成分相一致。以上数据表明研究区的物源来自上地壳的长英质岩石，可能受到火山喷发作用的影响，在沉积过程中会混入一些基性物质以及古老的沉积岩，导致一些基性指标升高，研究区北翼剖面与南翼剖面的结论一致。

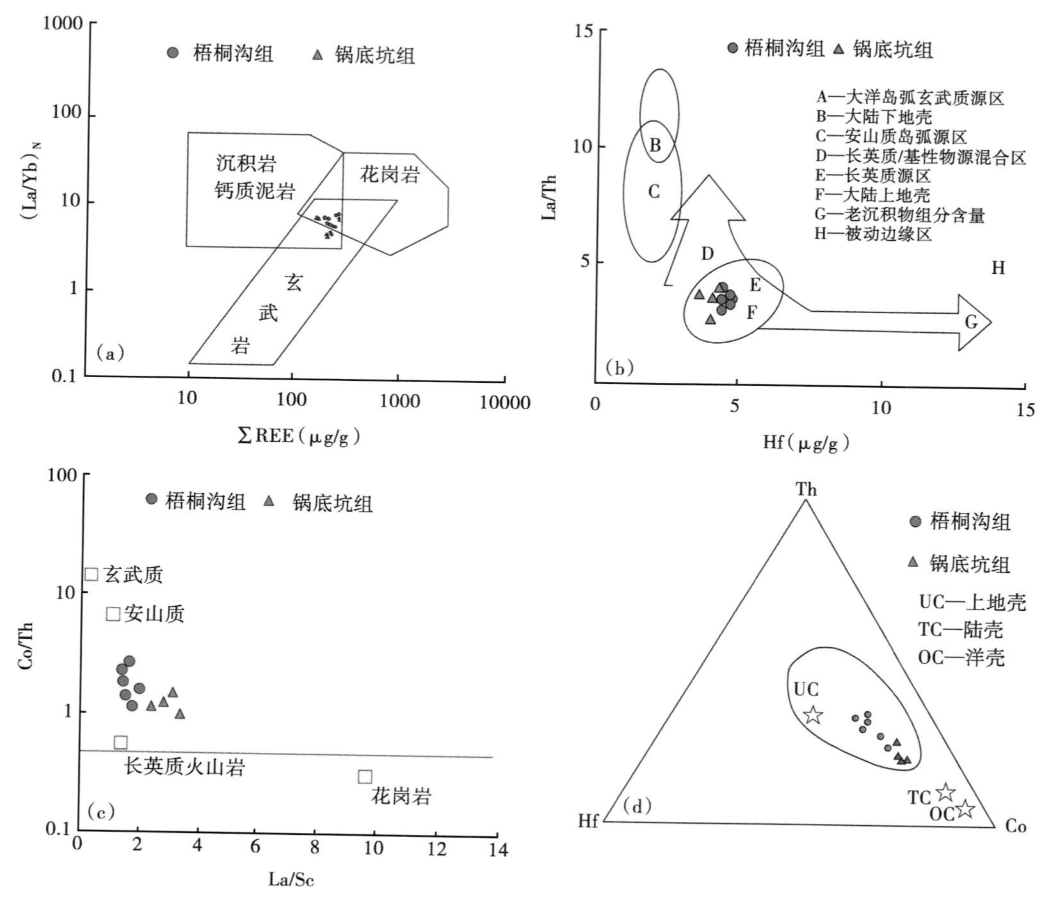

图 6-71　大龙口背斜北翼下仓房沟群微量、稀土元素源岩判别图

将大龙口北剖面中主量元素含量的平均值与 Bhatia 的四类盆地的数据进行对比（表 6-2），可以获得如下认识。

（1）在研究区地层中 SiO_2 的平均含量相对于被动大陆边缘的含量较低，但是与大洋岛弧型盆地含量最接近。

（2）TiO_2、Al_2O_3、Na_2O、K_2O 和 TFe_2O_3+MgO 在梧桐沟组和锅底坑组的平均含量均与被动大陆边缘的特点相一致。

（3）TFe_2O_3、MnO、P_2O_5、CaO、Al_2O_3/SiO_2、K_2O/Na_2O、MgO 和 $Al_2O_3/(CaO+Na_2O)$ 的含量在梧桐沟组和锅底坑组与大陆岛弧型盆地的平均值相一致。

综合对比，北冀剖面地层中主量元素平均含量与 Bhatia 所给主量元素的值对比可知，研究区地层中主量元素的含量与大陆岛弧型盆地中含量相一致。

采用 Bhatia 给出的 La-Th-Sc 及 Th-Sc-Zr/10 判别图解（图 6-72），发现研究区北冀剖面采样测试结果投点均落在大陆岛弧区域内以及大陆岛弧与大洋岛弧的边缘处，表明研究区物源区构造环境主要为大陆岛弧，与上述所述的结论相一致。

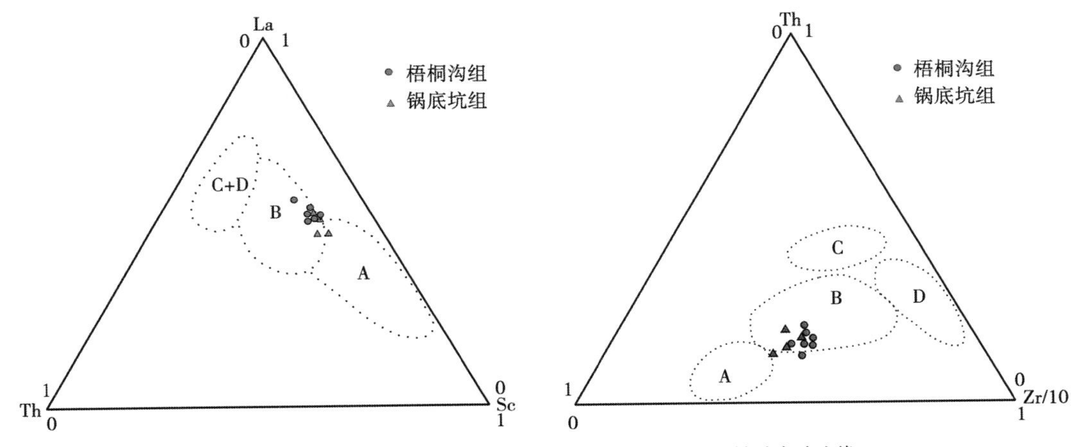

图 6-72　研究区 La-Th-Sc 及 Th-Sc-Zr/10 物源区判别图解

综上所述，通过运用元素纵向变化特征图，V/Cr、Ni/Co、U/Th 以及 Vi/(Vi+Ni) 比值等表明，新疆西大龙口上二叠统下仓房沟群沉积时，整体上为氧化环境，水体分层中等。综合 Sr/Cu、Sr/Ba 等比值的判定结果，研究区泉子街组为干旱气候，到梧桐沟组气候转变为湿润环境直至锅底坑组沉积早期，到锅底坑组沉积晚期气候由湿润逐渐转变为半干旱环境，研究区总体上为淡水湖泊环境，下仓房沟群沉积早期泉子街组为半咸水环境，到沉积中期梧桐沟组转变为微咸水环境，到沉积后期锅底坑组又转变为半咸水环境。研究区的物源主要来自大陆边缘上地壳的长英质岩石，可能受到火山喷发作用的影响，在沉积过程中混入一些基性物质以及古老的沉积岩。根据 Bhatia 给出的数据对比表和 La-Th-Sc 及 Th-Sc-Zr/10 判别图解，反映物源区的构造背景为大陆岛弧，研究区在二叠纪末期处于缓慢沉降状态，且未发生强烈的构造运动。

第七章　大龙口地区中—上三叠统沉积相与沉积环境

第一节　区域地层发育特征

吉木萨尔地区隶属于准噶尔地层区，分属于吉木萨尔地层小区。吉木萨尔地层小区位于天山支脉博格达山北麓，准噶尔古尔班通古特沙漠东南缘以南，西起乌鲁木齐市西侧的妖魔山，东至木垒县为界，包括吉木萨尔县、奇台县等南部地区，呈东西向不规则的狭长地带分布。该区地层从石炭—第四系均有分布，其中在吉木萨尔地区以三叠系发育最佳，分为下三叠统上仓房沟群和中—上三叠统小泉沟群。早三叠世发育以河湖相红色碎屑岩为主，在吉木萨尔地层小区进一步划分为韭菜园组和烧房沟组；中—晚三叠世发育灰色、灰黄色、灰绿色砂岩、粉砂岩、泥岩和薄层石灰岩及碳质页岩等，在吉木萨尔地层小区划分为克拉玛依组、黄山街组和郝家沟组（表 7-1）。

表 7-1　准噶尔盆地三叠系区域地层表

地层		西北部	东北部	东南部	
侏罗系	下统	三工河组J_1s	三工河组J_1s	三工河组J_1s	
		八道湾组J_1b	八道湾组J_1b	八道湾组J_1b	
三叠系	上统			小泉沟群$T_{2-3}x$	郝家沟组T_3h
		小泉沟群$T_{2-3}x$	小泉沟群$T_{2-3}x$		黄山街组T_3hs
	中统	克拉玛依组T_2k	克拉玛依组T_2k		克拉玛依组T_2k
	下统	百口泉组T_1b	上仓房沟群T_2ch	上仓房沟群T_1ch	烧房沟组T_1sf
					韭菜园组T_1j
二叠系	上统			下仓房沟群P_3ch	锅底坑组P_3g
		上乌尔禾组P_3w	下仓房沟群P_3ch		梧桐沟组P_3w
		佳木河组P_3j			泉子街组P_3q

一、岩石组合特征

1. 克拉玛依组（T_2k）

最早由范长龙（1956）创名于克拉玛依地区，代表小泉沟群最下部以砂岩为主的一套地层单元。最初称为克拉玛依系，1981 年新疆区域地层表编写组将其改称为组。主要岩性为灰色、灰绿色、黄色砂岩、岩屑砂岩夹泥岩、砾岩。下与烧房沟组或尖山沟组整合接触，上与黄山街组整合过渡，该组与黄山街组的分界标志是岩性明显变细。克拉玛依组在盆地南缘乌鲁木齐至吉木萨尔一线发育最好；在大龙口地区夹有薄层安山岩。而在西北缘地区，克拉玛依组下部砾岩层有逐渐增多的趋势（蔡土赐，1999）。

2. 黄山街组（T_3hs）

由新疆石油管理局地调处 106/57 队（1957）创名于天山东段北麓的阜康县黄山街附近，原称黄山街层。1960 年新疆石油管理局地层古生物队将层改称为组，1981 年新疆区域地层表编写组在原黄山街组上部地层划出郝家沟组，原黄山街组下部地层仍称为黄山街组，沿用至今。其岩性主要为灰色、灰黄色、灰绿色泥岩、粉砂岩及含碳泥岩，下与中三叠统克拉玛依组整合过渡，上与上三叠统郝家沟组整合接触。黄山街组中泥岩大面积的发育是区别于上、下地层的重要特征，并构成了区域性盖层。该组岩性稳定，在各地区的主要岩性均为泥岩、粉细砂岩，而在局部地区底部有少量的砾岩，且砂岩、泥岩中夹石灰岩，石灰岩中可见叠锥构造（蔡土赐，1999）。

3. 郝家沟组（T_3h）

该组系新疆区域地层表编写组（1981）创名于准噶尔盆地南缘地区，相当于原小泉沟群黄山街组上部。主要岩性为黄绿色、灰绿色砂岩、砾岩与泥岩不均匀互层。下与黄山街组整合接触，上与侏罗系八道湾组整合或者平行不整合接触（蔡土赐，1999）。

二、实测剖面描述

1. 西大龙口剖面

西大龙口中—上三叠统实测剖面（1∶1000）位于新疆吉木萨尔县大龙口水库附近，在构造上位于准噶尔盆地东南部，或准东隆起南部。该区南靠博格达山，北接准东盆地，恰好处于盆山结合部。西大龙口剖面地层出露良好，层序发育连续完整，沉积构造和古生物化石丰富。剖面全长826m（图7-1）。

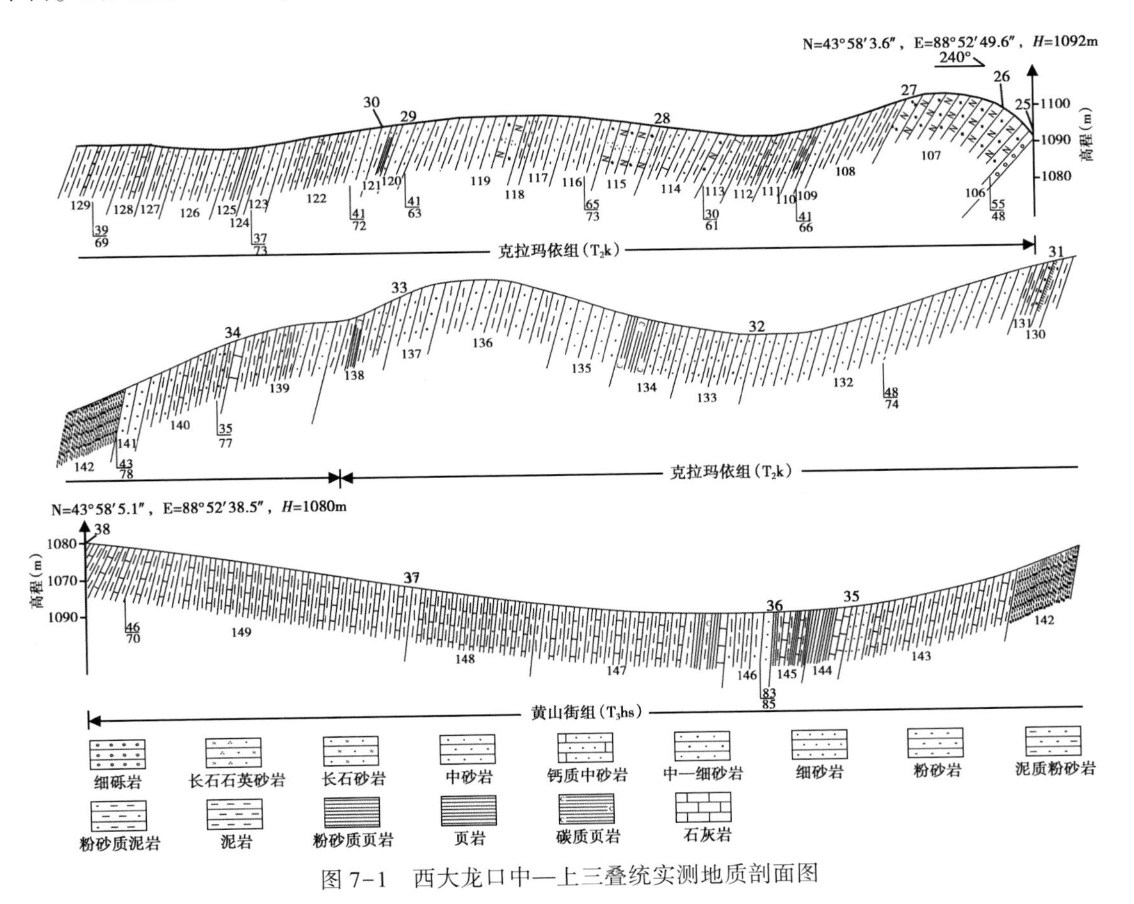

图7-1 西大龙口中—上三叠统实测地质剖面图

该剖面克拉玛依组主要是以薄层细砂岩、泥岩组成的潮湿型三角洲—滨浅湖沉积为主，黄山街组是由石灰岩和泥岩组成的多个沉积旋回或准层序的半深湖—深湖沉积。底部与下三叠统烧房沟组整合接触（图 7-2），顶部与上覆郝家沟组为整合过渡。其实测剖面描述如下：

图 7-2　西大龙口剖面克拉玛依组与烧房沟组整合接触

上覆地层：上三叠统郝家沟组（T_3h）为浅黄绿色、浅灰色薄层细砂岩。

——————————— 整 合 ———————————

上三叠统黄山街组（T_3hs）　　总厚度：299. 5m

149　灰色泥岩夹 20 层近等间距的同色薄层石灰岩（厚 5~15cm），石灰岩延伸较稳定。　72. 9m

148　浅灰色（风化成土黄绿色）泥岩夹薄层石灰岩（厚 5~10cm）17 层，几乎近等间距分布。　27. 7m

147　底部为一层厚 10~12cm 的薄层状石灰岩，向上为灰色页岩夹条带状（厚 1~2cm）粉砂质泥岩；中上部为深灰色泥岩夹 7 层延伸较稳定的灰色薄层石灰岩（厚 5~10cm）。　43. 4m

146　底部为灰色细砂岩（厚 20~30cm），沿走向不稳定；中上部为灰色（风化呈浅黄绿色）泥岩、粉砂质泥岩。　10. 6m

145　浅灰黄色粉砂质泥岩与灰色泥岩韵律互层，夹 6 层延伸稳定的灰色薄层叠锥灰岩（厚 10~15cm）。　11. 5m

144　底部为一层厚 30~45cm 灰色（风化成灰黄色）叠锥灰岩，叠锥体似宝塔状，垂直层面生长，延伸较稳定；中上部为深灰色泥岩夹多层灰色薄层叠锥灰岩（厚 10~15cm）。　14. 6m

143　深灰色泥岩夹多层延伸较稳定的同色薄层石灰岩，石灰岩中沙纹层理、波状层理较为发育；顶部为灰色薄层细砂岩（厚 30~40cm）。　44. 2m

142　深灰色页岩（负地形）。　31. 5m

141　灰色中厚层状细砂岩、含岩屑砂岩，砂体中层理较为发育。　6. 6m

140　灰色薄层状粉砂质泥岩与同色粉砂岩互层，夹 2 层延伸较稳定的薄层石灰岩（厚 0. 2~0. 3m）。22. 1m

139　中下部为黄绿色薄层细砂岩与灰色泥岩互层，夹薄层粉砂岩；顶部为横向连续性较好的灰色薄层石灰岩（厚 0. 3~0. 5m），石灰岩中发育沙纹层理。　14. 4m

——————————— 整 合 ———————————

中三叠统克拉玛依组（T_2k）　　总厚度：367. 2m

138　下部为灰色泥质粉砂岩夹同色薄层细砂岩；中上部为灰色泥岩夹碳质页岩（厚 15~20cm）。　20m

137　灰绿色中厚层状中砂岩夹同色粉砂质泥岩，砂岩和泥岩中层理较为发育，泥岩层内含较多植物化石碎片。　11. 8m

136　灰色泥岩夹灰绿色粉砂岩，泥砂比为 3∶2。　31. 4m

135　灰色（风化浅绿色）中厚层块状中细砂岩，砂体侧向加积排列，横向上为透镜状，砂体中含有较多的植物化石茎干。　16. 8m

134　底部为灰绿色细砂岩（厚约 0. 4m），向上为泥岩夹厚约 0. 5m 的同色细砂岩；中上部为深灰色碳质

页岩。 15.3m

133 底部为灰绿色细砂岩（厚约2m），向上为灰色泥质粉砂岩与同色薄层细砂岩（厚10~15cm）近等厚互层。 17.4m

132 底部为灰色中厚层状中—细砂岩，横向上为透镜状，砂体侧向加积排列；中上部为薄层中细砂岩（厚8~15cm）与细砂岩互层，砂岩层内含有植物树干化石和植物化石碎片。 54.5m

131 底部为灰色中薄层细砂岩（厚约60cm），向上为灰绿色泥质粉砂岩、钙质砂岩、粉砂质泥岩、碳质泥岩。 4.3m

130 底部为浅灰绿色粉砂岩与薄层细砂岩互层，砂岩中见有垂直层面的钻孔构造，被泥砂充填，钻孔直径约为1cm，可见长度约为10cm；中上部为浅灰色粉砂质泥岩夹深灰色碳质页岩（厚30~50cm）。 2.1m

129 灰色泥岩夹薄层砂岩。 13.2m

128 灰色泥岩夹同色薄层叠锥灰岩（厚3~15cm），横向不稳定；顶部为灰色细砂岩（厚约20cm），砂体层中平行层理较为发育，含有较多的植物化石碎片和树干印模。 5.4m

127 由两个旋回组成。第一个旋回：灰绿色粉砂岩、细砂岩（厚约1.5m）；第二个旋回：中下部为粉砂质泥岩夹页岩，顶部为浅灰绿色细砂岩（厚约1.1m），具有反粒序旋回。 5.5m

126 中下部灰色泥岩、粉砂岩，顶部为黄绿色细砂岩（厚约0.7m），为自下而上粒度由细变粗的反旋回。 11.4m

125 下段为灰黑色页岩；上段为灰色薄层泥质粉砂岩、粉砂岩，顶部为细砂岩（厚1.5~1.7m），发育有较丰富的植物化石碎片及植物根茎化石。具有反粒序旋回。 5.6m

124 中下部为深灰色泥岩；上部为中厚层状灰色细砂岩（厚40~50cm），含有较丰富的植物根茎化石。 1.6m

123 下段为土黄色粉砂岩，上段为灰色泥质粉砂岩。 5.0m

122 底部为灰色细砂岩（厚约1.5m），发育有较丰富的垂直于层面的植物根茎化石；中上部为灰色泥岩夹多层同色薄层细砂岩。 1.6m

121 底部为灰色中—细砂岩，横向不稳定，层理较发育；中部为厚约1m的泥质粉砂岩；中上部为深灰色泥岩。 1.2m

120 底部为灰色块状细砂岩、中砂岩（厚0.5~1.0m），为自下而上粒度由细变粗的反粒序旋回；中上部为灰绿色粉砂岩。 4.4m

119 底部为灰色中细粒块状长石石英砂岩（厚0.7~0.8m）；中上部灰色粉砂岩与泥岩互层，夹少许薄层细砂岩，沿走向不稳定。 23.5m

118 底部为灰色含岩屑细砂岩（厚15~20cm）；向上为灰色粉砂岩。 3.6m

117 底部为厚30~40cm的灰色中厚层块状细砂岩，含丰富植物化石茎干；中上部为紫红色泥岩。 7.2m

116 灰绿色粉砂质泥岩。 9.5m

115 灰绿色块状含岩屑长石石英砂岩，砂体中层理较为发育，含丰富的植物化石茎干，碎片可见长10~15cm，宽2~2.5cm，个别茎干印模达20cm。 10.8m

114 底部为灰色中细粒岩屑长石石英砂岩（厚1.0~1.5m），底部有垂直层理的钻孔构造，呈圆柱状；中上部为浅绿色粉砂质泥岩夹多层钙质砂岩条带（厚10~20cm）；顶部灰黑色泥岩夹薄层碳质页岩或煤线。 18.5m

113 浅灰绿色粉砂质泥岩夹三层各厚10cm、12cm、15cm的薄层钙质砂岩。 5.6m

112 下部为钙质砂岩（厚0.5~0.7m）夹浅绿色粉砂质泥岩，向上为厚约1m的泥岩夹碳质页岩，含有丰富的植物化石碎片；中上部为紫红色泥岩。 8.7m

111 底部为含钙质细砂岩，沿走向不稳定，似层状；中上部为紫红色泥岩。 6.8m

110 浅灰绿色粉砂质泥岩与灰色薄层钙质细砂岩互层，夹碳质泥岩。 3.8m

109 灰绿色细砂岩，横向不稳定，呈似层状。 2.9m

108 深灰色泥岩。 20.4m

107 浅灰绿色中厚层状岩屑长石砂岩，砂体中发育斜层理，砂岩中见有植物化石茎干，并含有长约0.4m的硅化木。 14.9m

106 浅灰色细砾岩夹同色中细砂岩透镜体，砾石成分复杂，砾岩中见有植物化石茎干，砂岩层内发育小型斜层理。 2.5m

——————整 合——————

下伏地层：下三叠统烧房沟组（T_1s）为浅灰绿色细砾岩、中—细砂岩，紫红色泥岩。

2. 水西沟剖面

水西沟中三叠统实测剖面（1∶1000）位于新疆吉木萨尔县水西沟水库附近，剖面全长449m（图7-3）。在水西沟剖面中三叠统克拉玛依组是以细砂岩、灰色泥岩、碳质页岩组成的洪泛平原特征。底部与下三叠统烧房沟组整合接触，实测剖面描述如下：

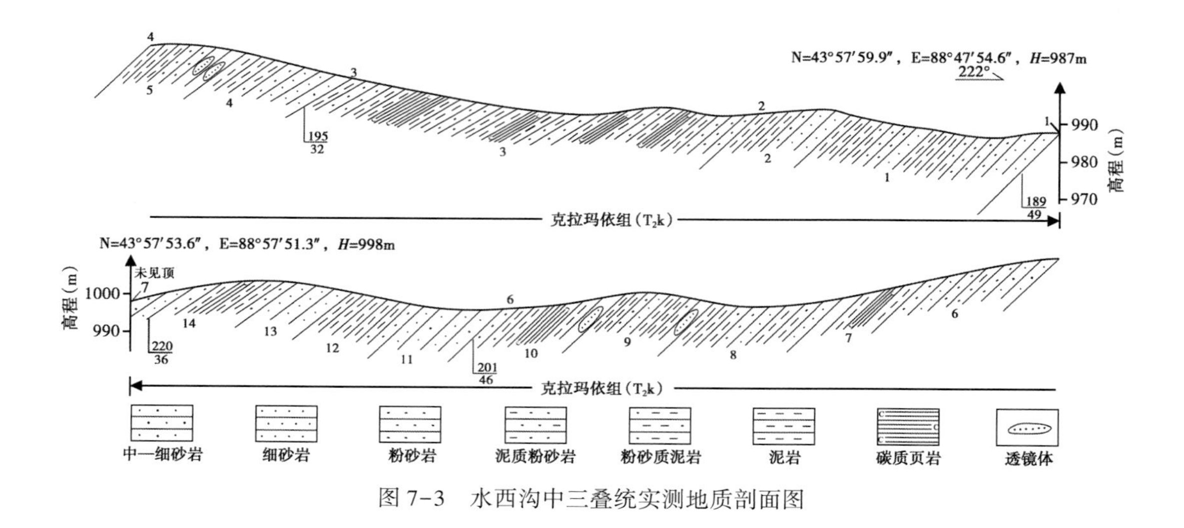

图7-3 水西沟中三叠统实测地质剖面图

上覆地层：未见顶。

————————

中三叠统克拉玛依组（T_2k） 总厚度：251.1m

14 底部为灰绿色粉砂岩、泥岩夹碳质泥岩，水平层理较为发育，上部为灰色中细砂岩。 9.9m

13 灰色中厚层状细砂岩，砂体中发育平行层理和大型槽状交错层理。 9.8m

12 底部为灰绿色粉砂岩、粉砂质泥岩，中上部为灰色泥岩。 14m

11 灰绿色中厚层状中砂岩与细砂岩不等厚互层，砂体中层理较为发育。 13.1m

10 底部为侧向加积排列的透镜状浅灰绿色细砂岩；向上为灰色泥岩与同色粉砂岩互层，夹碳质页岩。 14.7m

9 由两个旋回组成。第一旋回：底部为侧向加积排列的透镜状浅灰色中—细砂岩，中上部为深灰色泥岩。第二旋回：下段为灰色中厚层状细砂岩，砂体中发育大型板状层理；上段为灰绿色粉砂岩、泥岩。 14.2m

8 灰黄色厚层细砂岩透镜体与灰绿色粉砂质泥岩不等厚互层，底面具有冲刷面，砂体中交错层理较为发育。 17.4m

7 灰绿色泥岩夹碳质页岩，含有较丰富的植物化石碎片。 10.1m

6 灰黄色粉砂岩与中—细砂岩不等厚互层，中部夹有一层厚约0.8m的细砂岩透镜体。 15.5m

5 底部为灰黄色中厚层状中细砂岩，砂体具有顶平底凸的特点；中上部为粉砂岩、泥岩。 16m

4　中下部为灰黄色中厚层状中细砂岩、细砂岩、粉砂岩，内部交错层理较为发育，底部具有凹凸不平的冲刷面；中上部为粉砂质泥岩、泥岩。　17m

3　灰色粉砂岩与同色泥岩不等厚互层，夹多层状质页岩。　56m

2　灰黄色细砂岩，砂体中发育平行层理；向上为灰绿色泥岩，水平层理较为发育，含有较多的植物化石碎片。　13.4m

1　灰色中厚层状细砂岩，向上渐变为粉砂岩与灰色泥岩互层，夹薄层细砂岩（厚约0.4m）。　30m

———————— 整 合 ————————

下伏地层：下三叠统烧房沟组（T_1 sf）为灰绿色中细砂岩。

第二节　沉积相与沉积演化

一、沉积相类型及特征

大龙口地区中—上三叠统主要以三角洲相和湖泊相为主。

1. 三角洲相

三角洲相位于海（湖）陆之间的过渡地带，可以划分为三个亚相：陆上部分为三角洲平原，水下部分为三角洲前缘和前三角洲（图7-4）。三角洲相是吉木萨尔地区克拉玛依组中最为发育的沉积相类型，主要是以较强水动力条件的三角洲前缘和相对静水环境的前三角洲一起构成了克拉玛依组三角洲沉积体系，而三角洲平原不是特别发育。

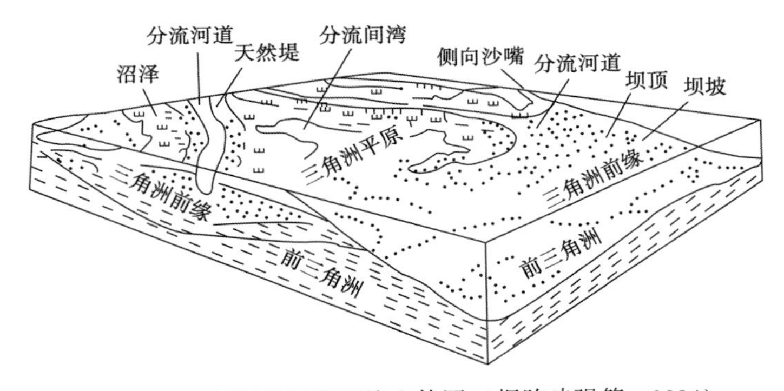

图7-4　三角洲的沉积环境立体图（据陈建强等，2004）

1）三角洲平原亚相

是指从河流大量分叉位置起向海（湖）一侧海（湖）岸线之间的广大河口区，为三角洲沉积的陆上部分。砂质沉积与分流间湾的泥质、泥炭、褐煤共生是三角洲平原亚相的典型特征，分流河道微相和沼泽微相构成了该亚相的主体，这也是与一般河流沉积的重要区别。

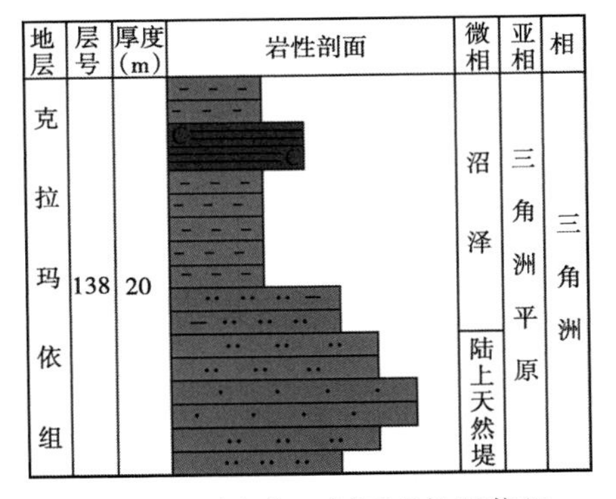

图7-5　西大龙口剖面克拉玛依组三角洲平原亚相沉积序列

三角洲平原亚相在研究区克拉玛依组中不是很发育，主要包括陆上天然堤微相和沼泽微相等（图7-5）。岩性主要为灰色泥岩、粉砂岩夹细砂岩。在暗色泥岩中含有较多植物碎片，充分说明了当时的沉积条件是温暖潮湿的泛滥平原沉积环境，在细粒沉积中也可见直立虫孔构造，最大虫孔直径为4~5cm，呈圆柱状，由下而上，地表可见40~50cm（图7-6）。在水西沟剖面中分布有相对较多的煤线或碳质页岩，而在西大龙口地区克拉玛依组个别三角洲体系中也仍然可以见到三角洲平原亚相的碳质页岩（图7-7）。

图7-6　西大龙口剖面克拉玛依组中的直立虫孔构造

图7-7　克拉玛依组煤线及碳质页岩

地层	层号	厚度(m)	岩性剖面	微相	亚相	相
克拉玛依组	133	17.4		分流间湾	三角洲前缘	三角洲
	132	54.5		水下分流河道		

图7-8　西大龙口剖面克拉玛依组三角洲前缘亚相沉积序列

2）三角洲前缘亚相

三角洲前缘亚相是指位于海（湖）平面与浪基面之间的水下部分，呈环带状分布，是三角洲沉积作用最为活跃和沉积厚度最大的区域，沉积物结构复杂，沉积构造类型多样。该亚相一般可划分为水下分流河道、水下天然堤等多种沉积微相。

三角洲前缘亚相在吉木萨尔地区克拉玛依组中尤为发育，一般由水下分流河道、分流间湾等微相组成（图7-8）。其中水下分流河道微相构成了研究区克拉玛依组该亚相的主体。

水下分流河道微相的岩性以灰色、灰绿色岩屑中—细砂岩为主，岩屑石英砂岩次之，分选性和磨圆度较好；分流间湾微相的岩性主要由一套细粒悬浮成因的泥岩、粉砂质泥岩组成，在剖面上常与水下分流河道密切共生。交错层理和平行层理较为发育，常见有低幅度的单向流水波痕等构造。在前缘砂岩中还发育有较丰富的植物化石和直立虫孔构造。

3）前三角洲亚相

前三角洲亚相是指位于三角洲前缘前方至浅湖的宽广平缓地带，是三角沉积最厚的地区。总体上该亚相与滨浅湖亚相呈过渡关系，沉积物是在浪基面以下的相对静水环境中形成的。前三角洲亚相主要分布在克拉玛依组，岩性主要为暗色泥岩、泥质粉砂岩等，水平层理较为发育。在剖面上常与前缘砂岩构成反粒序的旋回层序。

2. 湖泊相

湖泊相在黄山街组最为发育，并且在吉木萨尔地区以半深湖—深湖亚相为主，其次较为发育滨浅湖亚相，在研究区克拉玛依组中下部也发育有滨浅湖沉积。

1）滨浅湖亚相

滨浅湖亚相是位于洪水期最高水位线至浪基面深度之间的地带，主要发育在盆地边缘。滨浅湖亚相的水动力条件较为复杂，在相对静水区域以泥岩为主沉积，而受到波浪等较强的水动力影响的区域，以粉—细砂岩与泥岩互层，反映了在波浪作用下湖水对沉积物的改造和冲洗作用。

滨浅湖亚相在黄山街组最为发育，在克拉玛依组中也有分布，反映出滨浅湖亚相的沉积规模及其分布范围受到湖盆演化阶段的控制。沉积物中以灰色、灰绿色泥岩与粉细砂岩互层，分选性和磨圆度较好，发育小型交错层理和水平层理，并含有较多的植物化石碎片。

2）半深湖—深湖亚相

半深湖—深湖亚相是指位于浪基面以下且水体较深的区域，该部位缺乏光照且不受湖浪作用的影响，因此为静水条件十分稳定的还原环境，几乎没有生物扰动，沉积物主要为暗色泥岩和页岩。

半深湖—深湖亚相主要发育在黄山街组，其岩石类型主要为灰色、浅灰色石灰岩和泥岩，是一套薄层石灰岩到暗色泥岩沉积的变化，由此组成一个准层序或沉积旋回（图7-9）。在黄山街组中古生物化石极少，在石灰岩中几乎也没有见到生物活动的痕迹。暗色泥岩中发育水平层理，是相对静水沉积环境中形成的沉积特点，在石灰岩中发育丰富的槽状层理、丘状层理和叠锥构造等层理构造，反映石灰岩是在微动荡的弱水动力环境中形成的。

图7-9　黄山街组石灰岩与泥岩组成的准层序或沉积旋回（半深湖—深湖亚相）

二、沉积演化特征

吉木萨尔地区在克拉玛依组沉积时期为潮湿型三角洲—滨浅湖沉积体系（图 7-10），逐渐演化为黄山街组为干旱型半深湖—深湖沉积体系，再演化为郝家沟组的干旱型三角洲—滨浅湖，局部发育深湖的沉积体系，因此克拉玛依组到郝家沟组构成了一个水深由浅变深，再变浅的一个完整演化序列（图 7-11）。

图 7-10　克拉玛依组三角洲沉积体系

1. 克拉玛依组

中三叠统克拉玛依组主要以三角洲沉积为主，其中下段以中—薄层的三角洲前缘细砂岩和前三角洲暗色泥岩组成，上段以三套中厚层三角洲前缘中粗砂岩和暗色泥岩组成。三角洲平原亚相相对不发育。

在三角洲前缘砂岩中，交错层理较丰富。主要包括：（1）板状交错层理主要发育在中、细粒砂岩中，其特征为纹层斜交于层理层面，层系之间的界面平直而且相互平行，呈板状，层系厚度一般在 4~5cm 之间，横向较稳定，底部有冲刷面。常见于三角洲前缘水下分流河道等环境中（图 7-12）。（2）楔状交错层理也比较发育。是一种呈楔状的交错层理，层系上下界面平直，但厚度变化较快，是由水体流动逐渐形成的，常见于三角洲前缘的砂岩中（图 7-13）。（3）槽状交错层理主要出现在细砂岩中，其长轴倾斜方向平行于沉积时水流的流向，因此能够指示古流水方向。在克拉玛依组砂岩中发育的槽状交错层理，其长轴倾向指示古流水方向为由南向北，并且水动力条件较强。另外，在黄山街组石灰岩中也发育着小型槽状交错层理，表明石灰岩是在微动荡的弱水动力环境中形成的。

另外，还发育三角洲前缘特有的滑塌变形构造，是沉积于水下斜坡上的松软沉积物在重力作用下发生滑动和滑塌而形成的变形构造，其沉积层内发生变形和揉皱，还常伴随小型断裂，甚至出现沉积物碎块（图 7-14）。一般与当时的沉积物以较快的速度沉积有关，它是水下滑坡的良好标志。在研究区多分布在克拉玛依组中具斜坡的三角洲前缘环境中。

流水波痕是由单向水流在非黏性沉积物表面流动而形成的一种原生沉积构造，其特征可以直接反映沉积环境。流水波痕主要见于研究区克拉玛依组的三角洲前缘砂岩中，规模以小

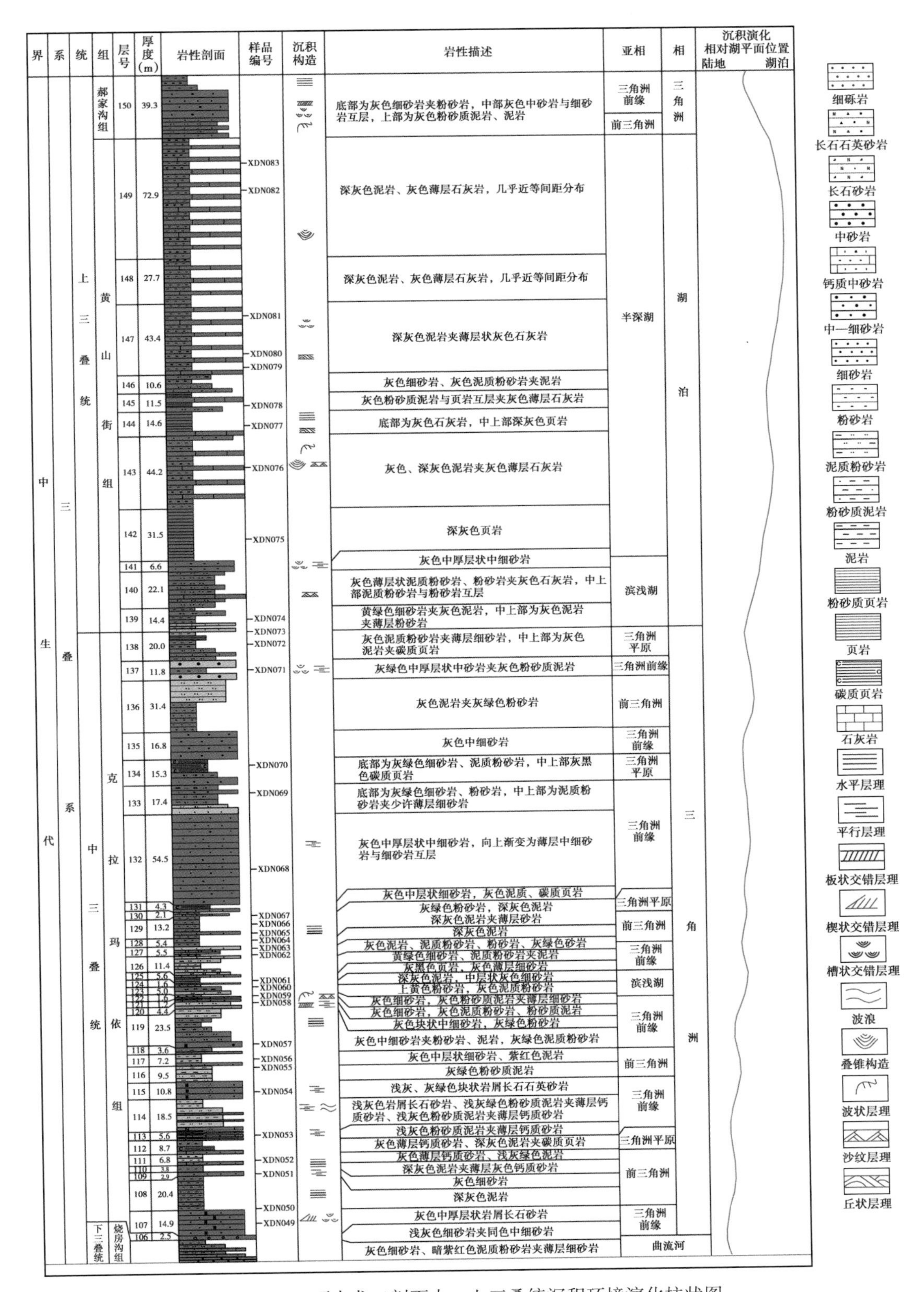

图 7-11　西大龙口剖面中—上三叠统沉积环境演化柱状图

图 7-12 西大龙口剖面克拉玛依组砂岩中板状交错层理

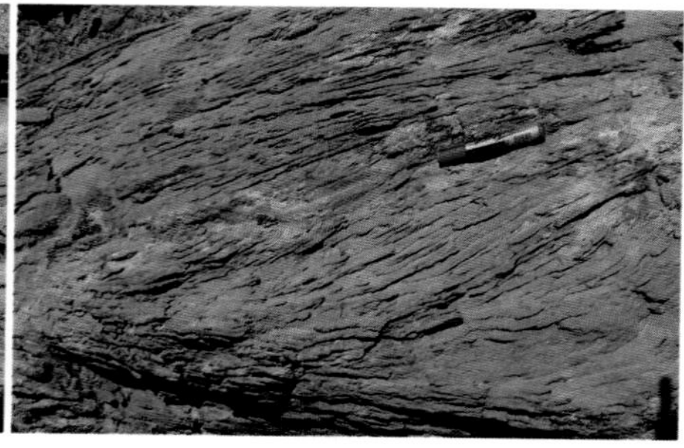

图 7-13 克拉玛依组砂岩中楔状交错层理

型流水波痕为主，波长一般为 4~6cm，波高介于 0.5~2cm 之间，一般为 0.5~1cm（图 7-15）。呈不对称状，迎水面较平缓，背水面较陡，反映流水的改造作用对沉积物的影响。

图 7-14 克拉玛依组中的滑塌变形构造

图 7-15 克拉玛依组中的流水波痕

克拉玛依组泥岩中夹有很薄的煤线或含植物碎片的碳质页岩层，煤线一般厚 0.5~3cm，水西沟剖面克拉玛依组中发育较多的煤线或碳质页岩层。

克拉玛依组中发育较多的植物化石，主要见于中三叠统克拉玛依组各类岩石中，包括植物茎干及叶片等（图 7-16）。其中在大龙口剖面克拉玛依组砂岩中保存有较好的硅化木，直径为 4~5cm。一般植物碎片、茎叶主要分布在泥岩、泥质粉砂岩、粉砂岩中，反映了沉积时为温热潮湿且水体较浅的三角洲平原环境，植物茎干化石及硅化木等则出现在克拉玛依组三角洲前缘的砂岩中。

图 7-16 大龙口剖面中三叠统克拉玛依组发育的植物化石

（a）植物茎干化石，西大龙口剖面克拉玛依组 107 层；（b）硅化木，西大龙口剖面克拉玛依组 107 层；（c）植物化石碎片，西大龙口剖面克拉玛依组 115 层；（d）植物化石碎片，西大龙口剖面克拉玛依组 117 层

经历了早三叠世的极干旱气候，在克拉玛依组沉积时期，气候再次变得比较湿润，雨水较多，植物繁盛，形成了以较强水动力环境的三角洲前缘水下分流河道灰色中—细砂岩和相对静水环境的前三角洲泥岩组成一个反粒序旋回层序的三角洲沉积体系（图 7-11 和图 7-17）。

2. 黄山街组—郝家沟组

黄山街组沉积时期，盆地范围扩大，经克拉玛依组顶部的浅湖沉积快速转化为半深湖—深湖沉积，主要为一套薄层灰色石灰岩与泥岩组成的一个准层序或沉积旋回，黄山街组由近 30 个旋回的近乎等厚的样式垂直叠加构成，属于加积体系域，水体深度几乎没有变化。此时期盆地范围较大，构造稳定，沉积速率与沉降速率几乎相等，但物源供给有限，生物相对较少，为微咸水半干旱沉积环境。

在黄山街组可见薄层石灰岩的叠锥构造，是由许多垂直于层面分布的漏斗状石灰岩圆锥体套叠起来构成的沉积构造（图 7-18），反映了半深湖相的沉积环境。

郝家沟组继承了黄山街组沉积时期的古气候环境，但由于盆地周缘地壳抬升致使盆地水体变浅，物源供给增多，由黄山街组的深湖相沉积渐变为郝家沟组的三角洲相沉积。在郝家沟组沉积早期，还发育有深湖相的页岩，其页理极其发育。前缘砂岩多呈大型透镜体状，横向不稳定，相变为粉砂岩或泥岩。郝家沟组沉积晚期，由于准噶尔盆地持续萎缩，盆缘隆起，盆地范围缩小，致使水动力增强，在郝家沟组中河流—三角洲相沉积发育，应属于半干旱环境。因此研究区郝家沟组以三角洲沉积为主，间夹深湖沉积。

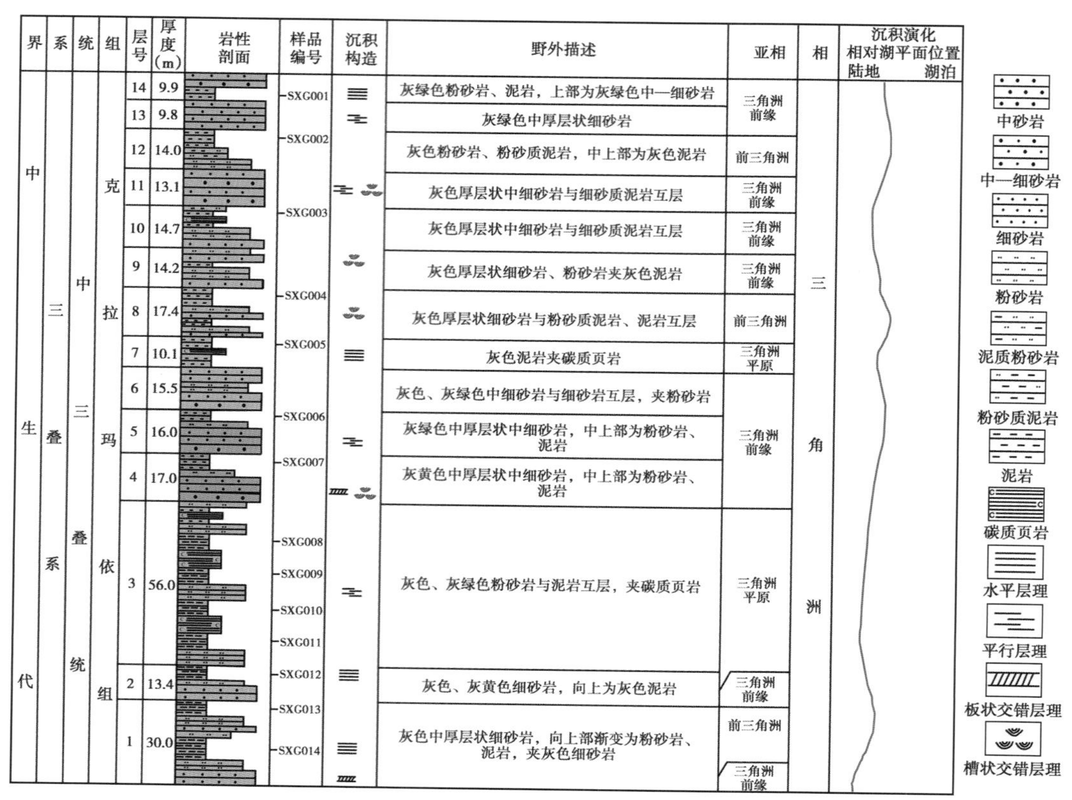

图 7-17　水西沟剖面克拉玛依组沉积环境演化柱状图

图 7-18　西大龙口剖面黄山街组石灰岩中的叠锥构造

第三节　沉积地球化学特征与环境分析

过去，前人对吉木萨尔地区克拉玛依组和黄山街组的沉积环境和沉积相取得了一定的认识，但大多数研究均以地层岩性特征为主要依据，通过地球化学手段对沉积环境的研究稍显薄弱。目前地球化学方法在判别沉积环境的研究中得到了越来越广泛的应用，泥质岩微量和稀土元素等岩石地球化学特征对于判断古气候、古氧化还原环境、古盐度、沉积物源和构造背景具有重要的指示意义，同时其生物标志化合物特征也可以反映沉积环境（邓宏文等，

1993)。本章选取了研究区典型的泥质岩样品，主要从样品的微量元素、稀土元素特征和反映沉积环境的生物标志物特征等几个方面，揭示泥质岩的沉积环境和有机质保存条件。

一、元素地球化学与古环境

1. 古气候

熊小辉等（2011）研究认为Sr元素的高含量指示干旱炎热气候条件下的湖水浓缩沉积，因此Sr/Cu值常用于判别古气候。邓宏文等（1993）认为Sr/Cu值在1.3~5.0时指示温湿气候，而大于5.0时指示干热气候。

西大龙口地区克拉玛依组的Sr/Cu值为0.86~4.49，平均值为2.62，黄山街组的Sr/Cu值为0.94~7.07，平均值为4.81（表7-2）；而水西沟地区克拉玛依组Sr/Cu值为2.03~3.40，平均值为2.83（表7-3）。黄山街组样品的Sr/Cu值明显高于克拉玛依组（图7-19和图7-20）。克拉玛依组以及黄山街组下部地层Sr/Cu值都小于5，而黄山街组中上部地层比值大于5，表明研究区在中—晚三叠世的气候有着明显的变化，在克拉玛依组沉积时期到黄山街组沉积早期以温湿气候为主，黄山街组沉积中晚期以干热气候为主。从克拉玛依组沉积时期到黄山街组沉积早期，在温湿气候条件下，高等植物生长非常繁盛，黄山街组沉积中后期气候逐渐转变为干旱，湖泊水体蒸发严重，盐度增加，水生生物较少，形成还原性较强的沉积环境。以上Sr/Cu值指示的结果与前文野外地质调查的颜色和岩性反映出的信息是一致的。

表7-2　西大龙口剖面泥岩微量元素含量及特征参数

样品编号	层位	Sr/Cu	V/(V+Ni)	V/Ni	U/Th	Sr/Ba	La/Th	La/Sc	Co/Th
XDN050	T_2k	2.91	0.79	3.87	0.28	0.47	4.75	1.53	2.51
XDN053	T_2k	2.64	0.78	3.57	0.25	0.49	4.36	1.36	3.69
XDN055	T_2k	3.59	0.75	3.01	0.29	0.42	4.58	1.61	2.60
XDN059	T_2k	3.72	0.81	4.39	0.31	0.32	3.75	1.63	1.34
XDN061	T_2k	0.86	0.85	5.56	0.38	0.28	3.99	1.97	0.78
XDN062	T_2k	1.94	0.79	3.70	0.32	0.37	3.59	1.91	0.96
XDN066	T_2k	2.00	0.85	5.75	0.33	0.36	6.08	2.81	0.69
XDN067	T_2k	1.54	0.80	3.99	0.42	0.25	4.42	2.08	1.46
XDN069	T_2k	3.18	0.80	3.93	0.30	0.29	3.68	1.36	3.72
XDN070	T_2k	1.15	0.74	2.81	0.35	0.21	3.68	2.15	1.09
XDN071	T_2k	3.41	0.81	4.14	0.28	0.46	3.87	1.41	2.15
XDN072	T_2k	4.49	0.71	2.42	0.32	0.41	3.15	2.05	1.20
XDN074	T_3hs	4.46	0.75	2.96	0.32	0.40	3.15	1.98	1.18
XDN075	T_3hs	0.94	0.74	2.82	2.07	0.41	4.12	1.42	1.03
XDN077	T_3hs	4.46	0.73	2.70	0.27	0.33	3.08	2.26	1.17
XDN078	T_3hs	4.95	0.73	2.77	0.28	0.33	2.91	2.38	1.12
XDN079	T_3hs	4.83	0.72	2.58	0.33	0.34	3.42	2.32	0.94
XDN081	T_3hs	7.07	0.72	2.64	0.30	0.39	2.95	2.26	1.07
XDN082	T_3hs	5.59	0.74	2.87	0.33	0.28	3.91	2.55	1.27
XDN083	T_3hs	6.14	0.70	2.35	0.30	0.43	2.97	2.38	1.12

表 7-3　水西沟剖面泥岩微量元素含量及特征参数

样品编号	层位	Sr/Cu	V/(V+Ni)	V/Ni	U/Th	Sr/Ba	La/Th	La/Sc	Co/Th
SXG001	T_2k	2.03	0.68	2.09	0.32	0.50	3.90	1.74	2.61
SXG003	T_2k	2.96	0.78	3.51	0.34	0.61	4.24	1.66	2.55
SXG004	T_2k	3.40	0.80	3.97	0.32	0.56	4.02	1.59	2.28
SXG005	T_2k	3.15	0.83	4.77	0.30	0.70	4.36	1.43	3.01
SXG006	T_2k	2.05	0.72	2.51	0.30	0.46	3.57	1.22	2.33
SXG007	T_2k	2.31	0.81	4.40	0.24	0.74	3.57	1.37	2.45
SXG008	T_2k	2.50	0.76	3.20	0.29	0.50	3.26	1.28	2.69
SXG009	T_2k	3.28	0.76	3.22	0.29	0.81	3.76	1.36	2.34
SXG010	T_2k	3.18	0.78	3.64	0.30	0.71	3.07	1.21	2.48
SXG011	T_2k	3.18	0.79	3.67	0.30	0.71	3.06	1.20	2.47
SXG012	T_2k	2.87	0.86	6.19	0.29	0.21	4.02	1.34	1.26
SXG013	T_2k	2.83	0.77	3.39	0.33	0.38	3.28	1.19	3.10
SXG014	T_2k	2.98	0.80	4.08	0.30	0.63	4.41	1.41	1.43

2. 氧化还原环境

1）钒元素（V）、镍元素（Ni）

钒（V）和镍（Ni）是化学性质较活泼的两种铁族元素。钒在氧化环境、碱性环境中容易发生迁移，而在还原环境或过渡环境中易生成沉淀。Jones 等通过大量的基础研究认为 V/(V+Ni) 值等于 0.46 时为氧化与还原沉积环境的分界值，当该值大于 0.84 时则反映强还原环境，同时也表明沉积水体具有分层较强的特点，在 0.60～0.84 时指示厌氧环境，而在 0.46～0.60 时指示贫氧环境，小于 0.46 指示富氧环境。同时高的 V/Ni 值可能指示沉积水体具有高盐度和强还原性。

从表 7-2 和表 7-3 可以看出，西大龙口克拉玛依组样品的 V/(V+Ni) 值介于 0.71～0.85 之间，平均值为 0.79，V/Ni 值介于 2.42～5.75 之间，平均值为 3.93；黄山街组样品的 V/(V+Ni) 值介于 0.70～0.75 之间，平均值为 0.73，V/Ni 值介于 2.35～2.96 之间，平均值为 2.71；水西沟地区克拉玛依组样品的 V/(V+Ni) 值介于 0.68～0.86 之间，平均值为 0.78，V/Ni 值介于 2.09～6.19 之间，平均值为 3.74；以上研究区所有样品的 V/(V+Ni) 值均大于 0.60，91%的样品该值介于 0.60～0.84 之间，显示了克拉玛依组和黄山街组为还原性较强的沉积环境。研究区样品的 V/Ni 值都大于 1 的指示意义与 V/(V+Ni) 参数的指示意义相吻合。综合分析认为，研究区的沉积环境为弱还原—还原环境，同时克拉玛依组样品的 V/(V+Ni) 值与黄山街组样品的 V/(V+Ni) 值分布范围相近，平均值也差别不大，但是克拉玛依组的 V/Ni 值分布范围较宽，平均值也高于黄山街组，可能是由于不同时期的沉积环境不同，导致克拉玛依组更富集 V 元素。

2）铀元素（U）、钍元素（Th）

铀元素和钍元素在不同的氧化还原环境下有不同的迁移方式导致形成不同的化合物。Jones 等通过对沉积物进行全岩分析，认为 U/Th 值小于 0.75 指示氧化的沉积环境，介于 0.75～1.25 之间指示贫氧环境，大于 1.25 时指示厌氧环境。

西大龙口剖面 20 块泥质岩的 U/Th 值在 0.25～2.07 之间，平均值为 0.40，水西沟剖面克拉玛依组 13 块泥岩的 U/Th 值在 0.24～0.34 之间，平均值为 0.30。研究区样品的 U/Th 值分布范围较广，按 Jones 等标准，只有 XDN075 样品的 U/Th 值大于 1.25，其余的样品都

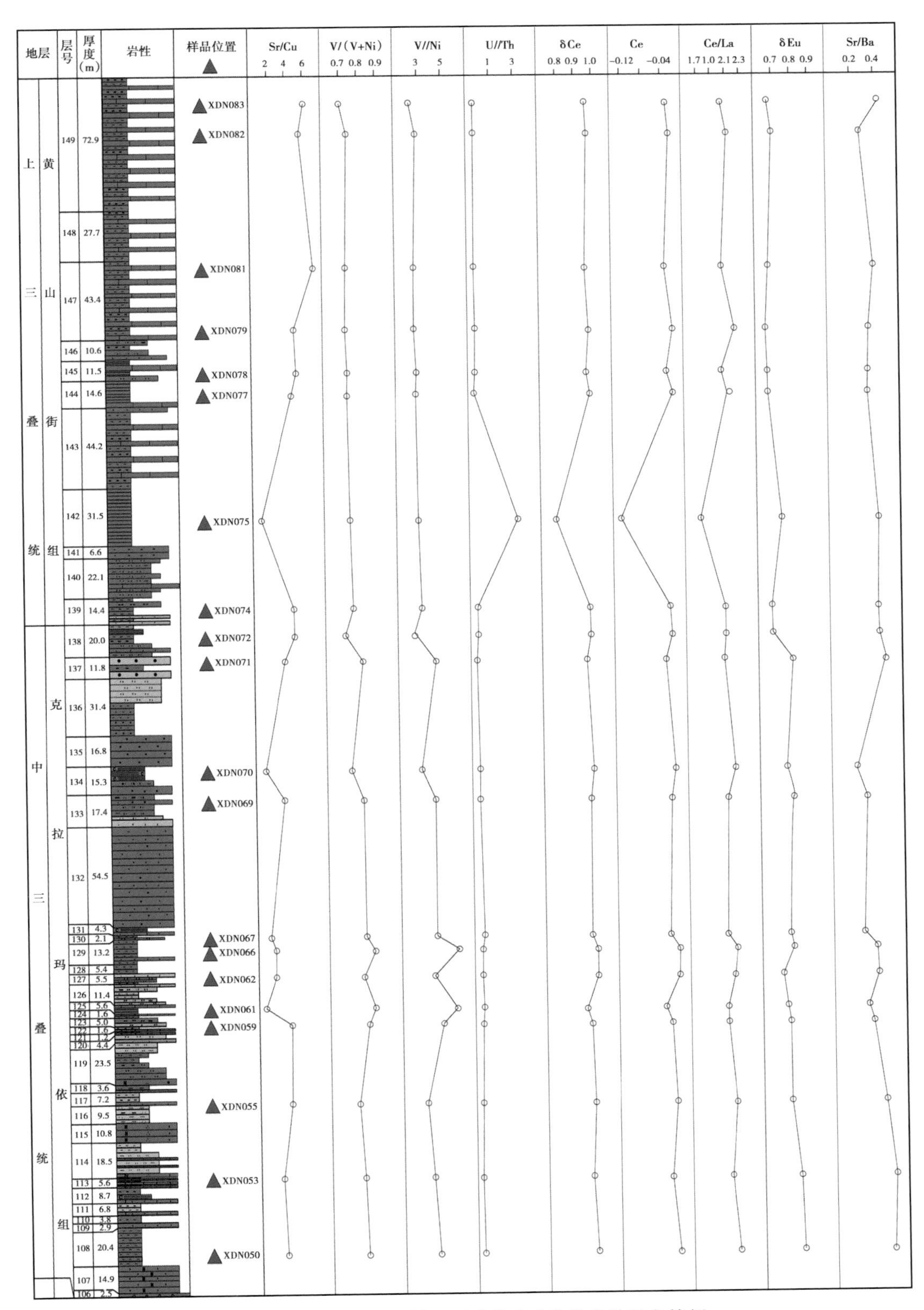

图 7-19　西大龙口剖面泥质岩地球化学参数垂向特征

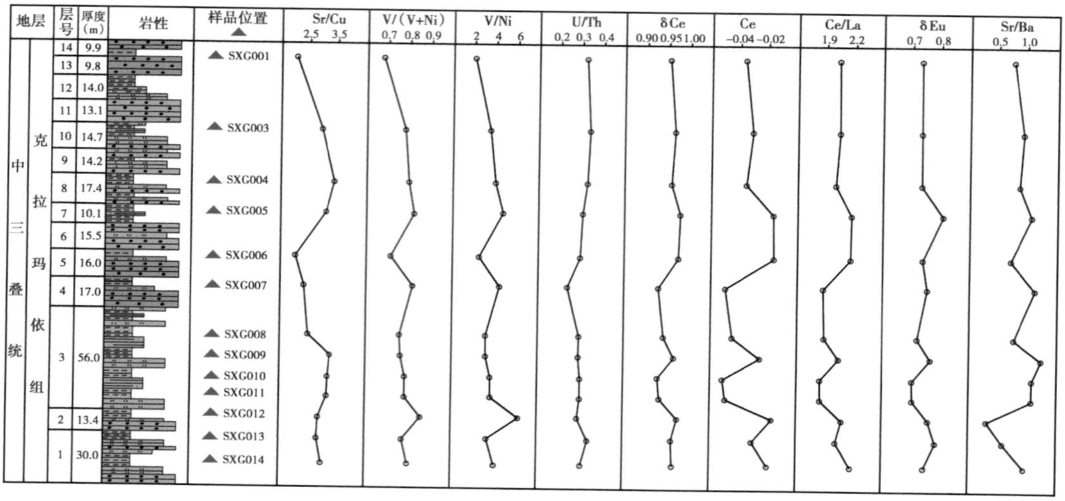

图 7-20 水西沟剖面泥质岩地球化学参数垂向特征

小于 0.75（图 7-19 和图 7-20），显示吉木萨尔地区为氧化环境。然而用 U/Th 值的判别结果和前文用 V/(V+Ni) 值和 V/Ni 值的分析结果有较大差别。但是考虑到研究区样品长期裸露受到风化作用的影响，可能导致铀（U）元素的流失，因此用 U/Th 值判断克拉玛依组和黄山街组沉积环境的结果有待商榷。

3）Ce 异常、Eu 异常

当沉积水体为氧化环境时，Ce^{3+}常被氧化形成难溶的 CeO_2，沉积物中呈现 Ce 正异常；当为缺氧环境时，水体中 Ce^{3+}浓度增大造成沉积物中 Ce 亏损明显呈负异常，因此 δCe 可作为判断氧化—还原环境的指标。Brumsack（2006）认为 Ce 的异常指数（Ce_{anom}）可用于判别水体的氧化还原条件，当 Ce_{anom}小于-0.1，指示氧化环境；当 Ce_{anom}大于-0.1 时，表示还原环境。δEu 是 Eu 元素的异常系数，研究认为 δEu 可以作为判别水体氧化还原的指标，当 δEu 大于 1.05 为正异常，δEu 小于 0.95 为负异常。

西大龙口剖面克拉玛依组样品经球粒陨石标准化后的 δCe 值在 0.92~0.99 之间，平均值为 0.96；黄山街组的 δCe 值在 0.79~0.98 之间，平均值为 0.95；水西沟剖面克拉玛依组样品的 δCe 值在 0.93~0.98 之间，平均值为 0.96（表 7-4 和表 7-5）；研究区样品的 δCe 值显示整体为弱的负异常，表明克拉玛依组和黄山街组沉积水体为还原环境。西大龙口剖面克拉玛依组样品的 Ce_{anom} 值介于-0.05~-0.02 之间，黄山街组样品的 Ce_{anom} 值介于-0.12~-0.02 之间，水西沟剖面克拉玛依组样品的 Ce_{anom} 值介于-0.05~-0.02 之间，除了 XDN075 样品的 Ce_{anom} 值略小于-0.1 外，其他样品的 Ce_{anom} 值都大于-0.1（表 7-4 和表 7-5），也显示出沉积水体为还原环境。同时所有样品的 δEu 值介于 0.65~0.81 之间，均小于 0.95，表现出明显的负异常，表明克拉玛依组和黄山街组为还原环境。

以上稀土元素参数分析与前文中通过 V/(V+Ni) 比值得出的结果一致。白顺良等（1994）研究认为 Ce/La 值也可以作为 Ce 的异常值，大于 2.0 时表示厌氧环境，当 Ce/La 小于 1.5 时表示富氧的环境，在 1.5~1.8 之间时表示贫氧环境。研究区所有样品的 Ce/La 值在 1.72~2.21 之间，所有样品的 Ce/La 值都大于 1.5，也同样反映了研究区的沉积水体为贫氧的特点。

表 7-4　西大龙口剖面泥岩稀土元素含量

样品编号	层位	ΣREE	ΣLREE	ΣHREE	ΣLREE/ΣHREE	La_N/Yb_N	La_N/Sm_N	δCe	Ce_{anom}	δEu	La/Yb	Ce/La
XDN050	T_2k	165.05	142.03	23.02	6.17	6.41	2.37	0.97	-0.03	0.81	9.51	2.15
XDN053	T_2k	151.46	129.86	21.60	6.01	5.96	2.62	0.95	-0.04	0.80	8.84	2.05
XDN055	T_2k	190.01	165.24	24.77	6.67	6.86	2.64	0.97	-0.03	0.76	10.18	2.12
XDN059	T_2k	154.29	135.86	18.43	7.37	6.67	3.25	0.95	-0.04	0.75	9.90	2.02
XDN061	T_2k	161.00	137.58	23.42	5.87	5.60	2.60	0.92	-0.05	0.73	8.31	2.02
XDN062	T_2k	173.53	149.85	23.68	6.33	6.01	2.87	0.99	-0.02	0.72	8.92	2.13
XDN066	T_2k	236.53	211.25	25.28	8.36	9.22	2.81	0.99	-0.02	0.77	13.67	2.15
XDN067	T_2k	181.30	160.68	20.63	7.79	7.64	2.98	0.96	-0.04	0.76	11.33	2.03
XDN069	T_2k	141.22	123.62	17.61	7.02	5.84	3.13	0.96	-0.03	0.79	8.66	2.05
XDN070	T_2k	164.44	142.00	22.44	6.33	5.75	2.51	0.98	-0.02	0.75	8.53	2.17
XDN071	T_2k	150.26	130.15	20.11	6.47	6.14	2.89	0.95	-0.04	0.79	9.11	2.02
XDN072	T_2k	163.60	143.66	19.94	7.20	6.84	3.25	0.97	-0.03	0.68	10.14	2.05
XDN074	T_3hs	169.62	148.95	20.68	7.20	6.87	3.24	0.97	-0.03	0.67	10.19	2.04
XDN075	T_3hs	134.59	111.60	23.00	4.85	4.66	2.35	0.79	-0.12	0.73	6.91	1.72
XDN077	T_3hs	176.67	155.41	21.27	7.31	7.30	2.98	0.98	-0.02	0.66	10.83	2.12
XDN078	T_3hs	155.79	137.39	18.40	7.47	7.39	3.35	0.96	-0.03	0.67	10.96	2.03
XDN079	T_3hs	212.36	183.79	28.57	6.43	6.89	2.32	0.97	-0.02	0.65	10.22	2.21
XDN081	T_3hs	169.15	148.03	21.12	7.01	6.99	3.08	0.96	-0.03	0.68	10.36	2.04
XDN082	T_3hs	224.81	195.72	29.09	6.73	7.42	2.85	0.97	-0.02	0.70	11.01	2.12
XDN083	T_3hs	161.11	142.37	18.74	7.60	7.42	3.32	0.96	-0.03	0.67	11.01	2.04

注：La_N/Yb_N、La_N/Sm_N 为元素球粒陨石标准化值的比值；$\delta Ce=2 \cdot Ce_N/(La_N+Pr_N)$，$Ce_N$、$La_N$、$Pr_N$ 为元素球粒陨石标准化值；$Ce_{anom}=\lg[3Ce_N/(2La_N+Nd_N)]$，$\delta Eu=2 \cdot Eu_N/(Sm_N+Gd_N)$，$Eu_N$、$Sm_N$、$Gd_N$ 为元素球粒陨石标准化值。

表 7-5　水西沟剖面泥岩稀土元素含量

样品编号	层位	ΣREE	ΣLREE	ΣHREE	ΣLREE/ΣHREE	La_N/Yb_N	La_N/Sm_N	δCe	Ce_{anom}	δEu	La/Yb	Ce/La
SXG001	T_2k	156.86	135.83	21.02	6.46	5.98	3.10	0.95	-0.04	0.74	8.87	2.04
SXG003	T_2k	152.84	133.79	19.05	7.02	6.22	3.30	0.97	-0.03	0.73	9.22	2.04
SXG004	T_2k	148.85	130.83	18.02	7.26	6.52	3.56	0.96	-0.04	0.74	9.67	2.00
SXG005	T_2k	142.15	123.34	18.81	6.56	5.96	2.65	0.98	-0.02	0.81	8.84	2.16
SXG006	T_2k	138.09	119.55	18.54	6.45	5.55	2.68	0.97	-0.02	0.74	8.23	2.16
SXG007	T_2k	120.27	104.10	16.18	6.44	5.88	3.84	0.93	-0.05	0.76	8.72	1.88
SXG008	T_2k	110.56	95.20	15.36	6.20	5.44	4.03	0.94	-0.04	0.72	8.07	1.89
SXG009	T_2k	130.97	112.69	18.27	6.17	5.50	3.32	0.97	-0.02	0.77	8.16	2.04
SXG010	T_2k	94.44	80.51	13.93	5.78	4.64	4.33	0.93	-0.05	0.71	6.88	1.85
SXG011	T_2k	95.19	81.12	14.06	5.77	4.65	4.28	0.93	-0.05	0.71	6.90	1.85
SXG012	T_2k	121.56	107.61	13.95	7.71	6.21	3.73	0.97	-0.02	0.76	9.22	2.08
SXG013	T_2k	108.41	92.04	16.37	5.62	4.61	3.23	0.96	-0.03	0.79	6.84	2.02
SXG014	T_2k	171.52	149.16	22.36	6.67	6.10	2.58	0.96	-0.02	0.75	9.04	2.17

注：La_N/Yb_N、La_N/Sm_N 为元素球粒陨石标准化值的比值；$\delta Ce=2 \cdot Ce_N/(La_N+Pr_N)$，$Ce_N$、$La_N$、$Pr_N$ 为元素球粒陨石标准化值；$Ce_{anom}=\lg[3Ce_N/(2La_N+Nd_N)]$，$\delta Eu=2 \cdot Eu_N/(Sm_N+Gd_N)$，$Eu_N$、$Sm_N$、$Gd_N$ 为元素球粒陨石标准化值。

3. 古盐度

锶（Sr）和钡（Ba）在自然界的化学性质非常相似，但 Sr 的迁移能力要强于 Ba。在盐度不断增加时，Ba 首先以 $BaSO_4$ 的形式沉淀出来，当湖水继续咸化到一定程度才会形成 $SrSO_4$沉淀，因此 Sr/Ba 值可以作为淡水和咸水的判别标志。过去有学者用 Sr/Ba 值区分海相（>1）或陆相沉积（<1）。根据中国学者对陆相沉积研究认为 Sr/Ba 值用于判别古盐度的效果较好，在没有海水入侵的湖泊环境中，Sr/Ba 大于 1 时表示为咸化沉积环境，Sr/Ba 小于 0.5 为微咸水沉积环境，介于两者之间表示半咸水沉积环境。

从表 7-2 和表 7-3 看出，西大龙口地区克拉玛依组样品的 Sr/Ba 值介于 0.21～0.49 之间，平均值为 0.36，为微咸水沉积环境；黄山街组的 Sr/Ba 值在 0.28～0.43 之间，平均值为 0.36，同样显示黄山街组为微咸水沉积环境。水西沟地区克拉玛依组样品的 Sr/Ba 值在 0.21～0.81 之间，平均值为 0.58，相比西大龙口地区，水西沟地区绝大部分样品 Sr/Ba 值大于 0.5（图 7-19 和图 7-20），显示为半咸水的沉积环境，可能是由于水西沟地区水体处于相对封闭的环境，更容易形成 $SrSO_4$ 沉淀，致使水西沟地区克拉玛依组的样品中有相对较高的 Sr/Ba 值。综合分析认为，吉木萨尔地区克拉玛依组和黄山街组为微咸水—半咸水沉积环境。

二、元素地球化学与物源特征

1. 物源区性质特征

沉积盆地物源区岩石成分对确定构造环境具有重要指示意义，通过 La_N/Yb_N—ΣREE、La/Th—Hf、La/Sc—Co/Th 和 Hf-Co-Th 等多种判别图解可以揭示物源区的属性。

La_N/Yb_N—ΣREE 源岩属性判别图解显示克拉玛依组和黄山街组样品集中落在沉积岩钙质泥岩、花岗岩和玄武岩的交会区域（图 7-21a），反映了沉积物源岩为三者的混合物。在 La/Th—Hf 判别图解中，研究区样品分布相对集中（图 7-21b），位于上地壳平均成分附近，所有的样品全部落在长英质物源区域，反映研究区是以长英质物源为主。在 La/Sc—Co/Th 图解中，研究区克拉玛依组和黄山街组样品基本集中在长英质火山岩区域（图 7-21c），Co/Th 比值变化范围相对较大，而 La/Sc 的比值变化范围较窄，反映源岩物质成分以长英质岩石为主，而且在 Hf-Co-Th 图解中也显示原始物质主要来源于上地壳（图 7-21d）。

稀土元素、微量元素判别图解因变量的不同实际上有一定的差异，总体分析认为研究区沉积物原始物质来源于上地壳，源区物质成分以长英质岩石为主，同时吉木萨尔地区克拉玛依组和黄山街组的物源主要来自博格达山，这与野外地质调查反映的信息是相符合。杨颖等（2013）采用重矿物组合、砾石成分等多种方法对准噶尔盆地东南缘地区的物源特征进行了分析，认为研究区母岩成分为中酸性岩浆岩，主要物源区来自博格达山，同时也反映了近源供给的特点，这与本次用稀土元素和微量元素研究的结果是一致的。

2. 物源区构造背景

陆源碎屑岩中的 La、Th、Sc、Zr 等元素由于在沉积作用过程中活动性较低，其质量分数变化与构造背景之间存在着内在的必然联系。通过对碎屑岩化学成分的分析，其质量分数可以反映物源区的大地构造背景及其构造演化等特征。

本次研究采用 Bhatia 等建立的 w（Zr）—w（Th）、La-Th-Sc 和 Th-Sc-Zr/10 构造环境的判别图解进行投图，通过运用多种图解进行判断，相互约束得出较为准确的构造背景。由图 7-22 可以看出，研究区泥岩样品的投点分布范围较为集中，反映出研究区没有强烈构造

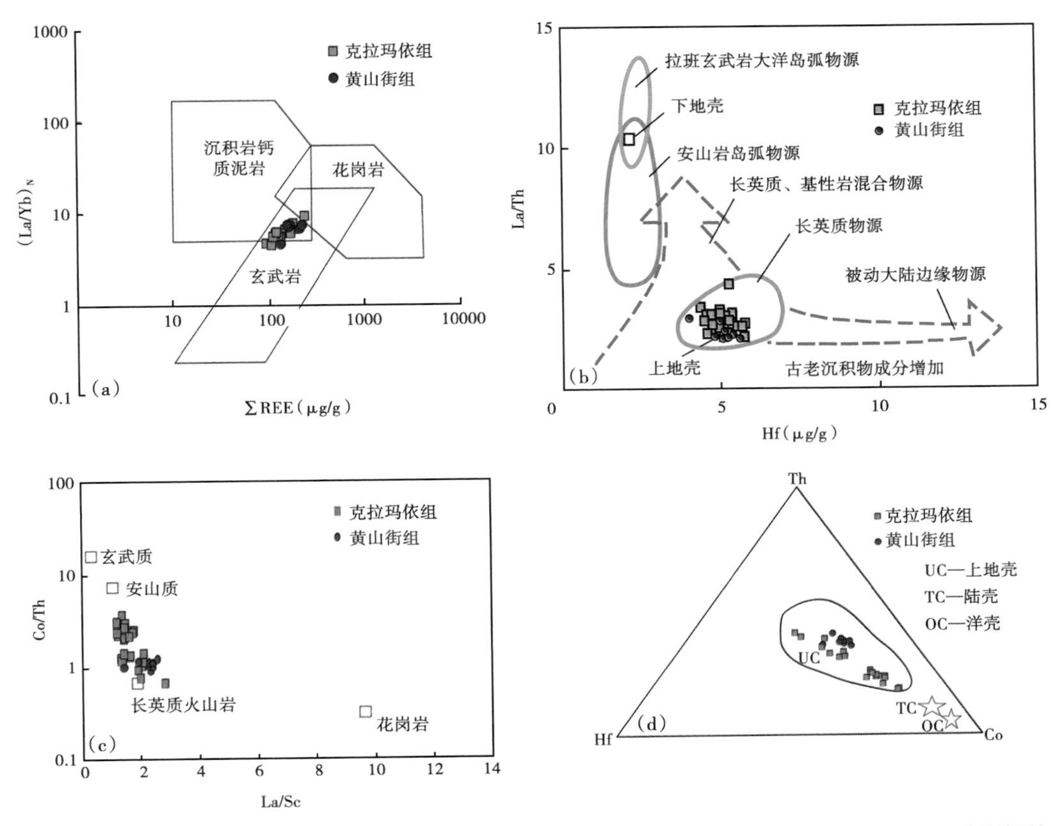

图 7-21 大龙口地区泥岩样品 La_N/Yb_N—ΣREE、La/Th—Hf、La/Sc—Co/Th 和 Hf-Co-Th 判别图解

变形的构造背景。在 w（Zr）—w（Th）图解样品投点较为集中（图 7-22a），全部投在大陆岛弧区域内，反映出为大陆岛弧的构造背景。La-Th-Sc 图解也集中反映出大陆岛弧的构造背景（图 7-22b）；Th-Sc-Zr/10 图解中除了黄山街组的几个样品处在大陆岛弧的区域，其他所有的样品集中落在了大陆岛弧和大洋岛弧的混合区域（图 7-22c），也反映研究区为大陆岛弧和大洋岛弧的构造背景，主要以大陆岛弧的构造背景为主。以上判别图解反映出，中—上三叠统的沉积物主要来源于大陆岛弧构造背景的源区，而中—晚三叠世盆地主要形成于缓慢沉降和没有强烈构造变动的大地构造背景之中。

三、有机地球化学特征

1. 类异戊二烯烃系列

Pr/Ph（姥鲛烷/植烷）值常用来作为古沉积氧化还原条件及介质的指标。研究认为姥鲛烷和植烷来源于叶绿素的植醇，两者可以在不同的氧化还原环境下经过一系列的生物化学作用进行相互转化。Peter 等（1993）通过对生油窗的样品研究认为当 Pr/Ph 值不小于 3.0 指示陆源有机质输入，表明样品在沉积前或是在沉积时期受到氧化作用的影响；当该值不大于 0.6 时指示还原环境（通常是超盐环境）；当介于其间（0.8~2.5）应该结合其他资料来判断。也有学者认为 Pr/Ph 值小于 1 时反映还原环境，反之为氧化环境，因此，利用 Pr/Ph 值判别沉积环境可能受来源不同以及成岩作用的影响。梅博文等（1980）依据中国大量研

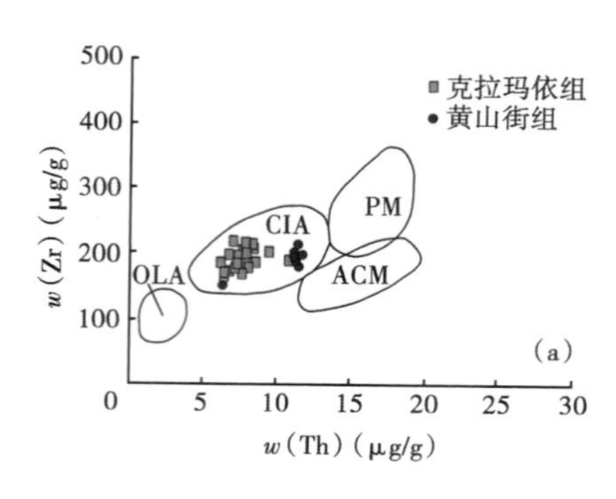

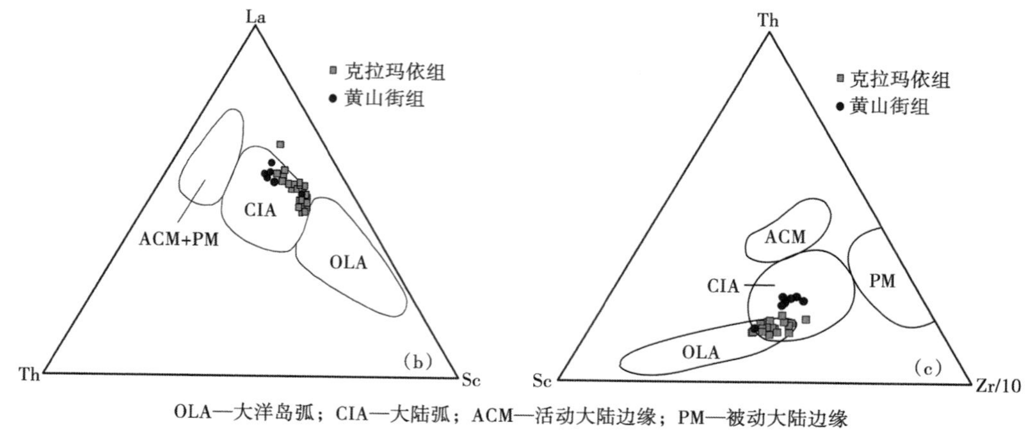

OLA—大洋岛弧；CIA—大陆弧；ACM—活动大陆边缘；PM—被动大陆边缘

图 7-22　大龙口地区泥岩样品 w（Zr）—w（Th）、La-Th-Sc 和 Th-Sc-Zr/10 判别图解

究资料划分出了不同地球化学环境 Pr/Ph 值的变化范围（表 7-6）。同时研究认为 Pr/nC_{17} 和 Ph/nC_{18} 也可以用于分析沉积水体的氧化还原条件和干酪根类型。

表 7-6　不同沉积环境 Pr/Ph 值变化表（据梅博文，1980）

沉积相	烃源岩系	原始有机质类型	氧化—还原条件	Pr/Ph
咸水深湖相	膏岩、石灰岩、泥灰岩、黑色泥岩层	腐泥腐殖型或腐殖腐泥型	强还原	<0.8
淡水—微咸水深湖相	大套富含有机质的黑色泥岩类、油页岩	腐泥型或腐殖腐泥型	还原	0.8~2.8
淡水湖沼相	煤层、油页岩、黑色页岩交替相变	腐泥腐殖型或腐殖型	弱氧化—弱还原	2.8~4.0

研究区克拉玛依组样品的 Pr/Ph 值在 0.43~4.76 之间，平均值为 1.45，黄山街组样品的 Pr/Ph 值为 0.72~3.05，平均值为 1.47（表 7-7）。其中有 86%的样品 Pr/Ph 值小于 2.8，根据梅博文（1980）的划分标准，以上数据表明克拉玛依组和黄山街组以弱还原—还原的微咸水环境为主，具有较好的保存条件，这与前文中用元素地球化学进行分析的结果较为一致。根据研究区克拉玛依组和黄山街组样品的 Pr/nC_{17} 和 Ph/nC_{18} 相关图（图 7-23）和表 7-7 可以看得出，克拉玛依组样品的 Pr/nC_{17} 在 0.30~1.25 之间，平均值为 0.67，Ph/nC_{18} 在 0.14~1.11 之间，平均值为 0.55；黄山街组样品的 Pr/nC_{17} 在 0.47~1.23 之间，平均值为

0.69，Ph/nC_{18}在0.55~2.82之间，平均值为1.04；指示研究区克拉玛依组和黄山街组处于相对还原的沉积环境，有机质以Ⅱ和Ⅲ型为主。

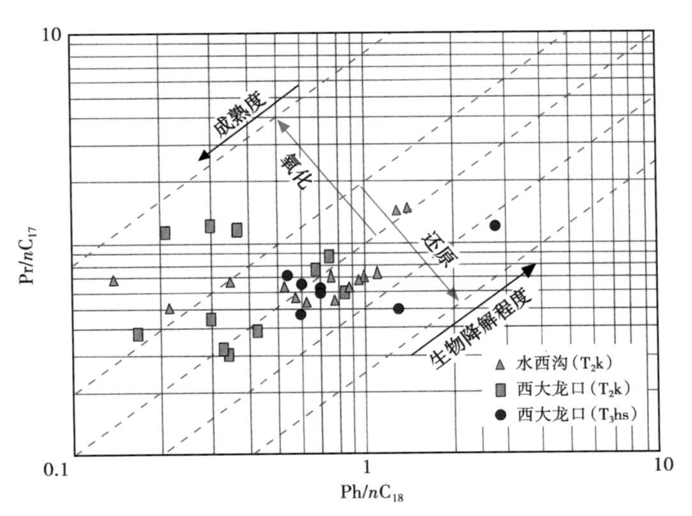

图7-23 大龙口地区岩石样品Ph/nC_{18}和Pr/nC_{17}相关图

表7-7 大龙口地区岩石样品正构烷烃参数表

样编品号	层位	岩性	Pr/Ph	Pr/nC_{17}	Ph/nC_{18}	GI	样品编号	层位	岩性	Pr/Ph	Pr/nC_{17}	Ph/nC_{18}	GI
XDN050	T_2k	泥岩	0.80	0.39	0.43	0.15	XDN079	T_3hs	泥岩	1.35	0.72	0.55	0.05
XDN055	T_2k	粉砂质泥岩	1.18	0.89	0.76	0.11	XDN082	T_3hs	泥岩	0.97	0.60	0.71	0.08
XDN059	T_2k	泥岩	0.81	0.77	0.68	0.10	XDN083	T_3hs	泥岩	2.23	1.23	2.82	0.07
XDN061	T_2k	页岩	2.05	0.38	0.17	0.09	SXG001	T_2k	泥岩	4.59	0.70	0.14	0.03
XDN062	T_2k	泥岩	2.42	1.20	0.37	0.13	SXG003	T_2k	泥岩	1.12	0.65	0.54	0.03
XDN066	T_2k	泥岩	0.43	0.60	0.86	0.10	SXG004	T_2k	泥岩	1.51	0.68	0.35	0.04
XDN067	T_2k	泥岩	4.76	1.16	0.21	0.04	SXG005	T_2k	泥岩	0.92	0.57	0.58	0.06
XDN069	T_2k	粉砂质泥岩	0.72	0.30	0.34	0.09	SXG006	T_2k	泥岩	1.76	0.51	0.22	0.21
XDN070	T_2k	碳质页岩	3.66	1.25	0.30	0.10	SXG008	T_2k	泥岩	0.61	0.64	0.89	0.24
XDN071	T_2k	粉砂质泥岩	0.99	0.32	0.33	0.13	SXG009	T_2k	泥岩	0.71	0.71	0.99	0.18
XDN072	T_2k	泥岩	1.23	0.45	0.30	0.05	SXG010	T_2k	泥岩	0.67	0.75	1.11	0.21
XDN074	T_3hs	泥岩	0.72	0.47	0.61	0.07	SXG011	T_2k	泥岩	0.68	0.55	0.79	0.11
XDN075	T_3hs	页岩	3.05	0.50	1.31	0.04	SXG012	T_2k	泥岩	0.65	0.54	0.64	0.21
XDN077	T_3hs	页岩	0.85	0.62	0.72	0.05	SXG013	T_2k	泥岩	0.47	0.72	0.77	0.18
XDN078	T_3hs	页岩	1.09	0.66	0.61	0.06	SXG014	T_2k	泥岩	0.70	0.70	0.96	0.08

在Pr/Ph值与总有机碳含量（TOC）的相关性图（图7-24）中，XDN067和SXG001样品的Pr/Ph值较高，$\delta^{13}C$值均小于-28‰，显示为前三角洲沉积环境，以低等水生生物为主要来源。而其他样品的Pr/Ph值与总有机碳含量（TOC）之间具有一定的正相关性，Pr/Ph值较高的样品，显示沉积环境为湖沼相，发育有丰富的高等植物，样品的TOC值较高；随着沉积水体深度增加，Pr/Ph较低，而高等植物来源较少，水生生物不发育，导致样品的

TOC 值较低，这也说明了黄山街组的 TOC 值低于克拉玛依组，同时也与在露头地区的黄山街组中几乎没有发现水生生物化石相符合。

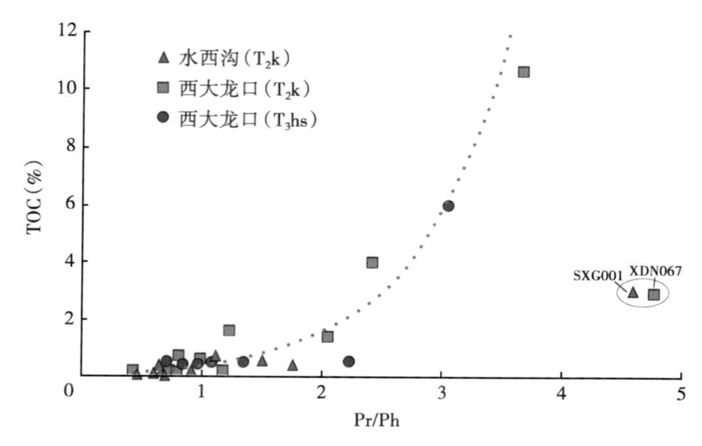

图 7-24　大龙口地区岩石样品总有机碳含量与 Pr/Ph 关系

2. 萜类化合物系列

Haven 等（1989）认为伽马蜡烷是来源于四膜虫醇（伽马蜡-3β-醇）的五环三萜烷。较高含量的伽马蜡烷常用来指示海相或非海相高密度环境。在咸水、半咸水湖盆环境沉积物中伽马蜡烷含量通常较高，而淡水湖盆环境沉积物中伽马蜡烷含量通常较低，甚至没有伽马蜡烷分布。有学者认为在咸水环境下的沉积物抽提物中伽马蜡烷峰高可以达到 C_{30} 藿烷峰高的 1/2 以上（王锐良等，1989）。研究区克拉玛依组和黄山街组样品抽提物中伽马蜡烷的含量不高，远远低于 C_{30} 藿烷（图 7-25）。克拉玛依组和黄山街组样品伽马蜡烷/C_{30} 藿烷值（GI）较低，分别介于 0.03~0.14 与 0.04~0.18 之间（表 7-7），反映吉木萨尔地区的沉积水体为淡水—微咸水环境。

研究认为较咸水沉积环境形成的有机质中三环萜烷系列的相对丰度较高，而且碳数分布较宽（C_{18}~C_{31}），以 C_{21} 和 C_{23} 为主峰碳；以陆源物质为主要输入母质类型的淡水—微咸水环境形成的有机质中三环二萜烷相对丰度一般低于藿烷，在 C_{25} 以后出现各对峰的相对丰度明显降低。

从图 7-25 可以看出，克拉玛依组和黄山街组样品的三环萜烷的相对丰度不高，碳数分布在 C_{19}~C_{29} 之间，但是在 C_{25} 以后各对峰的相对丰度有明显降低，三环萜烷的整体相对含量明显低于藿烷。三环萜烷的分布特征表明克拉玛依组和黄山街组是以高等植物等陆源物质为主要输入母质类型的淡水—微咸水沉积环境。

小结

根据 Sr/Cu 值的研究结果，表明研究区在中—晚三叠世的气候由潮湿至干旱的转变，从克拉玛依组沉积时期至黄山街组沉积早期为温暖潮湿的气候，高等植物生长非常繁盛；沉积中后期气候逐渐转变为干旱，湖水蒸发严重，水体盐度增加，水生生物较少，形成还原性较强的沉积环境。结合 V/Ni、V/(V+Ni)、U/Th、δCe、δEu 和 Pr/Ph 等地球化学参数特征，反映出吉木萨尔地区克拉玛依组和黄山街组环境为弱还原—还原条件，有利于有机质的保存，同时在野外地质调查的岩性组合特征及颜色也反映了与地球化学特征参数同样的信息。

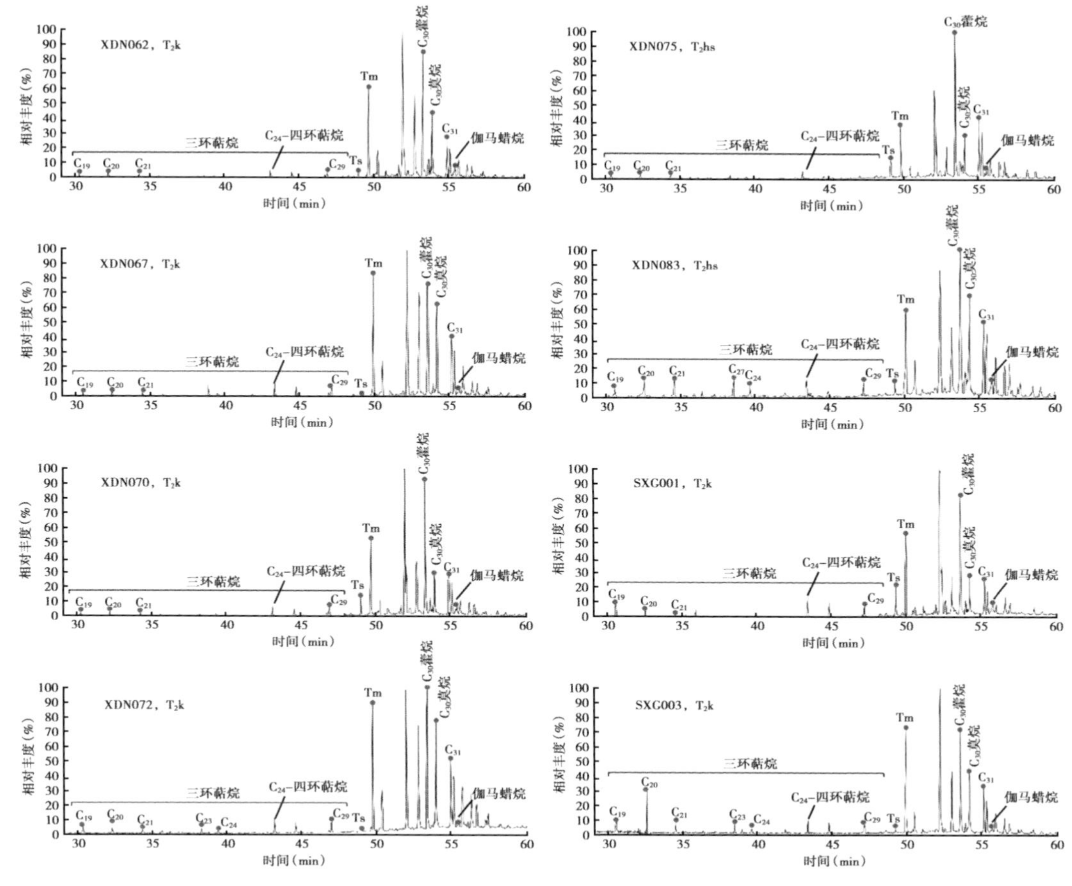

图 7-25　大龙口地区部分岩石样品萜类生物标志化合物分布特征（m/z 191）

通过 Sr/Ba 和萜类等生物标志化合物参数特征，反映出研究区的沉积环境为淡水—微咸水环境。以上微量元素及稀土元素等参数表明研究区沉积物原始物质主要来源于上地壳，物质成分以长英质岩石为主，中—上三叠统的沉积物主要来源于大陆岛弧构造背景的源区，而中—晚三叠世盆地主要形成于缓慢沉降和没有强烈构造变动的大地构造背景之中。

第八章　大龙口地区烃源岩评价与储层特征

西大龙口剖面中二叠系至三叠系共发育3套烃源岩：芦草沟组、克拉玛依组和黄山街组、梧桐沟组—锅底坑组，其中以芦草沟组为优质主力烃源岩。分别从总有机质丰度、干酪根碳同位素、氯仿沥青“A”等进行了综合评价研究（图8-1）。

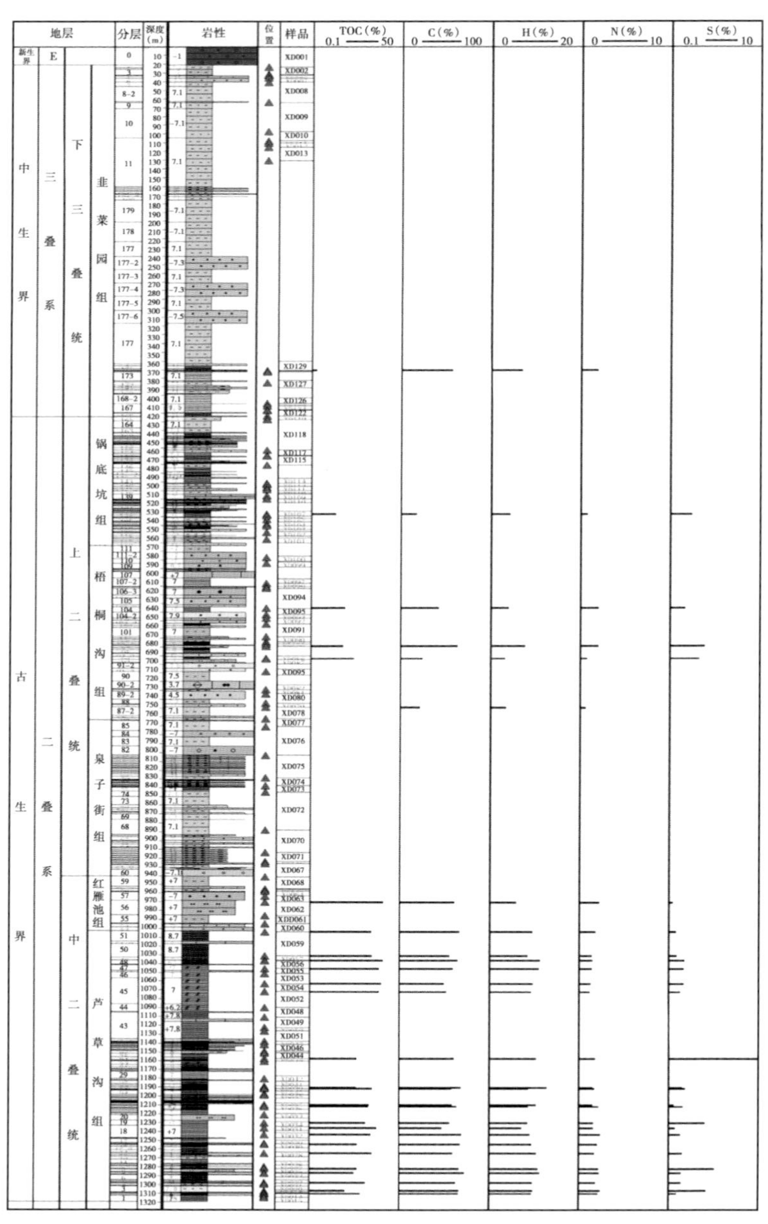

图8-1　大龙口剖面烃源岩地球化学剖面图

第一节 芦草沟组烃源岩评价

芦草沟组烃源岩主要为灰黑色页岩、油页岩、钙质页岩和深灰色生物灰岩（图 8-2）。

图 8-2 中二叠统芦草沟组的烃源岩类型

一、总有机碳丰度

芦草沟组烃源岩的总有机碳（TOC）累计分析了 28 件样品，介于 1.16%~16.0%之间，平均 6.72%（图 8-3），属于好烃源岩。其中主要介于 2%~8%之间，占总样品的 71%。

有部分样品总有机碳高达 16%，为极好烃源岩，其中红雁池组一个样品的总有机碳为 15.8%。说明中二叠统芦草沟组—红雁池组含有丰富的生油物质。

二、干酪根碳同位素

芦草沟组干酪根碳同位素介于-21.7‰~31.6‰之间（图 8-4），平均-27.9‰，如果以-28‰作为高等生源和低等生源的分界，则低等生源占 43%，接近生源一半，说明芦草沟组中藻类等低等生物丰富。

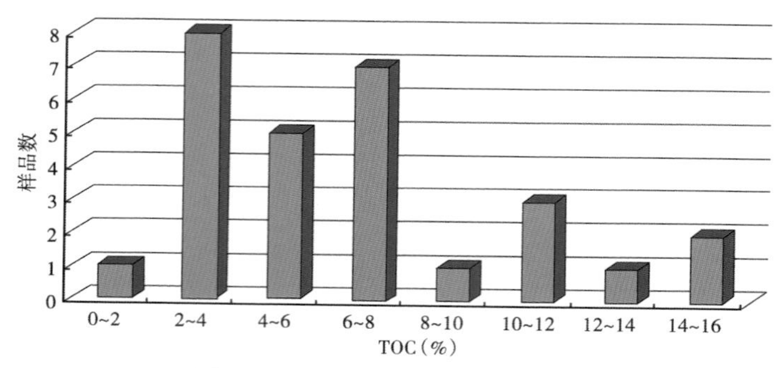

图 8-3　芦草沟组 TOC 含量直方图

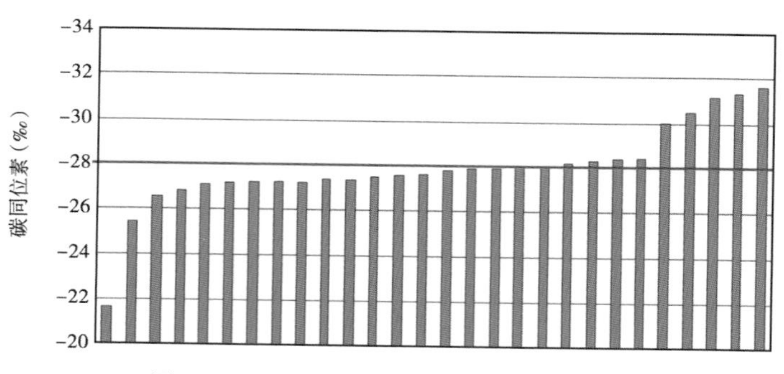

图 8-4　芦草沟组干酪根碳同位素分布图

从纵向上看（图 8-5），下段总有机碳相对较低，但碳同位素无太大变化，表明有机质数量略低，但有机质类型并无大的变化。

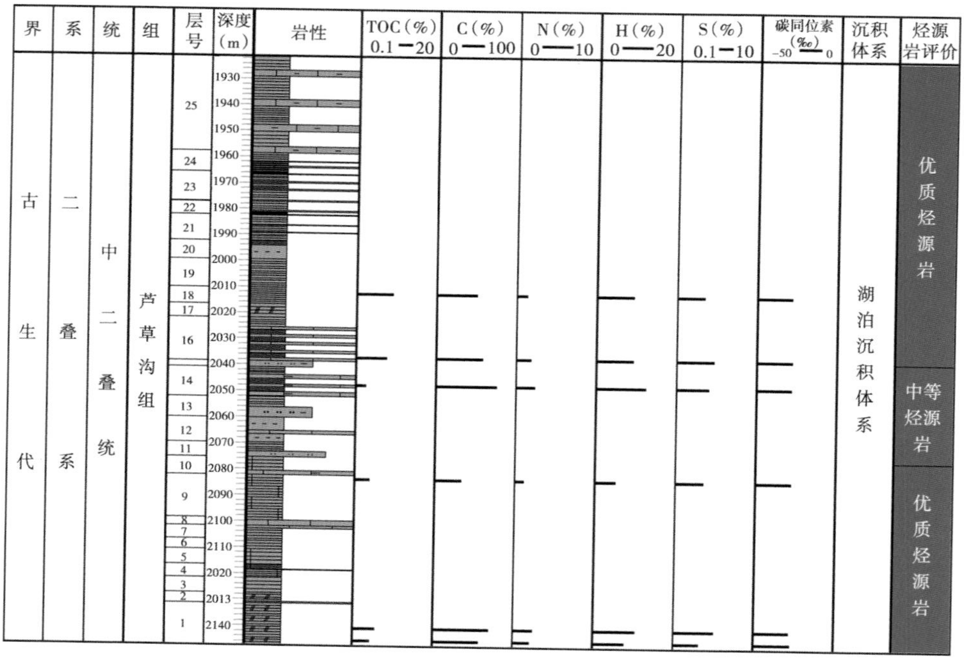

界
系
统
组
层号
深度(m)
岩性
TOC(%) 0.1—20
C(%) 0—100
N(%) 0—10
H(%) 0—20
S(%) 0.1—10
碳同位素(‰) -50—0
沉积体系
烃源岩评价
古生代
二叠系
中二叠统
芦草沟组
25
24
23
22
21
20
19
18
17
16
14
13
12
11
10
9
8
7
6
5
4
3
2
1
1930
1940
1950
1960
1970
1980
1990
2000
2010
2020
2030
2040
2050
2060
2070
2080
2090
2100
2110
2020
2013
2140
湖泊沉积体系
优质烃源岩
中等烃源岩
优质烃源岩

(a)背斜北剖面

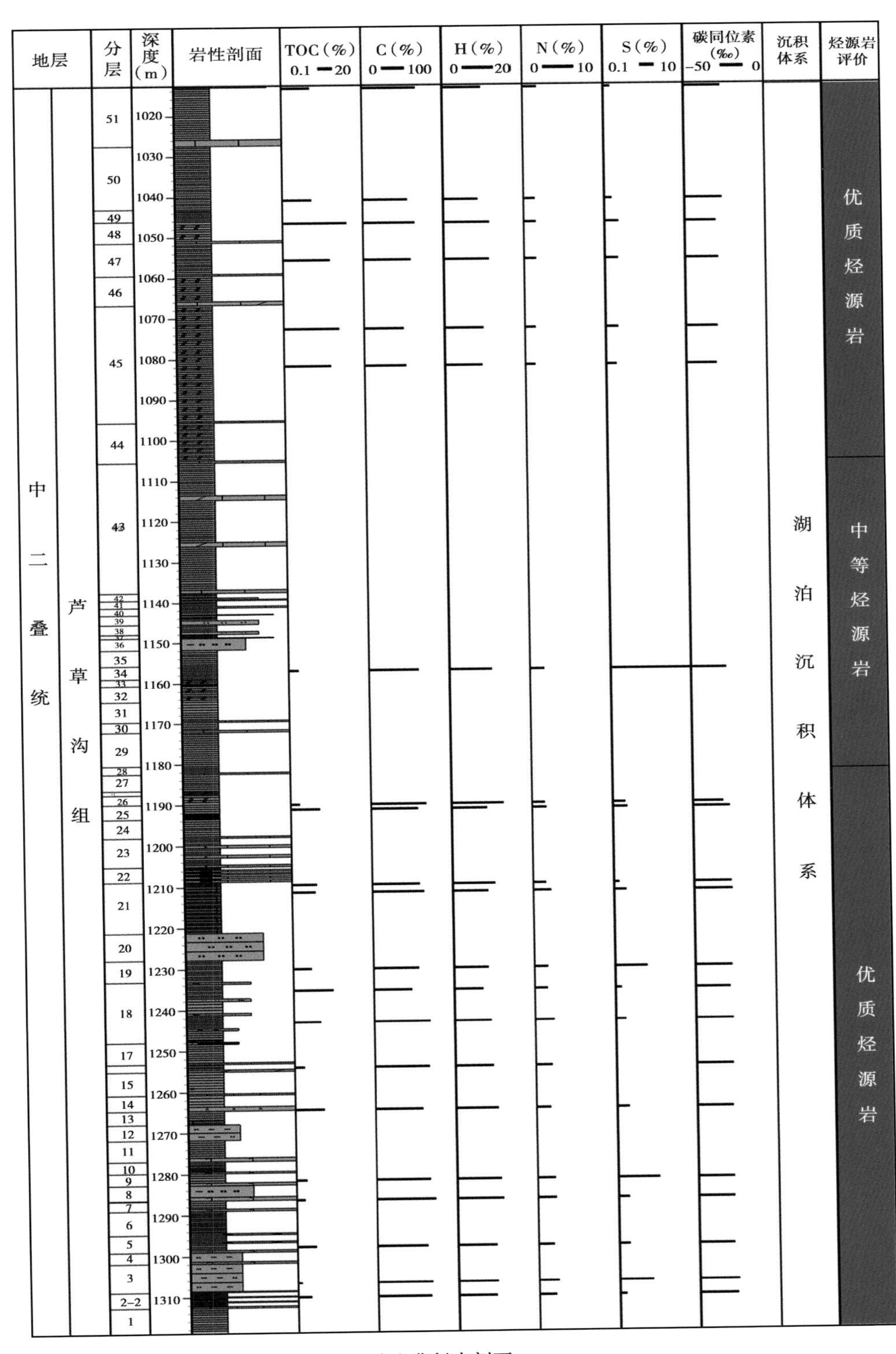

(b)背斜南剖面

图 8-5 芦草沟组烃源岩纵向分布特征

从总有机碳与碳同位素关系看（图 8-6），除了红雁池组一个点的总有机碳很高，而碳同位素偏重以外，芦草沟组的总有机碳与碳同位素呈正相关关系，表明有机质类型越好，有机质丰度越高，这也与芦草沟组生源以低等生物为主一致。

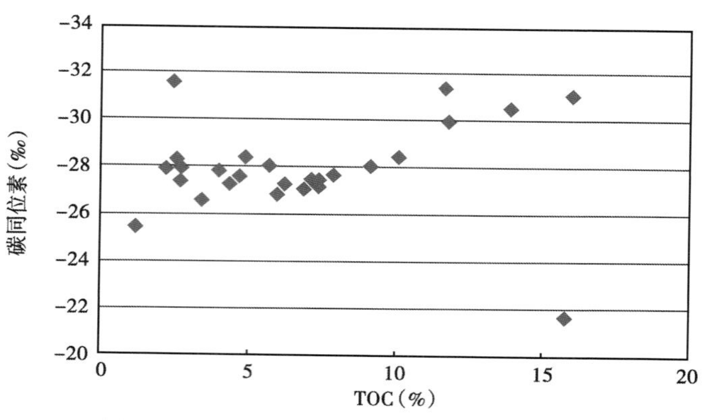

图 8-6 芦草沟组 TOC 含量与碳同位素关系图

三、氯仿沥青“A”

氯仿沥青“A”介于 0. 0180% ~ 1. 3356%之间，平均 0. 3592%（图 8-7）。其中小于 0. 4%占了绝大多数，约为 26 件总样品数的 71%，氯仿沥青“A”明显偏低，这主要与样品为地表样品，氯仿沥青“A”因风化易被淋滤所致。

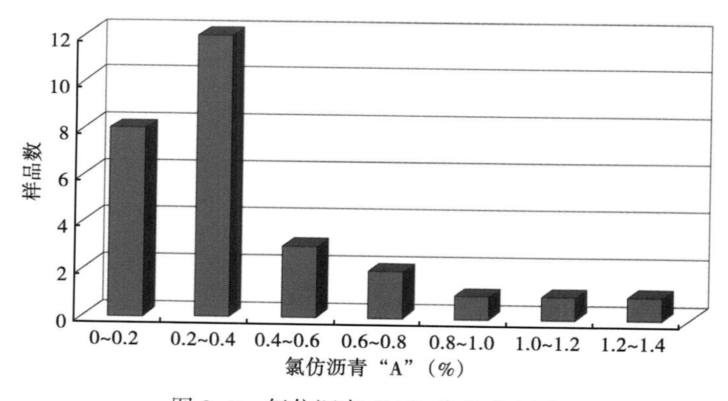

图 8-7 氯仿沥青“A”分布直方图

第二节 克拉玛依组与黄山街组烃源岩评价

在西大龙口剖面，克拉玛依组和黄山街组是另一套可能的烃源岩，其岩性克拉玛依组主要为滨浅湖的泥岩，黄山街组主要为深湖相的页岩。

一、总有机碳丰度

克拉玛依组和黄山街组的总有机碳（TOC）平均分析了 17 件样品，总有机碳介于 0. 15% ~ 10. 7%之间，平均 1. 87%（图 8-8），也属于较好的烃源岩。

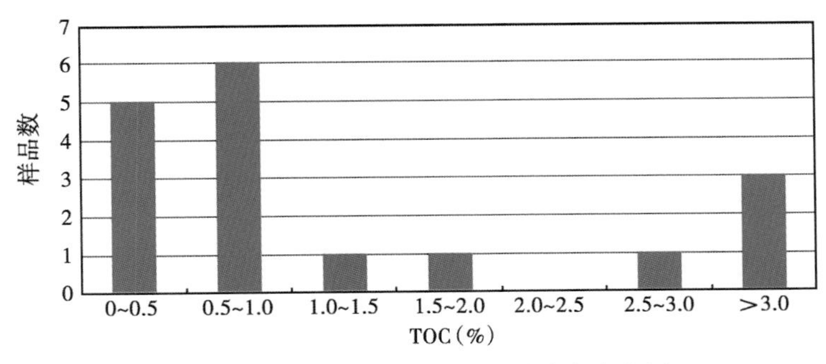

图 8-8 中—上三叠统总有机碳分布直方图

在西大龙口剖面以东的水西沟剖面，克拉玛依组分析了 13 件样品，其总有机碳丰度介于 0.07%~2.97%之间，平均 0.50%（图 8-9），其中绝大部分样品均小于 1.0%，只有一个样品总有机碳较高，说明只有部分样品可以成为烃源岩。

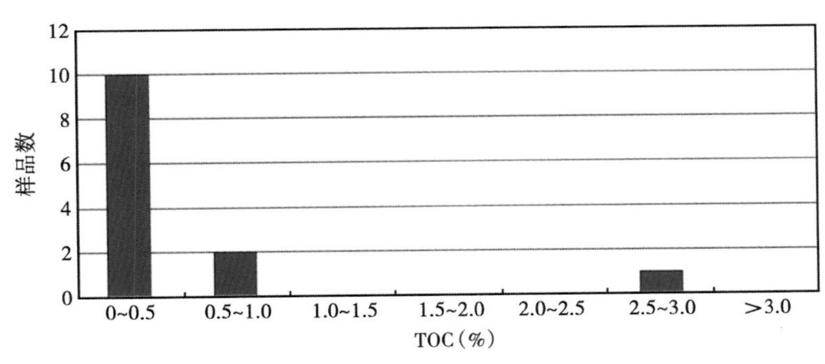

图 8-9 水西沟剖面克拉玛依组总有机碳分布直方图

二、干酪根碳同位素

克拉玛依组和黄山街组的有机质干酪根碳同位素介于-23.7‰~-28.7‰之间，平均-25.7‰（图 8-10）。如果以 28‰为界，大于 28 ‰约为 88%，表明克拉玛依组和黄山街组中，高等植物生源占绝对优势。

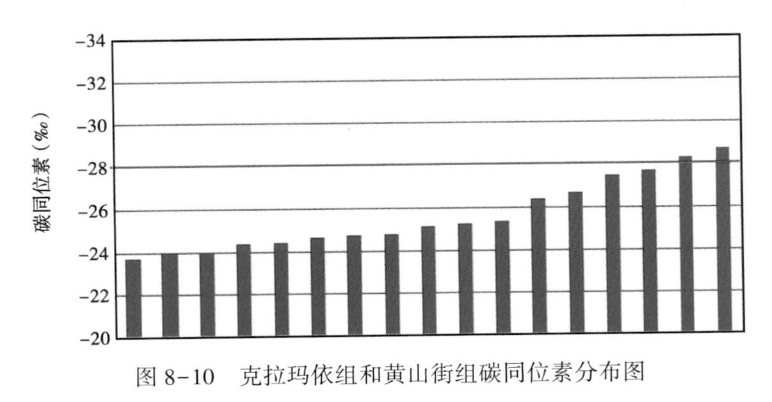

图 8-10 克拉玛依组和黄山街组碳同位素分布图

在西大龙口剖面以东的水西沟剖面的 13 件样品的干酪根碳同位素介于 -24.5‰~28.8‰，其中总有机碳为 2.97% 的样品，碳同位素为 -28.8‰（图 8-11）。而其余样品均小于 28‰，表明高等生物占绝对优势，约为 92%。

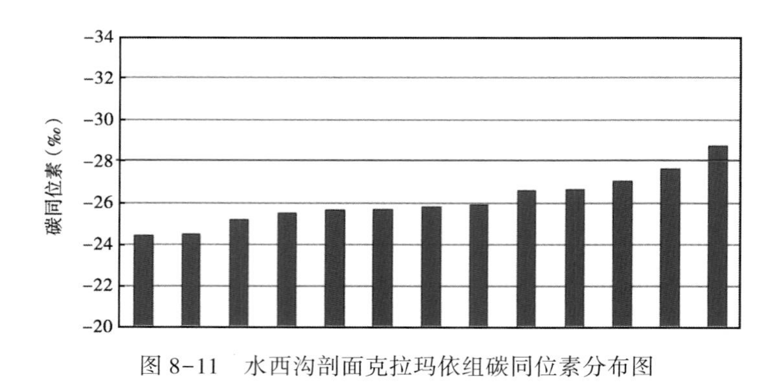

图 8-11　水西沟剖面克拉玛依组碳同位素分布图

第三节　梧桐沟组—锅底坑组烃源岩评价

梧桐沟组—锅底坑组烃源岩主要为前三角洲泥岩和滨浅湖相泥岩。

一、总有机碳丰度

从所分析的 14 件样品来看，其总有机碳含量 0.17%~1.90%之间，平均 0.79%（图 8-12）。虽然大部分样品的有机碳小于 1.0%，但仍有部分样品大于 1.0%，占总样品数的 29%，最高达 1.90%，说明梧桐沟组—锅底坑组有一定的生油潜力。

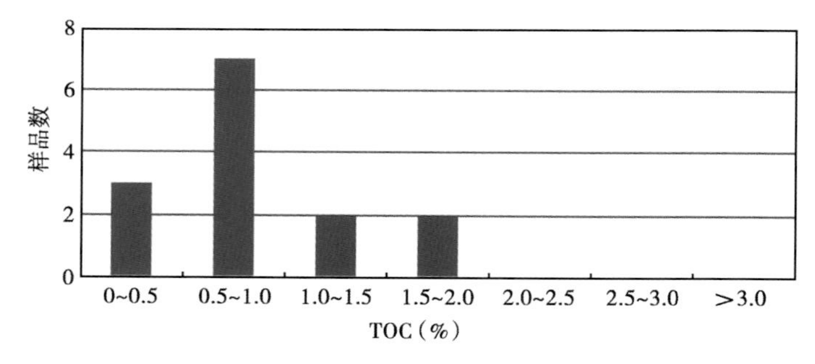

图 8-12　梧桐沟组—锅底坑组有机碳直方图

二、干酪根碳同位素

14 件样品的干酪根碳同位素介于 -21.9‰~27.8‰之间，平均 -23.2‰（图 8-13），所有样品的碳同位素均大于 -28‰，表明梧桐沟组—锅底坑组的生源几乎全部为陆源高等植物来源。这与芦草沟组烃源岩有截然不同。

从碳同位素与总有机碳关系图来看（图 8-14），除了 3 个样品以外，有机碳从 0.17%到 1.90%的范围，碳同位素在 -22‰~-23‰上下变化，非常稳定，这可能是陆生高等植物生源干酪根的特征范围值，而其余 3 个样品碳同位素偏负，其对应的有机碳值约在 0.5%，可能表明这 3 个样品含有一定低等生物生源。

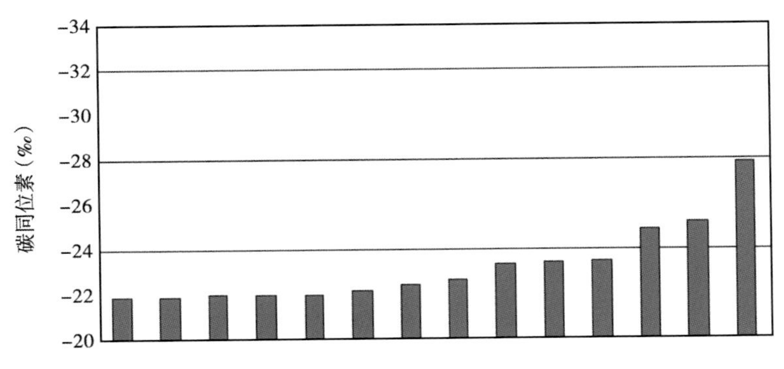

图 8-13　梧桐沟组—锅底坑组干酪根碳同位素分布图

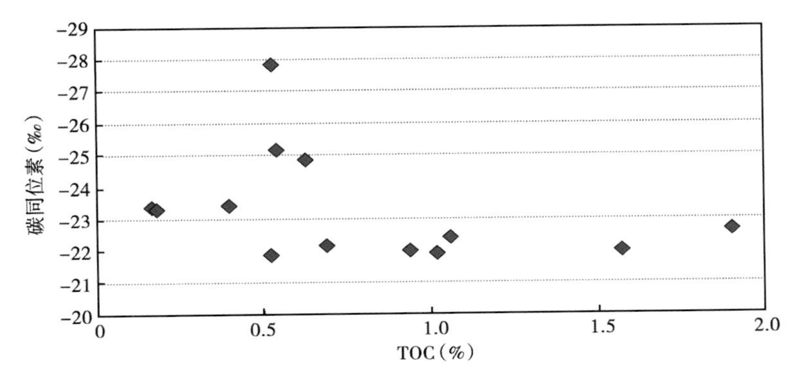

图 8-14　梧桐沟组—锅底坑组碳同位素与总有机碳关系图

综上所述，中二叠统芦草沟组—红雁池组为好烃源岩，有机质丰度高、有机质类型好（表 8-1），上二叠统梧桐沟组—锅底坑组为中等烃源岩，几乎全部为陆源高等植物生源，含少量低等生源。大龙口背斜北冀剖面的克拉玛依组—黄山街组有机质丰度低，绝大部分为为陆地高等植物生源，较少水生低等生源。水西沟剖面的克拉玛依组除一个样品有机质丰度较高外，其余均为非烃源岩，总体生烃潜力差，为非烃源岩。

表 8-1　西大龙口剖面二叠系—三叠系烃源岩综合评价表

层位	数量	碳同位素（‰）		总有机碳（%）		评价
		范围	平均值	范围	平均值	
芦草沟组—红雁池组	28	-21.7～-31.6	-27.9	0.16～16.00	6.72	好烃源岩
克拉玛依组—黄山街组	17	-23.7～-28.7	-25.7	0.15～10.70	1.87	差烃源岩
梧桐沟组—锅底坑组	14	-21.9～-27.8	-23.2	0.17～1.90	0.79	中等烃源岩
克拉玛依组（水西沟）	13	-24.5～-28.8	-26.1	0.07～2.97	0.50	非烃源岩

第四节　储层评价

西大龙口剖面发育三类储层：常规砂岩储层、碳酸盐岩裂缝储层、致密灰岩储层。

一、常规砂岩储层

主要发育在上二叠统梧桐沟组、中三叠统克拉玛依组和上三叠统郝家沟组。这些砂岩储层均为三角洲前缘水下分流河道沉积（图8-15），粒度中等、分选磨圆好，塑性杂基少，属于比较好的储层类型。

图8-15 三角洲前缘砂岩储层

二、碳酸盐岩裂缝储层

西大龙口剖面位于博格达山前断裂与博格达前缘推覆体前锋逆冲断层（阜康—吉木萨尔山前断裂）之间，褶皱、逆冲断层极其发育，构造变形和后期改造强烈，导致岩石尤其是脆性较强岩石裂缝十分发育（图8-16）。

本地区的脆性层主要包括芦草沟组的石灰岩层、凝灰质岩层、钙质页岩层以及砂岩层。部分页岩中也发育裂缝，但因页岩塑性较大，裂缝发生变形或充填而很难成为裂缝储层。

图8-16 芦草沟组石灰岩中裂缝密集发育

三、致密灰岩储层

由于石灰岩颗粒细小，在沉积初期塑性较强，因此在成岩作用早期受压实作用影响较大，使得石灰岩损失孔隙较多而变得比较致密，在成岩作用晚期受压溶作用、胶结作用和新生矿物形成等影响强烈，从而增大了岩石的脆性，因此石灰岩不仅致密而且性脆。

西大龙口剖面中，仅在芦草沟组下段发育较多碳酸盐岩的地层中发现致密灰岩储层。

第五节 油气藏类型

根据野外考察和综合分析认为西大龙口剖面大致发育四类油气藏，即常规砂岩油气藏、裂缝灰岩油气藏、致密灰岩油气藏和页岩油气藏。

一、常规砂岩油气藏

常规砂岩油气藏是指由前述的常规砂岩作为储层并充注油气而形成的油气藏。由于常规砂岩储层主要在上二叠统梧桐沟组、中三叠统克拉玛依组和上三叠统郝家沟组发育，中二叠统芦草沟组为主要烃源岩，因此这类油气藏主要形成下生上储式组合，其盖层为上覆锅底坑组和邻近细粒沉积。

二、裂缝灰岩油气藏

裂缝灰岩油气藏主要是石灰岩中的裂缝作为储集空间聚集油气。石灰岩裂缝储层主要见于芦草沟组。因此这类油气藏为自生自储式，具有优先捕集油气的能力，但油气充注的时间取决于油气生成时间和裂缝形成时间，只能在油气生产和裂缝形成之后，油气才能充注而形成油气藏。

野外调查发现，在芦草沟组石灰岩裂缝中显示大量丰富的黑色沥青（图 8-17）。

图 8-17 芦草沟组石灰岩裂缝中的固体沥青

这些沥青是原油中的轻质部分挥发散失而残留下来的沥青质和胶质部分，因风化干涸而成为固体物，由此说明芦草沟组中的裂缝灰岩储层中确实曾经充注过大量油气，只不过由于出露地表而被破坏了。

三、致密灰岩油气藏

在芦草沟组下段中厚层石灰岩中，本次研究发现在新鲜断面上，有较浓的油味，仍保留有轻质油气，说明这类石灰岩岩性致密，孔隙细小，即使遭受了较长期的风化淋滤和剥蚀作用，其储层中的油气仍然保留至今（图8-18）。由于这类石灰岩粒度细，为泥晶灰岩，既具有生油能力又具有储集能力，属于自生自储式油气藏。

图8-18　芦草沟组中原始油气保存的露头特征

致密灰岩油气藏与裂缝灰岩油气藏在成藏方面有所不同。裂缝灰岩油气藏中的油气至少发生了初次运移，油气主要来源于邻近的页岩油气，而致密灰岩油气藏中的油气根本没有发生过任何运移，由石灰岩生产的油气直接聚集在石灰岩本身的储集孔隙中。

四、页岩油气藏

要形成页岩油气藏，至少必须满足两个条件，一是要有足够连续厚度的页岩，二是要有足够丰度的有机质。大龙口剖面芦草沟组不仅连续厚度大，可达几十米到上百米，而且有机质丰度高，部分层段TOC值大于10%。再则油页岩发育（图8-19），因此芦草沟组完全具有形成页岩油气藏的潜力。

综上所述，西大龙口剖面的野外调查可以发现，吉木萨尔凹陷南缘二叠—三叠系不仅具有丰富的油源，而且油气藏类型多样，是一个具有重大油气勘探潜力的地区。

图 8-19　芦草沟组的页岩及油页岩

参考文献

艾永亮，张立飞，李旭平，等．2005. 新疆西南天山超高压榴辉岩、蓝片岩地球化学特征及大地构造意义［J］. 自然科学进展，15（11）：1346-1356.

毕传学，王良书．1993. 关于 Mckenzie 沉积盆地初始沉降公式的修正［J］. 海洋学研究，(2)：11-14.

蔡土赐．1999. Iranophyllum 动物群在中国的分布及其界线［C］// 中国古生物学会学术年会．

蔡文俊，李春昱．1983. 新疆东准噶尔北缘板块构造初步研究［C］// 中国地质科学院文集．

曹福根，涂其军，张晓梅，等．2006. 哈尔里克山早古生代岩浆弧的初步确定——来自塔水河一带花岗质岩体锆石 SHRIMP U—Pb 测年的证据［J］. 地质通报，25（8）：923-927.

曹高社．1997. 康古尔塔格蛇绿岩特征及新疆古生代蛇绿岩热侵位雏议［J］. 新疆地质，(3)：269-275.

曹荣龙．1994. 新疆北部蛇绿岩及基性—超基性杂岩［J］. 新疆地质，(1)：25-31.

陈斌，Jahn B，王式洸．2001. 新疆阿尔泰古生代变质沉积岩的 Nd 同位素特征及其对地壳演化的制约［J］. 中国科学（D 辑：地球科学），31（3）：226-232.

陈家富，韩宝福，张磊．2010. 西准噶尔北部晚古生代两期侵入岩的地球化学、Sr-Nd 同位素特征及其地质意义［J］. 岩石学报，26（8）.

陈衍景，邓健，胡桂兴．1996. 环境对沉积物微量元素含量和配分型式的制约［J］. 地质地球化学，(3)：97-105.

陈义兵，胡霭琴，张国新，等．1997. 天山东段尾亚麻粒岩 REE 和 Sm-Nd 同位素特征［J］. 地球化学，(4)：70-77.

程忠富，董永观，芮行健．2002. 新疆主要金矿床地质和地球化学特征［J］. 华东地质，23（1）：41-51.

崔可锐，丁道桂，邢乐澄．1997. 中天山北缘青铝闪石和多硅白云母的发现及其地质意义［J］. 地质通报，(1)：26-31.

邓宏文，钱凯．1993. 试论湖相泥质岩的地球化学二分性［J］. 石油与天然气地质，14（2）：85-97.

董云鹏，周鼎武，张国伟，等．2005. 中天山南缘乌瓦门蛇绿岩形成构造环境［J］. 岩石学报，21（1）：37-44.

董云鹏，周鼎武，张国伟，等．2006. 中天山北缘干沟蛇绿混杂岩带的地质地球化学［J］. 岩石学报，22（1）：49-56.

方同辉，王京彬，张进红，等．2002. 新疆阿尔泰元古代基性岩浆侵入事件［J］. 中国地质，29（1）：48-54.

冯乔，杨晚，柳益群．2008. 博格达南缘二叠系古土壤类型及其在层序地层研究中的应用［J］. 沉积学报，26（5）：13-17.

冯益民．1985. 西准噶尔优地槽褶皱带沉积建造特征及其多旋回发展［C］//中国地质科学院西安地质矿产研究所文集.

冯益民．1991. 新疆东准噶尔地区构造演化及主要成矿期［J］. 西北地质科学，(32)：47-60.

高长林，吉让寿，秦德余．1995. 北大巴山地区沉积黄铁矿的硫、铅同位素及其构造学意义［J］. 地质通报，(2)：158-163.

高俊，肖序常，汤耀庆，等．1995. 新疆南天山科克苏河地区构造变形特征［J］. 河北地质大学学报，(3)：224-231.

高俊，张立飞，刘圣伟．2000. 西天山蓝片岩榴辉岩形成和抬升的$^{40}Ar/^{39}Ar$ 年龄记录［J］. 科学通报，45（1）：89-94.

高振家，陈克强．2003. 新疆的南华系及我国南华系的几个地质问题——纪念恩师王曰伦先生诞辰一百周年［J］. 地质调查与研究，26（1）：8-14.

郭义华，李春昱，肖序常．1985. 西准噶尔南缘科克沙依河——空树泉一带的蛇纹混杂体和蓝闪石片岩及其大地构造意义［C］//中国地质科学院文集.

韩宝福，何国琦，王式洸．1999. 后碰撞幔源岩浆活动、底垫作用及准噶尔盆地基底的性质［J］. 中国科学（D 辑：地球科学），29（1）：16-21.

郝杰，刘小汉 . 1993. 南天山蛇绿混杂岩形成时代及大地构造意义［J］. 地质科学，(1)：93-95.
郝梓国，王希斌，鲍佩声，等 . 1989. 新疆西准噶尔地区两类蛇绿岩的地质特征及其成因研究［J］. 岩石矿物学杂志，8（4）：299-310.
何国琦，李茂松 . 2001. 中国新疆北部奥陶——志留系岩石组合的古构造、古地理意义［J］. 北京大学学报(自然科学版)，37（1）：99-110.
何国琦 . 1994. 中国新疆古生代地壳演化及成矿［M］. 乌鲁木齐：新疆人民出版社.
何国琦 . 2000. 中亚蛇绿岩带研究进展及区域构造连接［J］. 新疆地质，18（3）：193-202.
胡霭琴，韦刚健，邓文峰，等 . 2006. 阿尔泰地区青河县西南片麻岩中锆石 SHRIMP U-Pb 定年及其地质意义［J］. 岩石学报，22（1）：1-10.
胡霭琴，韦刚健 . 2003. 关于准噶尔盆地基底时代问题的讨论——据同位素年代学研究结果［J］. 新疆地质，21（4）：398-406.
胡霭琴，张国新，陈义兵，等 . 2001. 新疆大陆基底分区模式和主要地质事件的划分［J］. 新疆地质，19（1）：12-19.
胡霭琴，张国新，张前锋，等 . 2002. 阿尔泰造山带变质岩系时代问题的讨论［J］. 地质科学，37（2）：129-142.
胡霭琴，张国新 . 1991. 新疆北部同位素地球化学研究新进展［J］. 矿物岩石地球化学通报，10（3）：171-173.
黄萱，金成伟，孙宝山，等 . 1997. 新疆阿尔曼太蛇绿岩时代的 Nd-Sr 同位素地质研究［J］. 岩石学报，13（1）：85-91.
简平，刘敦一，张旗，等 . 2003. 蛇绿岩及蛇绿岩中浅色岩的 SHRIMP U-Pb 测年［J］. 地学前缘，10（4）：439-456.
江远达 . 1984. 关于准噶尔地区基底问题的初步探讨［J］. 新疆地质，(1)：14-19.
莱尔曼 A. 1989. 湖泊的化学地质学和物理学［M］. 王苏民，译. 北京：地质出版社 .
李昌年 . 1992. 构造岩浆判别的地球化学方法及其讨论［J］. 地质科技情报，(3)：73-78.
李春昱，王荃，刘雪亚，汤耀庆 . 1982. 亚洲大地构造图及其说明书 . 北京：地图出版社，1-49.
李会军，何国琦，吴泰然，等 . 2006. 阿尔泰—蒙古微大陆的确定及其意义［J］. 岩石学报，22（5）：1369-1379.
李锦轶，何国琦，徐新，等 . 2006. 新疆北部及邻区地壳构造格架及其形成过程的初步探讨［J］. 地质学报，80（1）：148-168.
李锦轶，肖序常，陈文 . 2000. 准噶尔盆地东部的前晚奥陶世陆壳基底——来自盆地东北缘老君庙变质岩的证据［J］. 地质通报，19（3）：297-67.
李锦轶，肖序常，汤耀庆，等 . 1990. 新疆东准噶尔卡拉麦里地区晚古生代板块构造的基本特征［J］. 地质论评，36（4）：305-316.
李锦轶，肖序常，汤耀庆，等 . 1992. 新疆北部金属矿产与板块构造［J］. 新疆地质，(2)：138-146.
李锦轶，杨天南，李亚萍，等 . 2009. 东准噶尔卡拉麦里断裂带的地质特征及其对中亚地区晚古生代洋陆格局重建的约束［J］. 地质通报，28（12）：1817-1826.
李锦轶，朱宝清，冯益民 . 1989. 南明水组和蛇绿岩之间不整合关系的确认及其意义［J］. 地质通报，1989（3）：250-255.
李锦轶 . 1991. 试论新疆东准噶尔早古生代岩石圈板块构造演化［J］. 地球学报，(2)：1-12.
李锦轶 . 1995. 新疆东准噶尔蛇绿岩的基本特征和侵位历史［J］. 岩石学报，(S1)：73-84.
李锦轶 . 2004. 新疆东部新元古代晚期和古生代构造格局及其演变［J］. 地质论评，50（3）：304-322.
李天德 . 1990. 新疆石炭纪的几个地质构造问题的探讨［J］. 新疆地质，(1)：93-99.
李文铅，马华东，王冉，等 . 2008. 东天山康古尔塔格蛇绿岩 SHRIMP 年龄、Nd-Sr 同位素特征及构造意义［J］. 岩石学报，24（4）：773-780.
李文铅 . 2005. 新疆鄯善康古尔塔格蛇绿岩及其大地构造意义［J］. 岩石学报，21（6）：1617-1632.
李星学，窦亚伟，孙喆华 . 1986. 论薄皮木属——据发现于新疆准噶尔地区的新材料［J］. 古生物学报，25

（4）：4-34+146-149.
李旭平，张立飞，王泽利．2008．西天山异剥钙榴岩的地球化学研究［J］．岩石学报，24（4）：711-717.
李亚萍，李锦轶，孙桂华，等．2007．准噶尔盆地基底的探讨：来自原泥盆纪卡拉麦里组砂岩碎屑锆石的证据［J］．岩石学报，23（7）：1577-1590.
李永安，金小赤，孙东江，等．2003．新疆吉木萨尔大龙口非海相二叠—三叠系界线层段古地磁特征［J］．地质论评，49（5）：525-536.
李子舜，詹立培，朱秀芳，等．1986．古生代—中生代之交的生物绝灭和地质事件——四川广元上寺二叠—三叠系界线和事件的初步研究［J］．地质学报，（1）：3-125.
梁云海，李文铅．2000．南天山古生代开合带特征及其讨论［J］．新疆地质，18（3）：220-228.
刘峰标．1983．阿勒泰古板块与内生矿产［J］．西北地质，（4）：16-23.
刘家远，袁奎荣．1996．新疆乌伦古富碱花岗岩带碱性花岗岩成因及其形成构造环境［J］．高校地质学报，（3）：257-272.
刘良，车自成．1994．中天山冰达坂一带斜长花岗岩的地球化学特征［J］．西北大学学报：自然科学版，（2）：157-161.
刘绍文，王良书，李成，等．2006．塔里木盆地岩石圈热—流变学结构和新生代热体制［J］．地质学报，80（3）：344-350.
刘伟，刘丛强，增田彰正．1993．新疆阿尔泰花岗岩源区混合—结晶分异复合过程的微量元素效应［J］．大地构造与成矿学，（4）：335-344.
刘养杰．1997．新疆南天山榆树沟层状杂岩体中的副麻粒岩——岩石学特征及其地球动力学意义［J］．西北大学学报（自然科学版）（5）.
陆关祥，周鼎武，王居里，等．2004．南天山东段榆树沟—铜花山巨型构造混杂带的发现及意义［J］．地质论评，50（2）：120.
马锋，钟建华，顾家裕，等．2009．槽状交错层理几何学特征及其古流指示意义——以柴达木盆地西部阿尔金山前侏罗系为例［J］．地质学报，83（1）：115-122.
马林，张海祥，张伯友，等．2008．新疆北部库尔提蛇绿岩中角闪片岩的原岩恢复及其成因［J］．岩石学报，24（4）：673-680.
马宗晋，曲国胜，陈新发．2008．准噶尔盆地深浅构造分析及油气展布规律［J］．新疆石油地质，29（4）：411-414.
梅博文，刘希江．1980．我国原油中异戊间二烯烷烃的分布及其与地质环境的关系［J］．石油与天然气地质，1（2）：99-115.
聂逢君，姜美珠，吴河勇，等．2002．利用砂岩中波痕的特征估算沉积环境的物理参数—以宣化地区长城系下部石英砂岩为例［J］．沉积学报，20（2）：255-260.
牛贺才，单强，于学元，等．2008．扎河坝蛇绿混杂岩内富铌玄武（安山）岩的地球化学特征及其地质意义［J］．岩石学报，25（4）.
牛贺才，单强，张兵，等．2009．东准噶尔扎河坝蛇绿混杂岩中的石榴角闪岩［J］．岩石学报，25（6）：1484-1491.
牛贺才，单强，张海祥，等．2006．新疆扎河坝—阿尔曼泰蛇绿岩中的退变质榴辉岩的发现［C］//全国岩石学与地球动力学研讨会.
牛贺才，张海祥，于学元．2007．扎河坝石榴辉石岩中超硅—超钛石榴子石的发现及其地质意义［J］．科学通报，52（18）：2169-2174.
彭希龄．1994．准噶尔盆地早古生代陆壳存在的证据［J］．新疆石油地质，（4）：289-297.
祁志明，李天德．1996．中国和哈萨克斯坦阿尔泰有色金属成矿带的划分和对比［J］．矿产勘查，（5）：265-271.
邱瑞照，等．2006．中国大陆大规模成矿作用油气田形成——来自岩石圈的约束［J］．中国地质，33（4）：852-865.

任有祥，白文吉 . 1986. 新疆洪古勒楞超镁铁岩铬铁矿石中金云母包裹体矿物化学特征及意义［J］. 西北地质科学，(2)：16–27.
邵学钟，张家茹，范会吉，等 . 2008. 准噶尔盆地基底结构的地震转换波探测［J］. 新疆石油地质，29（4）：439–444.
沈步明，沈远超 . 1993. 新疆某金矿的分数维特征及其地质意义［J］. 中国科学（D 辑：地球科学）（3）：297–302.
舒良树，王玉净 . 2003. 新疆卡拉麦里蛇绿岩带中硅质岩的放射虫化石［J］. 地质论评，49（4）：408–412.
孙桂华，李锦轶，朱志新，等 . 2007. 新疆东部哈尔里克山南麓石炭纪砂岩碎屑锆石 SHRIMP U–Pb 定年及其地质意义［J］. 中国地质，34（5）：778–789.
万渝生，张巧大，宋天锐 . 2003. 北京十三陵长城系常州沟组碎屑锆石 SHRIMP 年龄：华北克拉通盖层物源区及最大沉积年龄的限定［J］. 科学通报，48（18）：1970–1975.
王宝瑜 . 1990. 新疆晚奥陶世床板珊瑚、日射珊瑚及其生物地层学意义［J］. 新疆地质，(1)：61–79.
王居里，王润三，刘养杰 . 1993. 新疆胜利达坂金矿区金矿化特征［J］. 新疆地质，(2)：23–30+87.
王锐良 . 1989. 盐湖沉积物中微生物输入的脂肪酸生物标志化合物［J］. 中国科学（B 辑：化学　生命科学　地学），(6)：635–644.
王润三，王焰，李惠民，等 . 1998. 南天山榆树沟高压麻粒岩地体锆石 U–Pb 定年及其地质意义［J］. 地球化学，(6).
王润三，周鼎武，王居里，等 . 1999. 南天山榆树沟华力西期深地壳麻粒岩地体研究［J］. 中国科学（D 辑：地球科学），29（4）：306–313.
王润三，周鼎武，王焰，等 . 2003. 南天山榆树沟高压麻粒岩地体多期变质定年研究［J］. 岩石学报，19（3）：452–460.
王银喜，李惠民，陶仙聪，等 . 1991. 中天山东段花岗岩类钕锶氧同位素及地壳形成年龄［J］. 岩石学报，7（3）：21–28.
王自强 . 1993. 华北二叠纪古风活动之古植物学证据［J］. 科学通报，38（11）：1024–1024.
王作勋 . 1990. 天山多旋回构造演化及成矿［M］. 北京：科学出版社.
邬光辉，孙建华，郭群英，等 . 2010. 塔里木盆地碎屑锆石年龄分布对前寒武纪基底的指示［J］. 地球学报，31（1）：65–72.
邬继易，刘成德 . 1989. 新疆北天山巴音沟蛇绿岩的地质特征［J］. 岩石学报，(2)：76–87.
吴波，何国琦，吴泰然，等 . 2006. 新疆布尔根蛇绿混杂岩的发现及其大地构造意义［J］. 中国地质，33（3）：476–486.
吴庆福，董广华，王国林 . 1987. 现代决策理论在准噶尔盆地找油实践中的应用［J］. 新疆石油地质，(2)：62–74.
吴庆福 . 1986. 准噶尔盆地发育阶段、构造单元划分及局部构造成因概论［J］. 新疆石油地质，(1)：31–39.
吴庆福 . 1986. 准噶尔盆地构造演化与找油领域［J］. 新疆地质，(3)：4–22.
吴文奎，李良辰 . 1992. 南天山榆树沟—铜花山构造混杂体雏议［J］. 地球科学与环境学报，(1)：8–13.
伍建机，陈斌 . 2004. 西准噶尔庙尔沟后碰撞花岗岩微量元素和 Nd–Sr 同位素特征及成因［J］. 新疆地质，22（1）：29–35.
伍致中 . 1986. 博格达推覆构造与油气［J］. 新疆石油地质，(2)：35–43.
夏国治，许宝文，陈云升，等 . 2004. 二十世纪中国物探（1930—2000）［M］. 北京：地质出版社 .
夏林圻，李向民，徐学义，等 . 2005. 巴音沟蛇绿岩岩石成因演化：天山早石炭世“红海型”洋盆的地质记录［J］. 地质学报，79（2）：255–255.
夏林圻，夏祖春，徐学义，等 . 2002. 天山古生代洋陆转化特点的几点思考［J］. 西北地质，35（4）：9–20.
肖文交，Windley B F，阎全人，等 . 2006. 北疆地区阿尔曼太蛇绿岩锆石 SHRIMP 年龄及其大地构造意义［J］. 地质学报，80（1）：32–37.

肖序常 . 1992. 新疆北部及其邻区大地构造 [M]. 北京：地质出版社 .
新疆维吾尔自治区地质调查院. 2000. 中华人民共和国区域地质调查报告：纸房幅（1:25 万）[R].
新疆维吾尔自治区地质矿产局. 1993. 新疆维吾尔自治区区域地质志 [M]. 北京：地质出版社，1- 841.
新疆维吾尔自治区区域地层表编写组 . 1981. 西北地区区域地层表 [M]. 北京：地质出版社 .
熊小辉，肖加飞 . 2011. 沉积环境的地球化学示踪 [J]. 地球与环境，39（3）：405-414.
徐备，寇晓威，宋彪，等 . 2008. 塔里木板块上元古界火山岩 SHRIMP 定年及其对新元古代冰期时代的制约 [J]. 岩石学报，24（12）：203-208.
徐新，何国琦，李华芹，等 . 2006. 克拉玛依蛇绿混杂岩带的基本特征和锆石 SHRIMP 年龄信息 [J]. 中国地质，33（3）：470-476.
徐新，朱永峰，陈博 . 2007. 卡姆斯特蛇绿混杂岩的岩石学研究及其地质意义 [J]. 岩石学报，23（7）：1603-1610.
徐学义，马中平，夏林圻，等 . 2005. 北天山巴音沟蛇绿岩形成时代的精确厘定及意义 [J]. 地球科学与环境学报，27（2）：17-20.
徐学义，夏林圻，马中平，等 . 2006，北天山巴音沟蛇绿岩斜长花岗岩 SHRIMP 锆石 U-Pb 年龄及蛇绿岩成因研究 [J]. 岩石学报，22（1）：83-94.
许继峰，陈繁荣，于学元，等 . 2001. 新疆北部阿尔泰地区库尔提蛇绿岩：古弧后盆地系统的产物 [J]. 岩石矿物学杂志，20（3）：344-352.
杨海波，高鹏，李兵，等 . 2005. 新疆西天山达鲁巴依蛇绿岩地质特征 [J]. 新疆地质，23（2）：123-126.
杨基端 . 1986. 我国二叠—三叠系界线和事件研究的新进展 [J]. 地球学报，8（3）：144-155.
杨颖，周立发，白斌，等 . 2013. 准噶尔盆地南缘小泉沟群沉积物源特征及构造—环境分析 [J]. 石油天然气学报，35（2）：16-19.
袁复礼 . 1956. 新疆天山北部山前拗陷带及准噶尔盆地陆台地质初步报告 [J]. 地质学报，(2)：23-144.
袁洪林，吴福元，高山，等 . 2003. 东北地区新生代侵入体的锆石激光探针 U-Pb 年龄测定与稀土元素成分分析 [J]. 科学通报，48（14）：1511.
袁学诚 . 1995. 论中国大陆基底构造 [J]. 地球物理学报，38（4）：448-459.
张成立，周鼎武，王居里，等 . 2007. 南天山库米什南黄尖石山岩体的年代学、地球化学和 Sr、Nd 同位素组成及其成因意义 [J]. 岩石学报，23（8）：1821-1829.
张海祥，牛贺才，Sato H ，等 . 2004. 新疆北部晚古生代埃达克岩、富铌玄武岩组合：古亚洲洋板块南向俯冲的证据 [J]. 高校地质学报，10（1）：106-113.
张海祥，牛贺才，于学元 . 2003. 新疆北部阿尔泰地区库尔提蛇绿岩中斜长花岗岩的 SHRIMP 年代学研究 [J]. 科学通报，48（12）：1350-1354.
张恺 . 1990. 论地球演化的板块构造阶段与油气起源的演化及其全球性分布 [J]. 石油勘探与开发，（5）：1-6.
张克信，殷鸿福 . 1989. 天、地、生研究的新进展 [J]. 地质科技情报，(2)：41-46.
张立飞，高俊，艾克拜尔，等 . 2000. 新疆西天山低温榴辉岩相变质作用 [J]. 中国科学（D 辑：地球科学），30（4）：345.
张立飞 . 1997. 新疆西准噶尔唐巴勒蓝片岩 $^{40}Ar/^{39}Ar$ 年龄及其地质意义 [J]. 科学通报，42（20）：2178.
张旗 . 1992. 中国蛇绿岩研究中的几个问题 [J]. 地质科学，(a12)：139-146.
张以熔 . 1994. 东准噶尔地区金矿分布特征、控矿条件及成因类型 [C]// 中国地质科学院“562”综合大队集刊 .
赵白 . 1993. 准噶尔盆地的构造特征与构造划分 [J]. 新疆石油地质，(3)：209-216.
赵澄林 . 2001. 中国储层沉积学的进展和展望 [C]// 2001 年全国沉积学大会摘要论文集 .
郑有伟，王亚东，郭建明，等. 2016. 准噶尔盆地东南缘侏罗系重矿物演化特征及对博格达山隆升的响应 [J]. 沉积学报，34（06）：1147-1154.

赵俊猛，黄英，马宗晋，等.2008. 准噶尔盆地北部基底结构与属性问题探讨［J］. 地球物理学报，51（6）：1767-1775.
赵振华，白正华，熊小林，等.2000. 新疆北部富碱火成岩的地球化学［C］//国际地质大会中国代表团学术
赵振华，王中刚.1996. 新疆乌伦古富碱侵入岩成因探讨［J］. 地球化学，(3)：205-220.
赵振华，王中刚.1996. 新疆乌伦古富碱侵入岩成因探讨［J］. 地球化学，25（3）：205-220.
周鼎武，柳益群，邢秀娟，等.2006. 新疆吐—哈、三塘湖盆地二叠纪玄武岩形成古构造环境恢复及区域构造背景示踪［J］. 中国科学（D辑地球科学），36（2）：143-153.
周国庆.1996. 蛇绿岩的概念及其演变［C］//蛇绿岩与地球动力学研讨会.
朱宝清，冯益民，叶良河. 1987. 新疆西准噶尔古生代蛇绿岩及其地质意义［C］//. 中国北方板块构造论文集（第二集）. 北京：地质出版社，19-28.
朱英.2004. 中国及邻区大地构造和深部构造纲要［M］. 北京：地质出版社.
朱永峰，徐新，魏少妮，等.2007. 西准噶尔克拉玛依 OIB 型枕状玄武岩地球化学及其地质意义研究［J］. 岩石学报，23（7）：1739-1748.
朱永峰，徐新.2006. 新疆塔尔巴哈台山发现早奥陶世蛇绿混杂岩［J］. 岩石学报，22（12）：2833-2842.
Becker T P , Thomas W A , Samson S D , et al. 2005. Detrital zircon evidence of Laurentian crustal dominance in the lower Pennsylvanian deposits of the Alleghanian clastic wedge in eastern North America [J]. Sedimentary Geology, 182 (1): 59-86.
Brian F. Windley, Alfred Kröner, Guo J , et al. 2002. Neoproterozoic to Paleozoic Geology of the Altai Orogen, NW China: New Zircon Age Data and Tectonic Evolution [J]. The Journal of Geology, 110 (6): 19.
Bruguier O , Lancelot J R , Malavieille J . 1997. U-Pb dating on single detrital zircon grains from the Triassic Songpan-Ganze flysch (Central China): provenance and tectonic correlations [J]. Earth and Planetary Science Letters, 152 (1-4): 0-231.
Coleman R G. 1989. Continental growth of Northwest China [J]. Tectonics, 8 (3): 621-635.
Feng Y , Coleman R G , Tilton G , et al. 1989. Tectonic evolution of the West Junggar Region, Xinjiang, China [J]. Tectonics, 8 (4): 729-752.
Gao J , Klemd R. 2003. Formation of HP LT rocks and their tectonic implications in the western Tianshan Orogen, NW China: geochemical and age constraints [J]. Lithos, 66 (1): 1-22.
Haven H L T, Rohmer M, Rullkötter J, et al. 1989. Tetrahymanol, the most likely precursor of gammacerane, occurs ubiquitously in marine sediments [J]. Geochimica Et Cosmochimica Acta, 53 (11): 3073-3079.
Howarth R W. 1988. Nutrient limitation of net primary production in marine ecosystems [J]. Annual review of ecology and systematics: 89-110.
Klemd R, Brocker M, Hacker B R, et al. 2005. New Age Constraints on the Metamorphic Evolution of the High-Pressure [C]//Low-Temperture Belt in the Western Tianshan Mountains, NW China. The Journal of Geology, 113: 157-168.
Morel F M M, Price N M. 2003. The biogeochemical cycles of trace metals in the oceans [J]. Science, 300 (5621): 944-947.
Peter K E, Moldowan M. 1993. The biomarker guide: Interpreting molecular fossils in petroleum and ancient sediments [M]. New Jersey: Prentice Hall Inc.
Ren Jishun (Jen Chi-shun), Jiang Chunfa, Zhang Zhengkun, Qin Deyu. 1980. Geotectonic Evolution of China, Science Press, 124.
Tyrrell T. 1999. The relative influences of nitrogen and phosphorus on oceanic primary production [J]. Nature, 400 (6744): 525-531.
Zhenhua Z , Masuda A , Shabani M B. 1993. REE tetrad effects in rare-metal granites [J]. Chinese Journal of Geochemistry, 12 (3): 206-219.